普通高等教育系列教材

# 数据结构与算法
## (Python版)

周元哲　编著

机 械 工 业 出 版 社

本书讲述了 Python 语言与数据结构。主要内容包括数据结构与算法、Python 开发环境、Python 数据类型、Python 三大结构、函数、线性表、树和二叉树、图、查找、排序、异常处理与调试等。

本书内容精炼、由浅入深，注重学习的连续性和渐进性，适合作为高等院校相关专业教材或教学参考书，也可作为计算机技术人员的应用参考书，还可作为全国计算机等级考试、软件技术资格与水平考试的培训资料。

本书配有电子课件和随书源代码，需要的教师可登录 www. cmpedu. com 免费注册，审核通过后下载，或联系编辑索取（教师服务微信：15910938545；电话：010 - 88379739）。

**图书在版编目(CIP)数据**

数据结构与算法:Python 版/周元哲编著．—北京:机械工业出版社,2020. 9
(2023. 3 重印)
普通高等教育系列教材
ISBN 978 - 7 - 111 - 66363 - 8

Ⅰ. ①数… Ⅱ. ①周… Ⅲ. ①数据结构 - 高等学校 - 教材 ②算法分析 - 高等学校 - 教材 Ⅳ. ①TP311. 12

中国版本图书馆 CIP 数据核字(2020)第 158692 号

机械工业出版社(北京市百万庄大街 22 号 邮政编码 100037)
策划编辑：郝建伟 责任编辑：郝建伟 李培培 车 忱
责任校对：张艳霞 责任印制：郜 敏

北京富资园科技发展有限公司印刷

2023 年 3 月第 1 版 · 第 6 次印刷
184mm × 260mm · 17. 25 印张 · 426 千字
标准书号：ISBN 978 - 7 - 111 - 66363 - 8
定价：59. 00 元

电话服务
客服电话：010 - 88361066
010 - 88379833
010 - 68326294

网络服务
机 工 官 网：www. cmpbook. com
机 工 官 博：weibo. com/cmp1952
金 书 网：www. golden - book. com
机工教育服务网：www. cmpedu. com

# 前　言

Python 是一种解释型、面向对象、动态数据类型的高级程序设计语言，带有各种库，在大数据、数据分析、科学计算等方面功能卓越。本书讲述了 Python 与数据结构，主要内容包括数据结构与算法、Python 开发环境、Python 数据类型、Python 三大结构、函数、线性表、树和二叉树、图、查找、排序、异常处理与调试等。学习本书内容后，建议完成数据结构课程设计。附录给出了软件考试与软件竞赛、图论相关模块、更多数据类型和习题答案。

本书具有如下特点：①代码详解。传统的数据结构教材“重理论轻代码”，往往只是给出伪代码，而本书的代码都用 Python 实现。②图文并茂。本书利用 Python 语言的特性，如使用 Python 的 deque 讲解栈、networkX 讲解图论，使得数据结构算法可视化，从而便于学生更快地掌握数据结构的思想，提高学生的编程应用开发能力。③突出实用性。本书每章都有用 Python 实现该章内容的案例。

西安邮电大学郝羽、李晓戈、孟伟君、高巍然和孔韦韦等阅读了部分手稿。作为西安邮电大学 ACM 教练，本书与众多同行交流，ACM 亚洲区第一训练委员会主任吴永辉、桂林电子科技大学王子民、华东交通大学周娟、北京化工大学刘勇、中国石油大学（华东）张学辉、太原理工大学林福平、中南民族大学刘卫平，以及机械工业出版社郝建伟等对本教材的写作大纲、写作风格等提出了很多宝贵意见，西安邮电大学 ACM 集训队杨晨磊、张天泰、黄文丰、黄昊、江永文等调试了部分代码。衷心感谢各位的支持和帮助。

本书在写作过程中参阅了大量中英文的专著、教材、论文、报告及网上的原创文章，由于篇幅所限，未能一一列出，在此，一并表示敬意和衷心的感谢。

本书内容精炼、文字简洁、结构合理、实训题目经典实用、综合性强，特别适合作为高等院校相关专业教材或教学参考书，也可供计算机技术人员参考。本书采用 Python 3 版本，所有程序都在 Anaconda 中进行调试和运行。由于作者水平有限，时间紧迫，本书难免存在疏漏之处，恳请广大读者批评指正。

本书编者的电子信箱是 zhouyuanzhe@163. com。

编　者

# 目　　录

前言
第 1 章　数据结构与算法 …… 1
1.1　程序 …… 1
1.2　数据结构 …… 2
1.2.1　数据结构的核心地位 …… 2
1.2.2　数据结构的组成 …… 2
1.3　算法 …… 3
1.3.1　算法的 5 个属性 …… 4
1.3.2　算法的 3 个层次 …… 4
1.4　算法复杂度 …… 5
1.4.1　空间复杂度 …… 5
1.4.2　时间复杂度 …… 6
1.4.3　提高算法效率的方法 …… 6
1.5　算法表示方式 …… 7
1.5.1　流程图 …… 8
1.5.2　N-S 图 …… 8
1.5.3　伪语言 …… 9
1.6　习题 …… 9
第 2 章　Python 开发环境 …… 10
2.1　Python 简介 …… 10
2.1.1　Python 的特点 …… 10
2.1.2　Python 的应用场合 …… 11
2.2　Python 解释器 …… 12
2.2.1　Ubuntu 下安装 Python …… 12
2.2.2　Windows 下安装 Python …… 13
2.3　Python 编辑器 …… 14
2.3.1　IDLE …… 14
2.3.2　PyCharm …… 15
2.3.3　Anaconda …… 17
2.3.4　Jupyter Notebook …… 22
2.4　代码书写规则 …… 23
2.4.1　缩进 …… 23
2.4.2　逻辑行与物理行 …… 23
2.4.3　注释 …… 24
2.4.4　编码风格 …… 25
2.5　习题 …… 25
第 3 章　Python 数据类型 …… 26
3.1　变量 …… 26
3.1.1　变量命名 …… 26
3.1.2　变量引用 …… 27
3.2　运算符 …… 27
3.2.1　算术运算符 …… 27
3.2.2　关系运算符 …… 28
3.2.3　赋值运算符 …… 29
3.2.4　逻辑运算符 …… 29
3.2.5　位运算符 …… 30
3.2.6　成员运算符 …… 31
3.2.7　身份运算符 …… 31
3.3　表达式 …… 31
3.3.1　表达式的概念 …… 31
3.3.2　运算符的优先级 …… 32
3.4　数据类型 …… 32
3.4.1　数据类型的概念 …… 32
3.4.2　数据类型的分类 …… 33
3.5　数值 …… 33
3.5.1　数值的概念 …… 33
3.5.2　数值的操作 …… 33
3.6　列表 …… 34
3.6.1　列表的概念 …… 34
3.6.2　列表的操作 …… 34
3.7　元组 …… 39
3.7.1　元组的概念 …… 39
3.7.2　元组的操作 …… 39
3.8　字符串 …… 40
3.8.1　字符串的概念 …… 40
3.8.2　字符串的操作 …… 41
3.9　字典 …… 42
3.9.1　字典的概念 …… 42

3.9.2 字典的操作 …… 43
3.10 集合 …… 46
3.10.1 集合的概念 …… 46
3.10.2 集合的操作 …… 46
3.10.3 集合运算 …… 48
3.11 组合数据总结 …… 49
3.11.1 相互关系 …… 49
3.11.2 数据类型转换 …… 49
3.12 实例 …… 50
3.12.1 发扑克牌 …… 50
3.12.2 统计相同单词出现的次数 …… 51
3.12.3 计算两个日期间隔天数 …… 51
3.13 习题 …… 52
**第 4 章 Python 三大结构 …… 53**
4.1 3 种基本结构 …… 53
4.2 顺序结构 …… 53
4.2.1 输入、处理和输出 …… 54
4.2.2 顺序程序设计举例 …… 57
4.3 选择结构 …… 57
4.3.1 单分支 …… 57
4.3.2 双分支 …… 58
4.3.3 多分支 …… 58
4.3.4 分支嵌套 …… 60
4.4 循环概述 …… 61
4.4.1 循环结构 …… 61
4.4.2 循环分类 …… 62
4.5 while 语句 …… 62
4.5.1 基本形式 …… 62
4.5.2 else 语句 …… 63
4.5.3 无限循环 …… 63
4.6 for 语句 …… 64
4.6.1 应用序列类型 …… 64
4.6.2 内置函数 range() …… 65
4.7 循环嵌套 …… 65
4.7.1 循环嵌套的概念 …… 65
4.7.2 循环嵌套实现 …… 66
4.8 辅助语句 …… 67
4.8.1 break 语句 …… 67
4.8.2 continue 语句 …… 68
4.8.3 pass 语句 …… 68
4.9 迭代器 …… 69
4.9.1 iter()方法 …… 69
4.9.2 next()方法 …… 69
4.10 实例 …… 69
4.10.1 猴子吃桃问题 …… 69
4.10.2 买地铁车票 …… 70
4.10.3 打印金字塔 …… 70
4.10.4 冰雹数列 …… 71
4.10.5 输出特定三角形 …… 71
4.11 习题 …… 72
**第 5 章 函数 …… 73**
5.1 函数声明与调用 …… 73
5.1.1 函数声明 …… 73
5.1.2 函数调用 …… 73
5.1.3 函数返回值 …… 75
5.2 参数传递 …… 76
5.2.1 实参与形参 …… 76
5.2.2 传对象引用 …… 76
5.3 参数分类 …… 77
5.3.1 必备参数 …… 77
5.3.2 默认参数 …… 78
5.3.3 关键参数 …… 78
5.3.4 不定长参数 …… 78
5.4 两类特殊函数 …… 79
5.4.1 lambda 函数 …… 79
5.4.2 递归函数 …… 80
5.5 变量作用域 …… 82
5.5.1 局部变量 …… 82
5.5.2 全局变量 …… 82
5.6 实例 …… 83
5.6.1 筛选法求素数 …… 83
5.6.2 可逆素数 …… 83
5.6.3 递归求 $x^n$ …… 84
5.6.4 孪生素数 …… 84
5.6.5 汉诺塔 …… 85
5.6.6 完全数 …… 86
5.6.7 逆置 …… 87
5.6.8 气温上升最长天数 …… 87

5.6.9 兔子上楼梯 …………………… 88
5.7 习题………………………………… 89
**第6章 线性表** ……………………… 90
6.1 线性表的相关概念……………… 90
6.2 线性表的存储…………………… 90
6.2.1 线性存储…………………… 90
6.2.2 链式存储…………………… 90
6.3 单链表操作……………………… 91
6.3.1 单链表的概述 ……………… 91
6.3.2 单链表的操作实现 ………… 91
6.4 栈………………………………… 93
6.4.1 栈的相关概念 ……………… 93
6.4.2 栈的操作…………………… 94
6.5 队列……………………………… 95
6.5.1 队列的相关概念 …………… 95
6.5.2 队列的操作 ………………… 96
6.6 字符串…………………………… 97
6.6.1 字符串的相关概念 ………… 97
6.6.2 字符串的操作 ……………… 97
6.7 实例……………………………… 98
6.7.1 斐波那契数列 ……………… 98
6.7.2 判断回文数 ………………… 99
6.7.3 模式匹配 ………………… 100
6.7.4 字符串统计 ……………… 103
6.7.5 Anagrams 问题 …………… 104
6.7.6 年龄问题 ………………… 104
6.7.7 恺撒密码 ………………… 105
6.8 习题 …………………………… 106
**第7章 树和二叉树**………………… 108
7.1 树和二叉树的概述 …………… 108
7.1.1 树和二叉树的相关概念 …… 108
7.1.2 二叉树的性质 …………… 109
7.2 二叉树存储 …………………… 110
7.2.1 顺序存储 ………………… 110
7.2.2 链式存储 ………………… 111
7.3 二叉树遍历 …………………… 111
7.3.1 先序遍历 ………………… 112
7.3.2 中序遍历 ………………… 112
7.3.3 后序遍历 ………………… 112
7.3.4 层序遍历 ………………… 113
7.4 由遍历序列创建二叉树 ……… 113
7.4.1 由先序、中序推出后序遍历 … 113
7.4.2 由中序、后序推出先序遍历 … 114
7.4.3 由先序、后序推出中序遍历 … 114
7.5 二叉树的创建 ………………… 114
7.6 哈夫曼树 ……………………… 115
7.6.1 哈夫曼编码 ……………… 115
7.6.2 哈夫曼算法 ……………… 115
7.7 树和二叉树的关系 …………… 119
7.7.1 树的存储 ………………… 119
7.7.2 树与二叉树转换………… 120
7.8 实例 …………………………… 121
7.8.1 打印二叉树深度………… 121
7.8.2 打印二叉树左右视图 …… 122
7.8.3 二叉树左右交换………… 124
7.8.4 括号组合 ………………… 125
7.8.5 对称二叉树 ……………… 126
7.9 习题 …………………………… 127
**第8章 图**…………………………… 129
8.1 图的概述 ……………………… 129
8.1.1 图的相关概念 …………… 129
8.1.2 NetworkX 库 …………… 129
8.2 图的存储 ……………………… 130
8.2.1 邻接矩阵 ………………… 130
8.2.2 邻接表 …………………… 134
8.3 图的遍历 ……………………… 136
8.3.1 深度优先遍历 …………… 136
8.3.2 广度优先遍历 …………… 138
8.4 最小生成树 …………………… 139
8.4.1 克鲁斯卡尔（Kruskal）算法 … 139
8.4.2 普里姆（Prim）算法……… 142
8.5 最短路径 ……………………… 144
8.5.1 迪杰斯特拉（Dijkstra）算法 … 144
8.5.2 弗洛伊德（Floyd）算法……… 148
8.6 实例 …………………………… 151
8.6.1 旅游路线 ………………… 151
8.6.2 单词搜索 ………………… 152
8.7 习题 …………………………… 153

第 9 章　查找…………………………… 154
9.1　查找算法 ………………………… 154
9.2　基于线性表查找 ………………… 154
9.2.1　顺序查找 ……………………… 154
9.2.2　二分查找 ……………………… 156
9.2.3　分块查找 ……………………… 157
9.3　二叉排序树 ……………………… 159
9.3.1　二叉排序树的特性 ………… 159
9.3.2　二叉排序树的操作 ………… 161
9.4　平衡二叉树 ……………………… 164
9.4.1　平衡因子 ……………………… 165
9.4.2　构建平衡二叉树 …………… 166
9.5　哈希表 …………………………… 168
9.6　哈希算法 ………………………… 168
9.6.1　哈希函数 ……………………… 168
9.6.2　Python 内置方法……………… 169
9.7　解决冲突的方法 ………………… 169
9.7.1　开放定址法 ………………… 170
9.7.2　链地址法 ……………………… 172
9.8　Python 自身查找算法 ………… 172
9.9　实例 ……………………………… 173
9.9.1　查找最大值或最小值 ……… 173
9.9.2　二分查找法递归实现 ……… 174
9.9.3　查找出现次数最多的整数 …… 174
9.10　习题……………………………… 175
第 10 章　排序 ………………………… 176
10.1　排序概述………………………… 176
10.2　插入排序………………………… 177
10.2.1　直接插入排序 …………… 177
10.2.2　折半插入排序 …………… 178
10.2.3　希尔排序…………………… 179
10.3　交换排序………………………… 181
10.3.1　冒泡排序…………………… 181
10.3.2　快速排序…………………… 182
10.4　选择排序………………………… 184
10.4.1　简单选择排序 …………… 184
10.4.2　堆排序……………………… 186
10.5　归并排序………………………… 191
10.6　排序总结………………………… 192
10.6.1　时间性能 ………………… 192
10.6.2　空间性能………………… 192
10.6.3　稳定性能………………… 193
10.6.4　排序算法的选择准则 ……… 193
10.7　Python 自身排序算法………… 193
10.7.1　sorted( ) ………………… 194
10.7.2　list. sort( ) ……………… 194
10.7.3　list. reverse( ) …………… 194
10.8　实例……………………………… 194
10.8.1　有序序列插入元素 ……… 194
10.8.2　求解第二大整数 ………… 195
10.8.3　输出最小的 k 个数 ……… 196
10.9　习题……………………………… 197
第 11 章　异常处理与调试 …………… 198
11.1　错误类型………………………… 198
11.1.1　语法错误………………… 198
11.1.2　运行时错误 ……………… 198
11.1.3　逻辑错误………………… 198
11.2　捕获和处理异常………………… 199
11.2.1　try…except…else 语句 ……… 199
11.2.2　try…finally 语句 ………… 200
11.2.3　raise 语句………………… 200
11.2.4　自定义异常 ……………… 201
11.3　3 种调试手段 ………………… 201
11.4　Python 调试工具……………… 202
11.4.1　IDLE …………………… 202
11.4.2　IPDB …………………… 203
11.4.3　Spyder ………………… 204
11.4.4　PDB …………………… 205
11.4.5　PyCharm ……………… 206
11.5　习题……………………………… 209
附录……………………………………… 210
附录 A　软件考试和软件竞赛 ……… 210
A.1　全国计算机等级考试二级 Python 语言程序设计考试（2018 年版） ………………… 210
A.1.1　基本要求 ………………… 210
A.1.2　考试内容 ………………… 210
A.1.3　考试方式 ………………… 211

A.2 ACM 国际大学生程序设计竞赛 …… 212
A.2.1 在线判题系统 …… 212
A.2.2 ACM 训练环境 …… 212
A.2.3 ACM 的算法知识点 …… 215
A.3 CSP 认证 …… 219
A.3.1 CSP 认证简介 …… 219
A.3.2 认证形式 …… 220
A.3.3 涉及知识点 …… 220
A.4 牛客网 …… 220
A.5 力扣 …… 221
**附录 B 图论相关模块** …… 222
B.1 NumPy …… 222
B.1.1 NumPy 简介 …… 222
B.1.2 创建数组 …… 222
B.1.3 查看数组 …… 224
B.1.4 索引和切片 …… 224
B.1.5 矩阵运算 …… 225
B.1.6 5 个 NumPy 函数 …… 226
B.2 Matplotlib …… 229
B.2.1 Matplotlib 简介 …… 229
B.2.2 5 种图形 …… 229
B.3 NetworkX …… 232
B.3.1 图 …… 232
B.3.2 节点 …… 233
B.3.3 边 …… 234
B.3.4 相关属性 …… 236
B.4 在线图结构绘制工具 …… 238
B.4.1 Graph Editor …… 238
B.4.2 Graphviz …… 238
**附录 C 更多数据类型** …… 239
C.1 collections 模块 …… 239
C.1.1 namedtuple …… 239
C.1.2 deque …… 239
C.1.3 Counter …… 242
C.1.4 OrderedDict …… 242
C.1.5 ChainMap …… 243
C.2 heapq 模块 …… 243
C.3 array 模块 …… 245
**附录 D 参考答案** …… 248
**参考文献** …… 267

# 第1章　数据结构与算法

本章首先介绍了什么是程序，其次介绍了数据结构和算法的相关知识（如算法的3个层次、5个属性等），然后重点介绍了算法的空间复杂度和时间复杂度，最后介绍了算法的几种表示方式。

## 1.1　程序

程序是为实现特定目标或解决特定问题而用计算机语言编写的命令序列的集合。程序设计过程如图1.1所示，详细步骤如下所述。

（1）分析问题

对于所需解决的问题及最后应达到的要求要进行认真的分析，确保在任务一开始就对它有详细而确切的了解。

（2）设计数据结构与算法

分析问题，构造模型。在得到一个基本的物理模型后，用数学语言描述它，如列出解题的数学公式或联立方程式，即建立数学模型。找出解决问题的关键之处，即找出解决问题的方法和具体步骤，设计数据结构与算法。

（3）绘制流程图

将算法用流程框图或者伪代码等形式表示出来，使得编程思路清楚，减少程序编写错误。

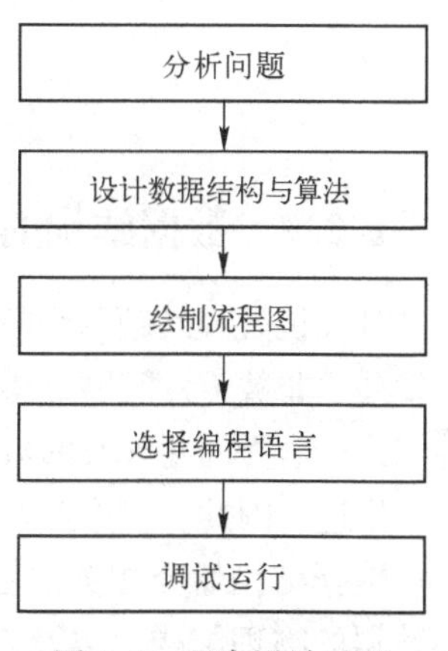

图1.1　程序设计过程

（4）选择编程语言

将框图或者伪代码等转换为符合特定计算机程序设计语言的语法并编程，对源程序进行编辑、编译和链接。

（5）调试运行

调试程序，发现和排除程序故障，得到必要的运算结果。

著名的瑞士计算机科学家沃思（N. Wirth）教授曾提出：

$$程序=数据结构+算法 \tag{1-1}$$

高效的程序需要在数据结构的基础上设计和选择算法。其中，数据结构是算法需要处理问题的载体，解决了“如何描述数据”的问题。算法解决了“如何操作数据”的问题。算法是灵魂，没有算法，编程就是无米之炊。编程语言是工具，没有编程语言，就无法实现算法。以程序设计为手段，将数据结构和算法紧密结合。

## 1.2　数据结构

### 1.2.1　数据结构的核心地位

数据结构（data structure）在计算机学科中具有重要的地位，是操作系统、人工智能、计算机组成原理、程序设计、软件工程、数据库，以及编译原理等课程的重要基础。数据结构在计算机学科中的地位如图 1.2 所示。

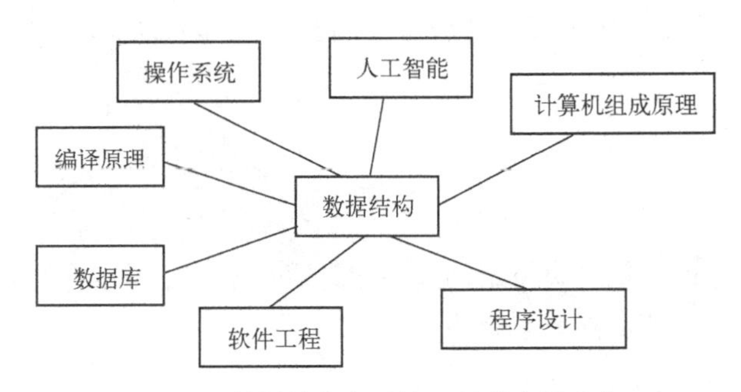


图 1.2　数据结构在计算机学科中的地位

### 1.2.2　数据结构的组成

计算机处理问题分为数值性问题和非数值性问题。随着计算机应用领域的扩大和软、硬件的发展，非数值性问题显得越来越重要。据统计，当今 90%以上的计算机时间用来处理非数值性问题，这类问题涉及的数据结构更为复杂，数据元素之间的相互关系一般无法用数学方程式加以描述。因此，解决此类问题的关键不再是分析计算方法，而是要设计出合适的数据结构。

数据结构研究相关的各种信息如何表示、组织、存储与加工处理，研究数据的逻辑结构和数据的物理结构，以及它们之间的相互关系。数据结构通常由 3 个部分组成，即数据的逻辑结构、数据的物理结构和数据的运算结构。

（1）逻辑结构

数据的逻辑结构包括集合、线性结构、树形结构和图形结构，如下所述。

- 集合：数据结构中的元素之间除了“同属一个集合”的相互关系外，别无其他关系。
- 线性结构：数据结构中的元素存在一对一的相互关系。
- 树形结构：数据结构中的元素存在一对多的相互关系。
- 图形结构：数据结构中的元素存在多对多的相互关系。

（2）物理结构

数据的物理结构是数据结构在计算机中的表示（又称映像），它包括数据元素的机内表示和关系的机内表示。常用两种存储结构：顺序存储结构和链式存储结构。同一种逻辑结构可以有多种不同的物理存储方式。

- 顺序存储结构依据元素在存储器中的相对位置来表示数据元素之间的逻辑关系。
- 链式存储结构借助指示元素存储位置的指针来表示数据元素之间的逻辑关系。

（3）运算结构

数据的运算结构是指在数据逻辑结构上的操作算法，如检索、插入、删除、更新和排序等。

## 1.3 算法

下面用一道例题来说明不同的算法效率不同。

**【例 1-1】** 找假币：假设 n(n≥2)枚硬币中有一枚为假币，假币比真币轻，怎样才能找出假币？

方法 1：一个个比较硬币，直到找出假币为止。假设 n=10，首先比较硬币 1 和硬币 2，会出现两种情况。

- 如果重量不一样，较轻者即为假币。
- 如果重量一样，则选取两枚中任意一枚与其他的硬币比较。

如上依次比较硬币 3、4、5……，直到找出假币。在最差的情况下，比较 9 次才能找出假币。即从 n 枚硬币中找出假币，需要比较 n-1 次，比较过程如图 1.3 所示。

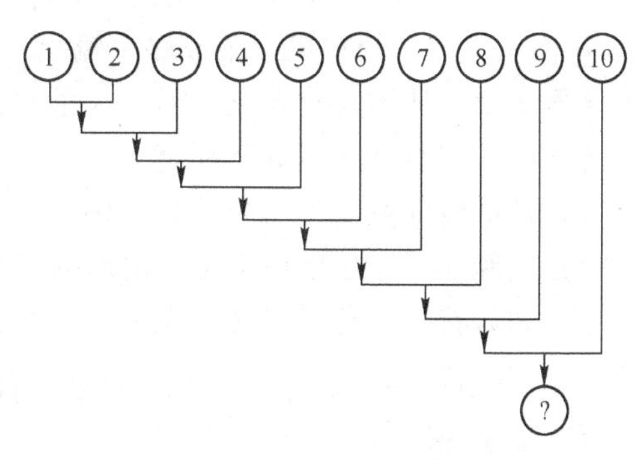


图 1.3　方法 1 示意图

方法 2：方法 1 中，若两枚硬币重量一样，说明都是真币，无须再进行比较。因此，将 n 枚硬币每两枚分为一组进行比较，会出现两种情况。

- 如果重量不一样，较轻者即为假币。
- 如果重量一样，就继续比较下一组的两枚硬币。

如上依次进行比较，直到找出假币。在最差的情况下，比较 5 次就可找出假币。即从 n 枚硬币中找出假币，需要比较 n/2 次，比较过程如图 1.4 所示。

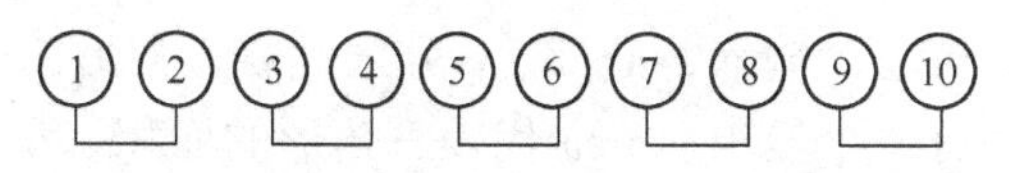


图 1.4　方法 2 示意图

方法 3：方法 2 中，既然所有真币重量一样，将 n 枚硬币分为两组进行比较，有假币的一组必然轻些；再将较轻的这一组等分为两组进行比较，以此类推，直到找出假币。从 n 枚硬币中找出假币，需要比较 $\log_2 n$ 次。10 枚硬币比较过程如图 1.5 所示。

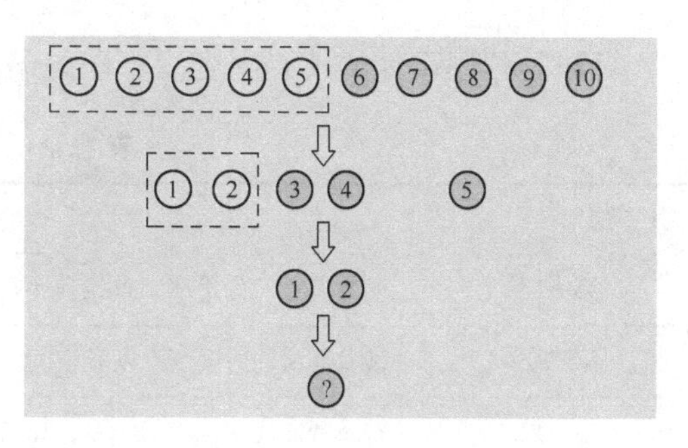


图 1.5　方法 3 示意图

可以看到，方法 3 比较的次数最少，不同的方法（算法）效率差距很大。

### 1.3.1 算法的5个属性

算法是解决一个问题而采取的方法和步骤，是对解题方案的准确而完整的描述，是一系列解决问题的清晰指令。通过一定规范的输入、处理，在有限时间内获得输出的整个过程，算法与具体的程序语言无关，具备以下5个特性。

- 确定性。算法的每个步骤都应确切无误，没有二义性。
- 可行性。算法的每个步骤都必须满足计算机语言能够有效执行、可以实现的要求，并可得到确定的结果。
- 有穷性。算法包含的步骤必须是有限的，并可以在一个合理的时间限度内执行完毕，不能无休止地执行下去。例如，计算圆周率，只能精确到小数点后某一位。
- 输入性。由于算法的操作对象是数据，因此应在执行操作前提供数据，执行算法时可以有多个输入，例如，求两个整数 m 和 n 的最大公约数，则需要输入 m 和 n 的值；当然也可以没有输入，例如，求4！等。
- 输出性。一般提供1个或多个输出。

**【例1-2】** 从键盘输入三角形的3条边，求三角形的面积。

**【解析】** 其算法步骤如下所述。

1）从键盘任意输入3个整数，用 a、b、c 存储。

2）判断 a、b、c 是否符合三角形的定义（两边之和大于第三边）。

3）如果符合三角形定义，先求出周长的一半 $s=(a+b+c)/2$，再调用海伦公式，$area=\sqrt{s(s-a)(s-b)(s-c)}$，求出三角形面积 area。

4）输出 area。

下面，用算法的5个特性来分析【例1-2】。

- 确定性。【例1-2】共有4个步骤，每一个步骤都有确定的含义，没有二义性。
- 可行性。【例1-2】的每个步骤都可以用高级程序设计语言，如 Python 语言或 C 语言等实现。
- 有穷性。【例1-2】只有4个步骤，是有限的。
- 输入性。【例1-2】有3个输入，a、b、c 分别代表三角形的3条边。
- 输出性。【例1-2】有一个输出，area 代表三角形的面积。

### 1.3.2 算法的3个层次

算法是程序设计的核心内容。算法的学习大致分为3个层次，如表1.1所示。

**表1.1 算法的3个层次**

| 层　次 | 内　容 |
|---|---|
| 第一层 | 基本算法，如排序、查找和递归法等 |
| 第二层 | 涉及算法的时间复杂度和空间复杂度，如分治法、贪心算法和动态规划法等 |
| 第三层 | 涉及智能优化算法的学习，如遗传算法、蚁群算法和聚类算法等 |

第一层是“算法基础教学阶段”，涉及基本的算法和程序设计方法，如查找、排序和递归程序设计等。典型的课程是《数据结构》。

第二层是“算法提高教学阶段”，涉及重要的算法设计方法，如分治法、动态规划法、贪心法和回溯法等，理解算法的时间和空间复杂度，以及复杂度分析等重要概念。典型的课程是《算法设计与分析》。

第三层是“算法高级教学阶段”，涉及工程应用中和数据智能处理相关的一些重要算法和模型，如最优化方法（如梯度下降法）、遗传算法和神经网络算法等。典型的课程是《工程最优化方法》《模式识别》《人工智能》等。

按照算法的 3 个层次进行递进式学习，一般会经历阅读与分析程序、模仿编程、掌握常见程序模块、简单编程及复杂编程等过程，学习步骤如下所述。

1）学习一门语言，如 C、C++、Python 和 Java。

2）熟悉基本的算法，如查找、排序等。

3）掌握数据结构，特别是树和图。

4）在各种刷题网站上进行实践练习，具体网址如下。

https://leetcode-cn.com/problemset/algorithms/

https://www.luogu.com.cn/training/mainpage

https://vjudge.net/contest

http://codeforces.com/contests

http://acm.hdu.edu.cn/

http://bestcoder.hdu.edu.cn/

## 1.4 算法复杂度

一个算法的优劣主要从算法的执行时间和所需要占用的存储空间两个方面来衡量，即用空间复杂度和时间复杂度来衡量程序的效率。

### 1.4.1 空间复杂度

空间复杂度是对一个算法在运行过程中临时占用存储空间大小的量度，记作 $S(n)=O(f(n))$。

一个算法在计算机存储器上所占用的存储空间，包括算法的输入、输出数据所占用的存储空间、算法本身所占用的存储空间和算法在运行过程中临时占用的存储空间。

- 算法的输入、输出数据所占用的存储空间由要解决的问题决定，是通过参数表由调用函数传递而来的，它不随算法的不同而改变。
- 算法本身所占用的存储空间与算法编写的长短成正比，要压缩这方面的存储空间，就必须编写较短的算法。
- 算法在运行过程中临时占用的存储空间随算法的不同而异。

一个算法所占用的存储空间要从各方面综合考虑。递归算法一般都比较简短，算法本身所占用的存储空间较小，但运行时需要一个附加堆栈，会占用较多的临时存储空间。非递归算法一般较长，因此存储算法本身的空间较大，但运行时需要的存储空间较小。

### 1.4.2 时间复杂度

计算机科学中，算法的时间复杂度是一个函数，通常用 O 符号表述，用于定量描述该算法的运行时间。算法中模块 n 基本操作的重复执行次数计为函数 f(n)，算法的时间复杂度为 T(n)= O(f(n))。

一个算法运行的总时间取决于以下两个方面。

- 每条语句执行一次所需的时间。
- 每条语句的执行次数。

每条语句的执行时间为该语句的执行次数乘以该语句执行一次所需时间。

常见的时间复杂度有：常数阶 O(1)、对数阶 O(logn)、线性阶 O(n)、线性对数阶 O(nlogn)、平方阶 O($n^2$)、立方阶 O($n^3$)等，如表 1.2 所示。

**表 1.2 大 O 表示法**

| f(n) | 函 数 名 |
|---|---|
| 1 | 常数函数 |
| logn | 对数函数 |
| n | 线性函数 |
| nlogn | 线性对数函数 |
| $n^2$ | 二次函数 |
| $n^3$ | 三次函数 |
| $2^n$ | 指数函数 |

### 1.4.3 提高算法效率的方法

下面介绍提高算法效率的几种方法。

**1. 降低程序复杂度**

程序复杂度主要是指模块内部程序的复杂度，往往采用 McCabe 度量法，用于计算程序模块中环路的个数。实践表明，当程序内分支数或循环个数增加时，环形复杂度也随之增加，模块的环形复杂度以 V(G)≤10 为宜，也就是说，V(G)= 10 是环形复杂度的上限。

环形复杂度 V(G)主要有如下 3 种方法。

- 将环形复杂度定义为控制流图中的区域数。
- V(G)= E−N+2，E 是控制流图中边的数量，N 是控制流图中节点的数量。
- V(G)= P+1，P 是控制流图 G 中判定节点的数量。

**【例 1−3】** 计算图 1.6 的环形复杂度。

**【解析】**

1）V(G)= 6。

分析：图中的区域数为 6。

2）V(G)= E−N+2 = 16−12+2 = 6。

分析：其中 E 为控制流图中的边数，N 为节点数。

3）V(G)= P+1 = 5+1 = 6。

分析：其中 P 为谓词节点的个数。在控制流图中，节点 2、3、5、6、9 是谓词节点。

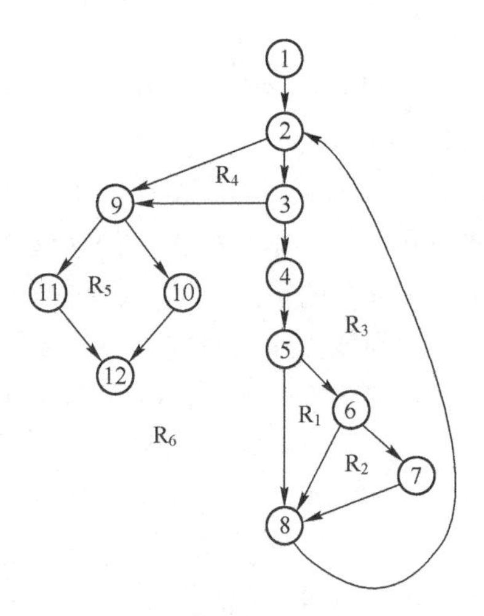


图 1.6 控制流图

**2. 选用高效率算法**

对算法的空间复杂度和时间复杂度进行优化，从而选择高效的算法。

**【例 1−4】** 鸡兔同笼问题：鸡兔共有 30 只，脚共有 90 只，问鸡、兔各有多少只？

**【解析】** 设鸡为 x 只，兔为 y 只，根据题目要求，列出方程组为：

$$
\begin{aligned}
x+y&=30\\
2x+4y&=90
\end{aligned}
\tag{1-2}
$$

采用“试凑法”解决方程组的求解问题，将 x 和 y 变量的每一个值都带入方程中进行尝试。

方法 1：利用二重循环来实现。

```
for x in range(0,31):
    for y in range(0,31):
        if (x + y == 30 and 2 * x + 4 * y == 90):
            print("Chicken is " ,x)
            print("rabbit is " , y)
```

【程序运行结果】

```
Chicken is  15
rabbit is  15
```

时间复杂度：

$T(n)=O(n*n)=O(n^2)$

方法 2：利用一重循环来实现。

```
for x in range(0,31):
    y=30-x
    if 2 * x + 4 * y == 90:
      print("Chicken is " ,x)
      print ("rabbit is " , y)
```

时间复杂度：

$T(n)=O(n)$

方法 3：假设鸡兔共有 a 只，脚共有 b 只，a 为 30，b 为 90。那么方程组为：

$$
\begin{cases}
x+y=a\\
2x+4y=b
\end{cases}
\Rightarrow
\begin{aligned}
X&=(4a-b)/2\\
Y&=(b-2a)/2
\end{aligned}
\tag{1-3}
$$

【代码】

```
a = 30;b = 90
x= (4 * a - b) //2
y= (b - 2 * a) //2
print("Chicken is " ,x)
print("rabbit is " , y)
```

时间复杂度：

$T(n)=O(1)$

## 1.5 算法表示方式

程序设计采用自然语言描述容易产生二义性，即歧义。例如，英文单词“doctor”的汉语含意是“博士”或“医生”，需要根据“doctor”所处的语境决定其含义。为了让算法表示的含义更为准确，往往采用流程图、N-S 图和伪语言等。

### 1.5.1 流程图

流程图是描述算法最常用的一种方法，通过几何框图、流向线和文字说明等流程图符号表示算法。流程图具有以下优点。

- 采用简单规范的符号，画法简单。
- 结构清晰，逻辑性强。
- 便于描述，容易理解。

流程图如图 1.7 所示，主要采用以下符号进行问题的描述。

- 起止框用于流程的开始和结束。
- 输入框向程序输入数据，输出框用于程序向外输出信息。
- 箭头用来控制流向。
- 执行框又称为方框，用于表示一个处理步骤。
- 判别框又称菱形框，用于表示一个逻辑条件。

【例 1-5】流程图举例。

【题意】求最大公约数，流程图如图 1.8 所示。

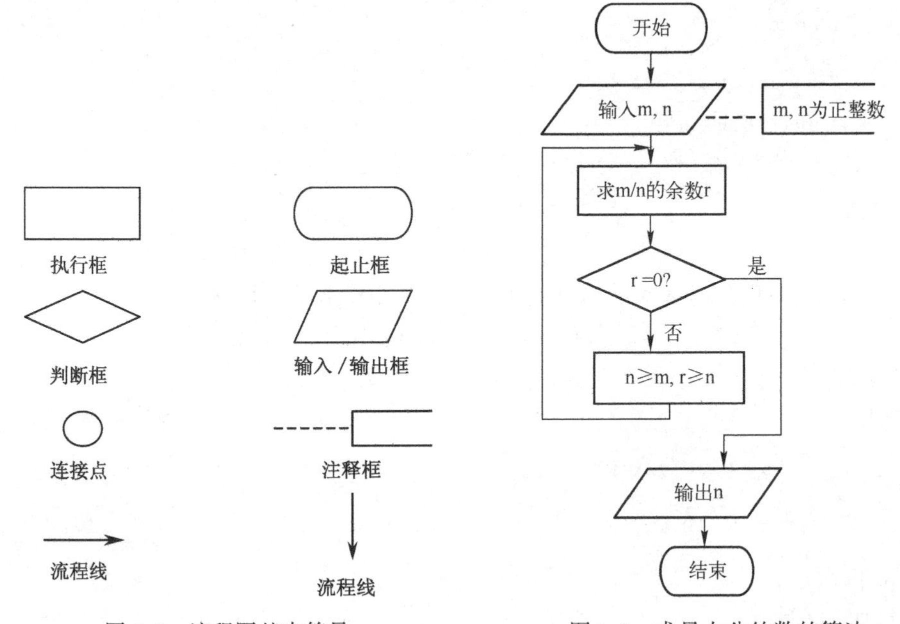


图 1.7　流程图基本符号　　图 1.8　求最大公约数的算法

### 1.5.2 N-S 图

1973 年美国学者 I. Nassi 和 B. Shneiderman 提出了一种新的流程图形式，称为 N-S 图。N-S 图删除了带箭头的流程线，避免了流程无规律随意转移。N-S 图如图 1.9 所示。

- 顺序结构：语句 1、语句 2 和语句 3 这 3 个框组成一个顺序结构。
- 选择结构：当“条件”成立时执行“选择体 1”操作，“条件”不成立则执行“选择

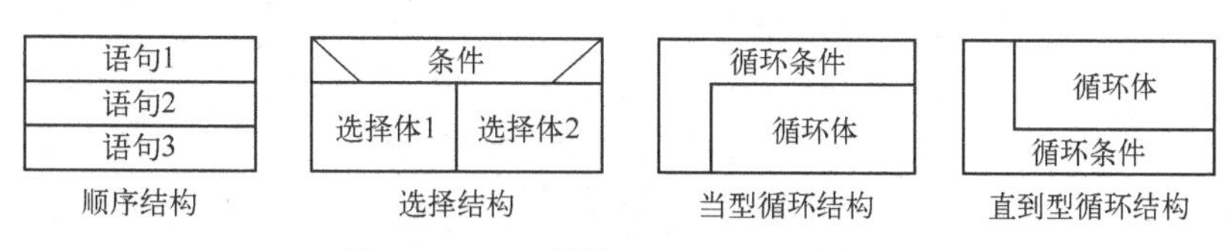

图 1.9 N-S 结构流程图基本元素框

体 2”操作结构。

- 循环结构：循环结构分为当型循环结构和直到型循环结构两种。
  - 当型循环结构。先判断后执行，当“循环条件”成立时反复执行“循环体”操作，直到“循环条件”不成立为止。
  - 直到型循环结构。先执行后判断，当“循环条件”不成立时反复执行“循环体”操作，直到“循环条件”成立为止。

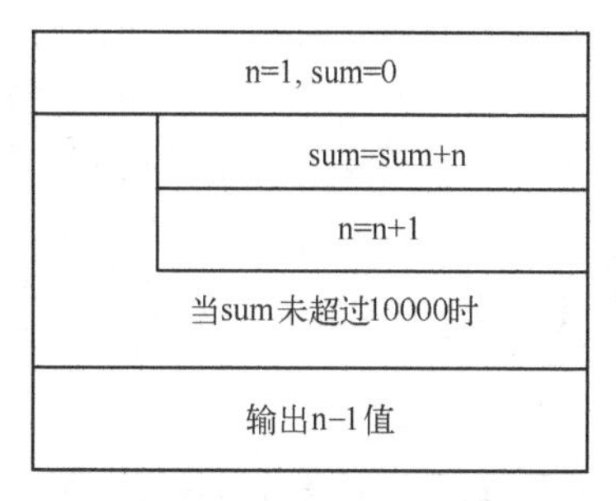

图 1.10 N-S 结构流程图

【**例 1-6**】N-S 图举例。

【题意】求整数 1~n 之和不超过 10000 时 n 的最大值，N-S 图如图 1.10 所示。

### 1.5.3 伪语言

伪语言（Pseudocode）也称伪代码，介于自然语言和计算机语言之间，并不是真正存在的编程语言。伪代码综合使用多种编程语言中的语法、保留字，甚至会用到自然语言，不采用图形符号，因此书写方便、格式紧凑，便于向计算机编程语言（如 Pascal、C 和 Java 等）过渡。

【**例 1-7**】伪代码举例。

【题意】输入 3 个数，打印输出其中最大的数。伪代码如下所示。

```
Begin(算法开始)
输入 A,B,C
IF A>B 则 A→Max
否则 B→Max
IF C>Max 则 C→Max
Print Max
End (算法结束)
```

## 1.6 习题

1. 程序是什么？
2. 什么是算法？算法的 5 个属性是什么？
3. 如何理解算法的空间复杂度和时间复杂度？

# 第2章　Python开发环境

本章首先介绍了Python的相关知识，包括Python语言的特点、应用场合等。然后介绍了Python解释器和Python编辑器的安装和配置。最后介绍了代码书写的相关规则。

## 2.1　Python简介

### 2.1.1　Python的特点

Python是一种简单易学、功能强大的编程语言，具有高效率的高级数据结构，可方便且有效地实现面向对象编程。

**1. 简单易学**

Python语法简洁清晰、结构简单，易于快速上手。由于Python不过多计较程序语言在形式上的细节和规则，从而便于编程者专注程序本身的逻辑和算法。

**2. 免费开源**

Python是自由/开源软件（Free/Libre and Open source software，FLOSS）之一，人们可以自由地发布这个软件的副本、阅读它的源代码、对它做改动，以及将它用于新的自由软件中。

**3. 便于移植**

计算机并不能直接接收和执行用高级语言编写的源程序，源程序在输入计算机时，通过“翻译程序”翻译成机器语言形式的目标程序，计算机才能识别和执行。这种“翻译”通常有两种方式：一种是编译执行；另一种是解释执行。编译执行是指源代码先由编译器编译成可执行的机器码，然后再执行；解释执行是指源代码被解释器直接读取执行。编译执行和解释执行各有优缺点，编译执行可一次性将高级语言源程序编译成二进制的可执行指令，通常执行效率高；而解释执行是由该语言（如HTML）的运行环境（如浏览器）读取一条该语言的源程序，然后转变成二进制指令交给计算机执行，通常可以灵活地跨平台。C、C++等采用编译执行方式，Python与Java语言类似，采用解释执行方式，源代码不需要编译成二进制代码，而是通过解释器把源代码转换成称为字节码的中间形式，由虚拟机负责在不同的计算机上运行，因此，Python程序便于移植，可在众多平台运行。

**4. 面向对象**

Python是完全面向对象的语言。函数、模块、数字和字符串都是对象，并且完全支持继承、重载、派生和多重继承。Python语言编写程序无须考虑硬件和内存等底层细节。

**5. 具有丰富的库**

Python 称为胶水语言，能够轻松地与其他语言（特别是 C 或 C++）连接在一起，其具有丰富的 API 和标准库，包括正则表达式、文档生成、单元测试、线程、数据库、网页浏览器、CGI、FTP、电子邮件、XML、XML-RPC、HTML、WAV 文件、密码系统和 GUI 等，可以完成各种工作。

## 2.1.2 Python 的应用场合

Python 功能强大，主要应用于以下场合。

（1）GUI 软件开发

Python 具有 wxPython、PyQt 等工具，使得 Python 可以快速开发出 GUI，并且不做任何改变就可以运行在 Windows、Linux 和 macOS 等平台。

（2）网络应用开发

Python 提供了标准 Internet 模块，可以广泛应用到各种网络任务中，包括服务端和客户端，另外，网站编程第三方工具 HTMLGen、mod_python、Django、TurboGears 和 Zop 可以帮助 Python 快速构建功能完善和高质量的网站。

（3）游戏开发

Pygame 是建立在 SDL（Simple DirectMedia Layer）基础上的软件包，提供了简单的方式控制媒体信息（如图像、声音等），专为电子游戏设计使用。Pygame 下载网址为 www.pygame.org，如图 2.1 所示。

图 2.1　Pygame 下载网址

（4）科学计算

Python 具有科学计算的三剑客：NumPy、SciPy 和 Matplotlib。其中，NumPy 负责数值计算、矩阵操作等；SciPy 负责常见的数学算法，如插值、拟合等；Matplotlib 负责数据可视化。

（5）Web 与移动设备应用开发

web2py 是一种免费开源的 Web 开发框架，帮助开发者设计、实施和测试 MVC（模型(Model)、视图（View)、控制器（Controller））模型。web2py 下载网址为 www. web2py. com，如图 2. 2 所示。

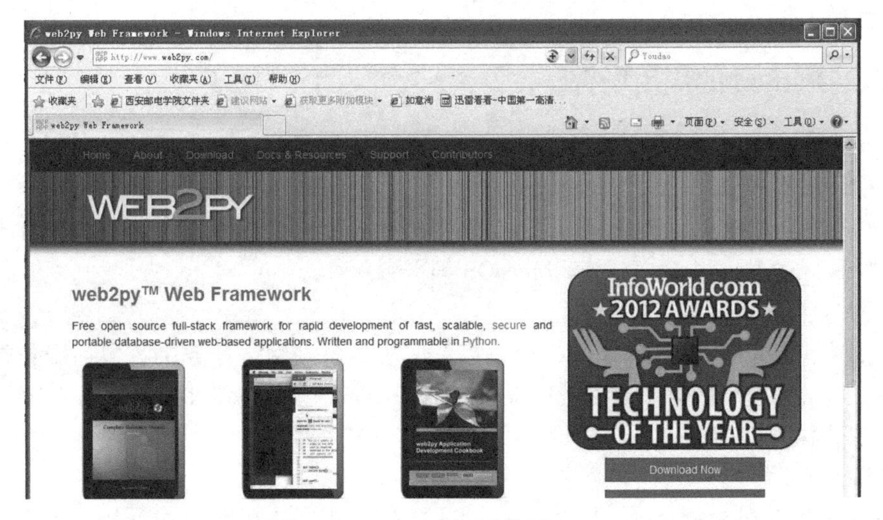


图 2. 2　web2py 下载网址

（6）数据库开发

Python 支持所有主流数据库，如 Oracle、Sybase、MySQL、PostgreSQL 和 Informix 等，并通过标准的数据库 API 接口将关系数据库映射到 Python 类，实现面向对象数据库系统。

（7）系统编程

Python 支持对系统级别的编程，利用 API 等函数接口，可以对系统服务进行管理。Python 程序可以搜索文件和目录树，可以运行其他程序，可以用进程或线程进行并行处理等。

## 2. 2　Python 解释器

### 2. 2. 1　Ubuntu 下安装 Python

Ubuntu（乌班图）是一个以桌面应用为主的 Linux 操作系统，基于 Debian 发行版和 GNOME 桌面环境，与 Debian 不同，它每 6 个月会发布一个新版本。Ubuntu 的目标在于为用户提供最新的、同时又相当稳定的自由软件构建的操作系统。

在 Ubuntu 下安装 Python 3 版本，步骤如下所述。

1）下载安装包。

```
wget https://www.python.org/ftp/python/3.6.0/Python-3.6.0a1.tar.xz
```

2）将压缩包进行解压。

```
tar xvf  Python-3.6.0a1.tar.xz
```

3）创建安装文件的路径。

```
mkdir /usr/local/python3
```

4）编译安装。

```
./configure --prefix=/usr/local/python3
make
make install
```

5）测试是否安装成功。

输入 python 3 进行测试，按〈Ctrl+D〉组合键退出。

### 2.2.2 Windows 下安装 Python

Windows 下安装 Python 的步骤如下。

1）下载 Python 3.6.0 安装包进行安装。下载网址为 http://www.python.org，如图 2.3 所示。

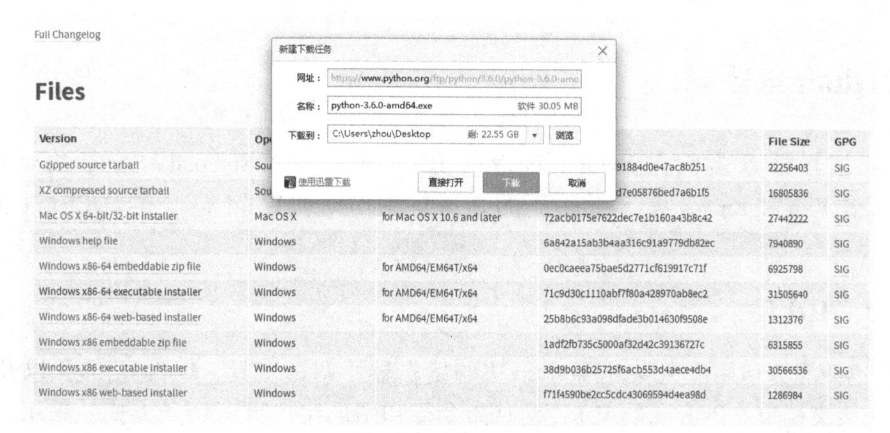


图 2.3　下载 Python 3.6.0

2）在 Windows 环境变量中添加 Python，将 Python 的安装目录添加到 Windows 下的 PATH 变量中，如图 2.4 所示。

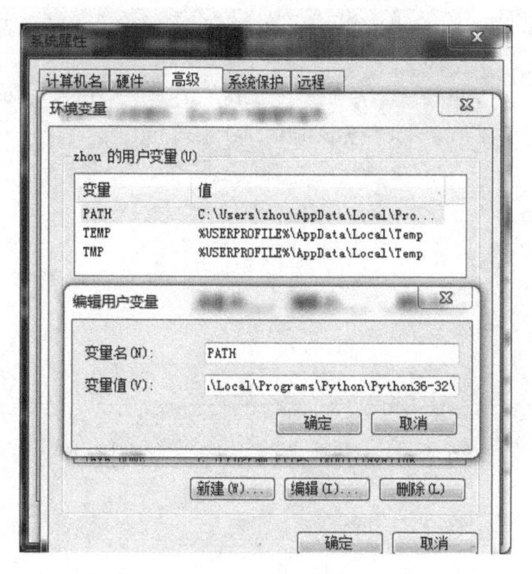


图 2.4　设置环境变量

3）测试 Python 是否安装成功。

在 Windows 下使用 cmd 打开命令行，输入 Python 命令，如图 2.5 所示表示安装成功。

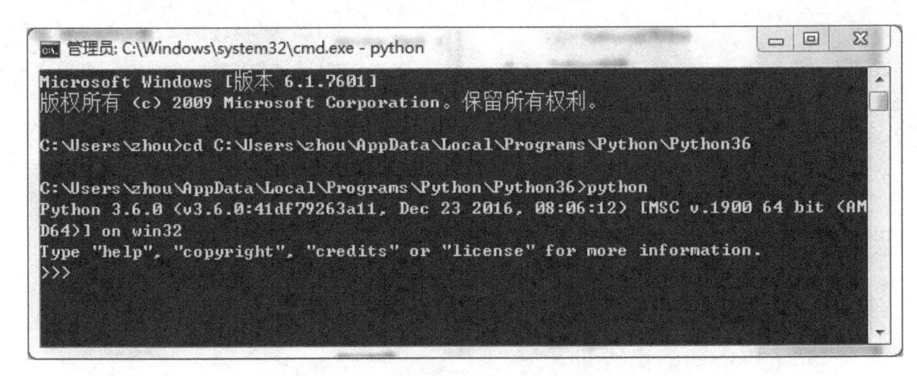


图 2.5　测试 Python 是否安装成功

## 2.3　Python 编辑器

Python 编辑器众多，有 Python 自带的 IDLE 编辑器、Notepad++、Eclipse+PyDev、UliPad，以及 Vim 和 Emacs 等。Linux 下的 Eclipse+PyDev 和 Windows 下的 PyCharm 功能较为强大。

### 2.3.1　IDLE

IDLE 包括能够利用颜色突出显示语法的编辑器、调试工具、Python Shell 以及完整的 Python 3 在线文档集。Python 的 IDLE 具有命令行和图形用户界面两种方式。采用命令行交互式执行 Python 语句，方便快捷，但必须逐条输入语句，不能重复执行，适合测试少量的 Python 代码，不适合复杂的程序设计。

IDLE 的命令行交互式模式如图 2.6 所示。

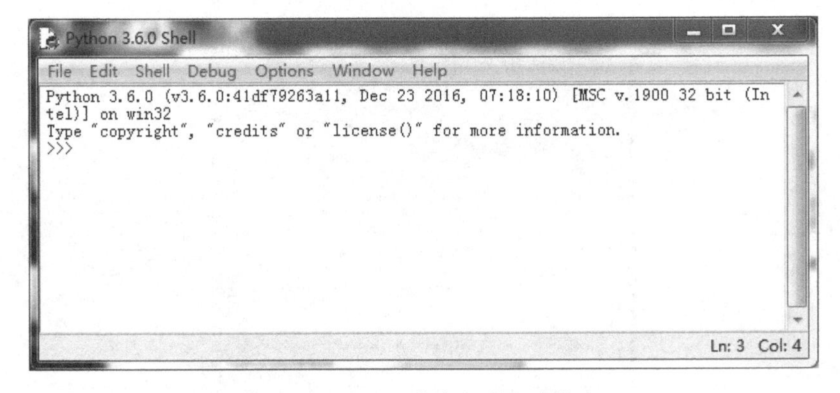


图 2.6　IDLE 的命令行交互式模式

IDLE 图形用户界面模式如图 2.7 所示。

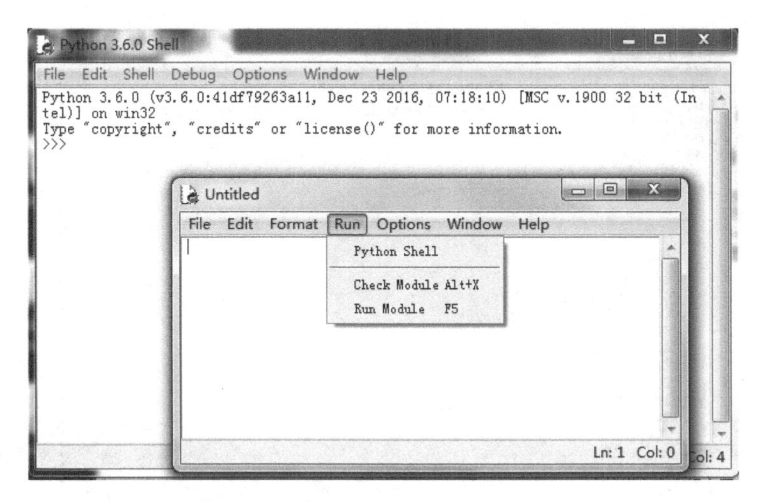


图 2.7 IDLE 的图形用户界面模式

## 2.3.2 PyCharm

PyCharm 具有一整套可以帮助用户在使用 Python 语言开发时提高效率的工具，如调试、语法高亮、Project 管理、代码跳转、智能提示、自动完成、单元测试和版本控制。此外，PyCharm 还提供了一些高级功能，用于支持 Django 框架下的专业 Web 开发。下载 PyCharm 并双击安装，如图 2.8 所示。

图 2.8 安装 PyCharm 步骤 1

单击 Next 按钮，在出现的界面中单击 Install 按钮进入安装过程，如图 2.9 所示。

安装结束，单击 OK 按钮运行 PyCharm，如图 2.10 所示。

单击 Create New Project，在弹出的对话框中输入项目名、路径，并选择 Python 解释器。如图 2.11 所示。

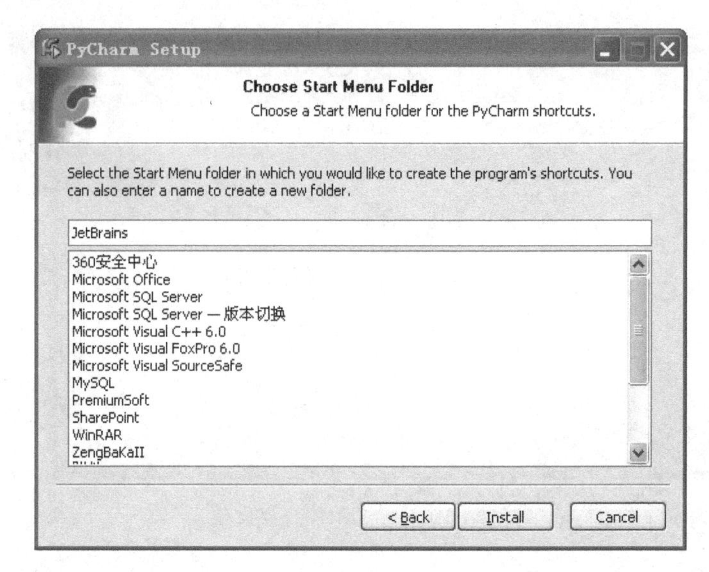


图 2.9　安装 PyCharm 步骤 2

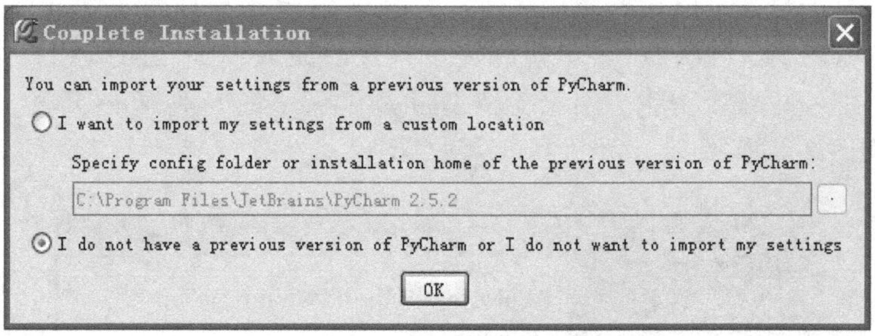

图 2.10　运行 PyCharm

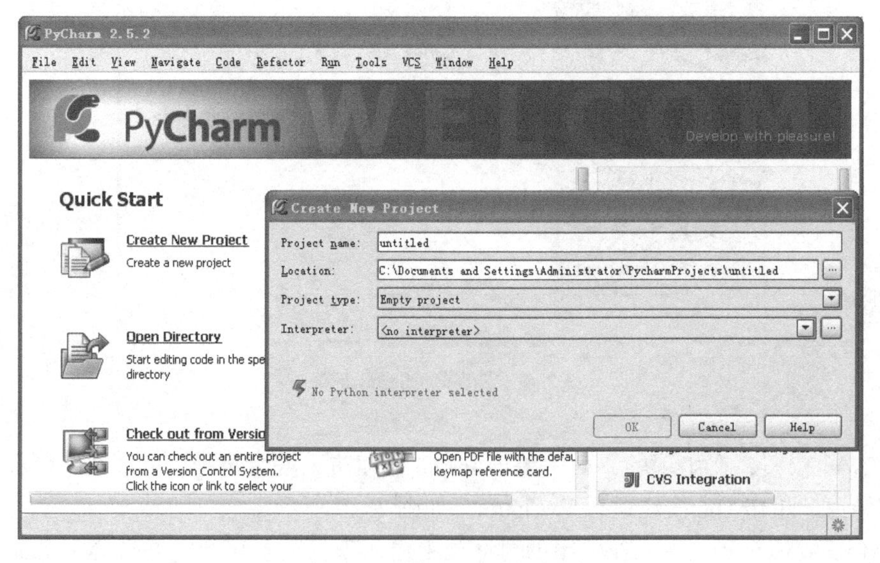


图 2.11　选择 Python 解释器

启动 PyCharm，创建 Python 文件，如图 2.12 所示。

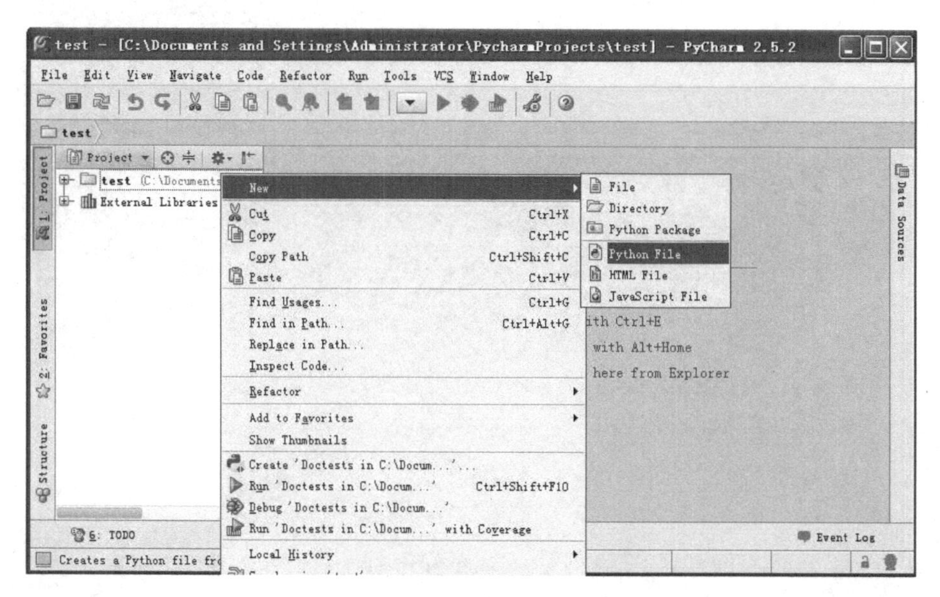


图 2.12　PyCharm 创建 Python 文件

### 2.3.3　Anaconda

Anaconda 是一个开源的 Python 发行版本，其包含了 Conda、Numpy 等 180 多个科学包及其依赖项，涉及数据可视化、机器学习和深度学习等多方面，本书重点介绍 Anaconda，所有程序均在 Anaconda 下调试与运行。Anaconda 的特点如下。

- 提供包管理。可以使用 conda 和 pip 命令安装、更新 、卸载第三方工具包，简单方便，不需要考虑版本等问题。
- 集成了数据科学相关的工具包。Anaconda 集成了如 NumPy、SciPy、Pandas 等数据分析的各类第三方包。
- 提供虚拟环境管理。在 Conda 中可以建立多个虚拟环境，可以为不同的 Python 版本项目建立不同的运行环境，从而解决了 Python 多版本并存的问题。

Anaconda 的安装步骤如下所述。

1）Anaconda 的官网下载地址为 https://www.anaconda.com/download/，如图 2.13 所示。

2）选择 Python 3.6 version，并根据自己的操作系统是 32 位还是 64 位选择对应的版本下载，如图 2.14 所示。

3）在弹出的对话框中选择下载位置，下载 Anaconda3-5.1.0-Windows-x86_64.exe，大约 537 MB。单击“下载”按钮进行下载，如图 2.15 所示。

**注意：** 如果是 Windows 10 系统，安装 Anaconda 软件时，需要右击安装软件，选择以管理员的身份运行。

4）下载完毕，双击软件进行安装，选择安装路径，如 C:\anaconda3，根据提示单击“下一步”按钮即可完成安装，如图 2.16 所示。

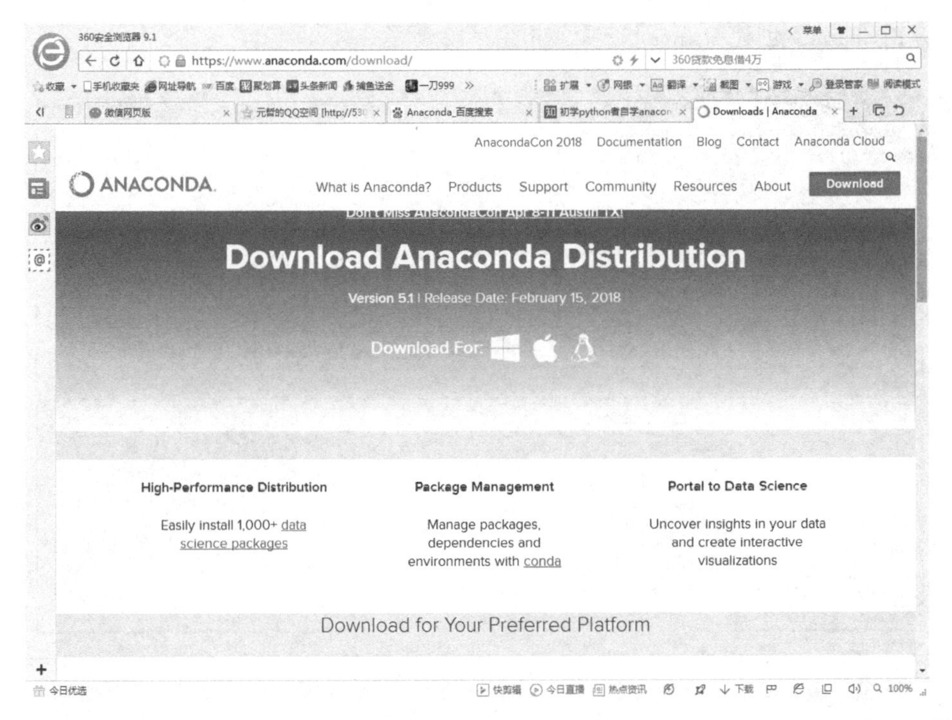


图 2.13　Anaconda 的网站

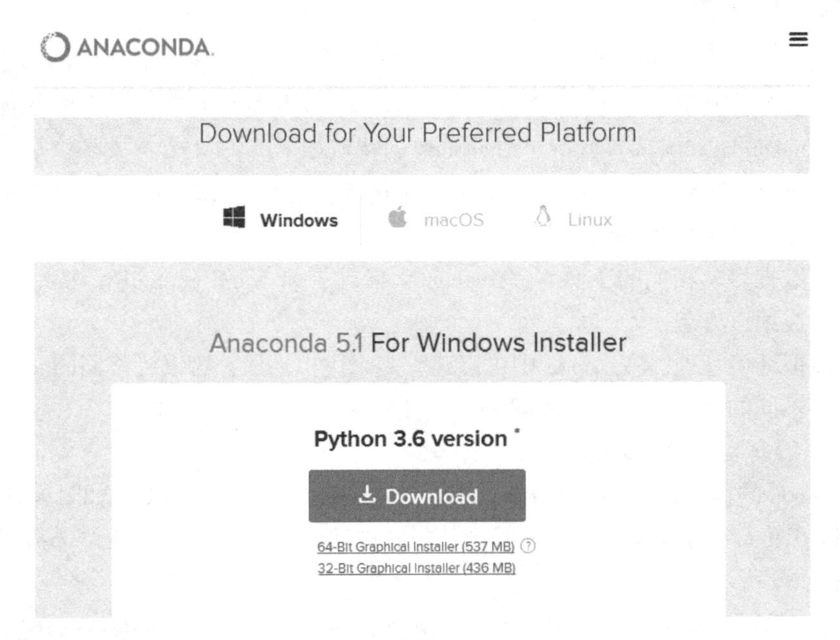


图 2.14　选择 Python 3.6

Anaconda 包含如下应用，如图 2.17 所示。

- Anaconda Navigator：用于管理工具包和环境的图形用户界面，其涉及的众多管理命令也可以在 Navigator 中手工实现。
- Anaconda Prompt：Python 的交互式运行环境。

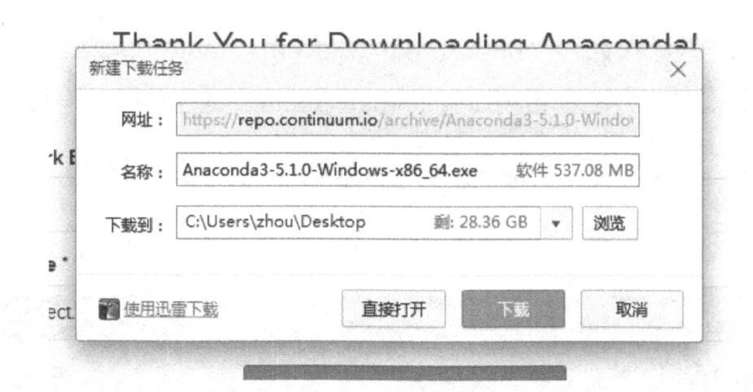


图 2.15　下载 Anaconda 文件

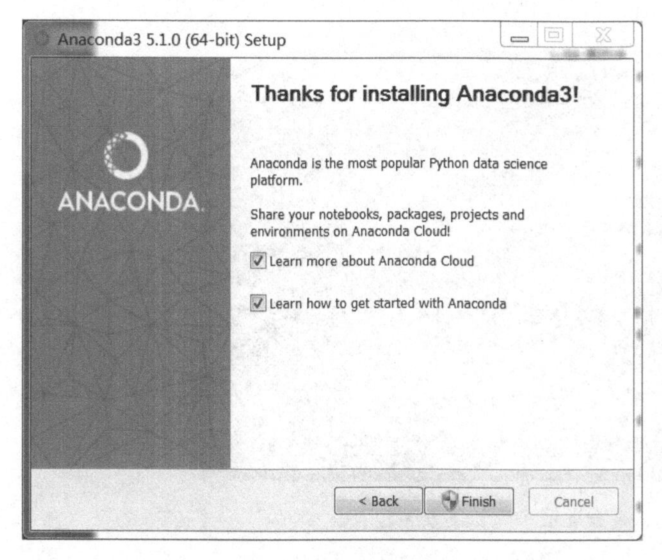


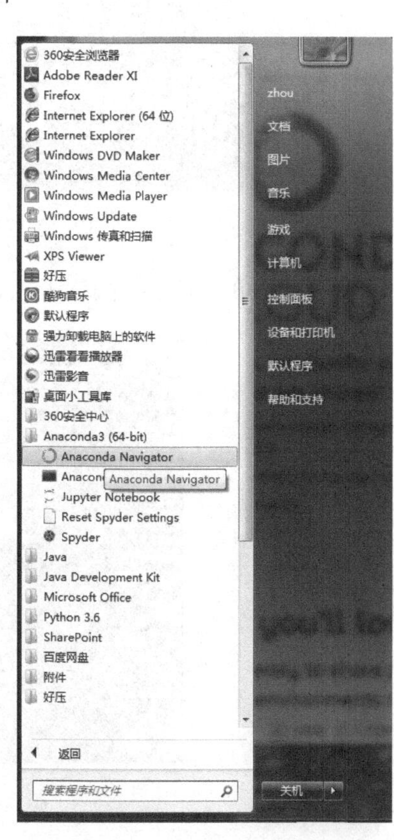


图 2.16　程序运行结果

图 2.17　Anaconda 包含应用

- Jupyter Notebook：基于 Web 的交互式计算环境，可以编辑易于人们阅读的文档，用于展示数据分析的过程。
- Spyder：一个使用 Python 语言、跨平台的科学运算开发环境。相对于 PyDev、PyCharm、PTVS 等 Python 编辑器，Spyder 对内存的需求小很多。

下面，对 Anaconda 的环境变量进行配置。打开 Anaconda Prompt，出现类似于 cmd 的窗口，在其中输入 conda --version 命令，运行效果如图 2.18 所示。

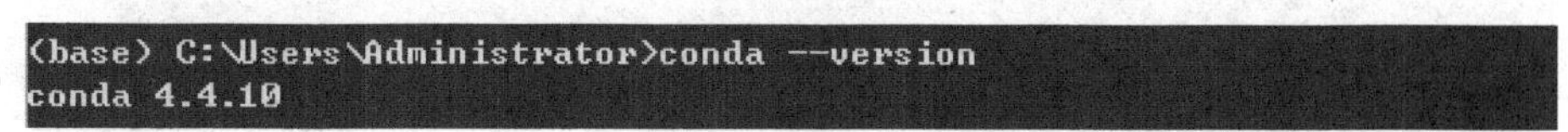


图 2.18　Anaconda 版本

在 Anaconda Prompt 中输入命令 conda create -n env_name package_names。

其中，env_name 是设置环境的名称，package_names 是安装在环境中的包名称。

```
conda create --name test_py3 python=3.6      #创建基于 Python 3.6 的名为 test_py3 的环境
```

运行效果如图 2.19 所示。

```
(base) C:\Users\Administrator>conda create --name test_py3 python=3.6
Solving environment: done


==> WARNING: A newer version of conda exists. <==
  current version: 4.4.10
  latest version: 4.5.2

Please update conda by running

    $ conda update -n base conda
```

图 2.19　创建基于 Python 3.6 的名为 test_ py3 的环境

在 Anaconda Prompt 中使用 conda list 查看环境中默认安装的包，如图 2.20 所示。

```
(base) C:\Users\Administrator>conda list
# packages in environment at C:\ProgramData\Anaconda3:
#
# Name                      Version                   Build  Channel
_ipyw_jlab_nb_ext_conf      0.1.0            py36he6757f0_0
alabaster                   0.7.10           py36hcd07829_0
anaconda                    5.1.0                    py36_2
anaconda-client             1.6.9                    py36_0
anaconda-navigator          1.7.0                    py36_0
anaconda-project            0.8.2            py36hfad2e28_0
asn1crypto                  0.24.0                   py36_0
astroid                     1.6.1                    py36_0
astropy                     2.0.3            py36hfa6e2cd_0
attrs                       17.4.0                   py36_0
babel                       2.5.3                    py36_0
backports                   1.0              py36h81696a8_1
backports.shutil_get_terminal_size 1.0.0     py36h79ab834_2
beautifulsoup4              4.6.0            py36hd4cc5e8_1
bitarray                    0.8.1            py36hfa6e2cd_1
bkcharts                    0.2              py36h7e685f7_0
blaze                       0.11.3           py36h8a29ca5_0
bleach                      2.1.2                    py36_0
```

图 2.20　查看环境中默认的安装包

在 Anaconda 下，Python 的编辑和执行有交互式编程、脚本式编程和 Spyder 3 种运行方式。

（1）交互式编程

交互式编程是指在编辑完一行代码后，按〈Enter〉键会立即执行并显示运行结果。在 test_py3 环境中输入 python 命令并按〈Enter〉键后，会出现 >>>，进入交互式编程模式，如图 2.21 所示。

```
(test_py3) C:\Users\Administrator>python
Python 3.6.5 |Anaconda, Inc.| (default, Mar 29 2018, 13:32:41) [MSC v.1900 64 bi
t (AMD64)] on win32
Type "help", "copyright", "credits" or "license" for more information.
>>>
```

图 2.21　进入交互式编程模式

在>>>后面输入 Python 语言的各种命令。例如，输入 print('Hello world! ')命令，如图 2.22 所示。

图 2.22　输入 print(' Hello world! ')命令

（2）脚本式编程

Python 和其他脚本语言（如 R 和 Perl 等）一样，可以直接在命令行里运行脚本程序。首先，在 D:\目录下创建 Hello. py 文件，内容如图 2.23 所示。

然后，进入 test_py3 环境后，输入 python d:\Hello. py 命令，运行结果如图 2.24 所示。

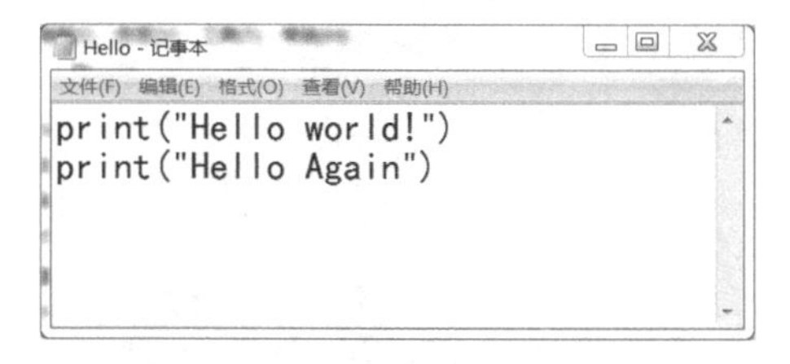

图 2.23　Hello. py 文件内容

图 2.24　运行 d:\Hello. py 文件

（3）Spyder

Spyder 是 Python 的集成开发环境，如图 2.25 所示。

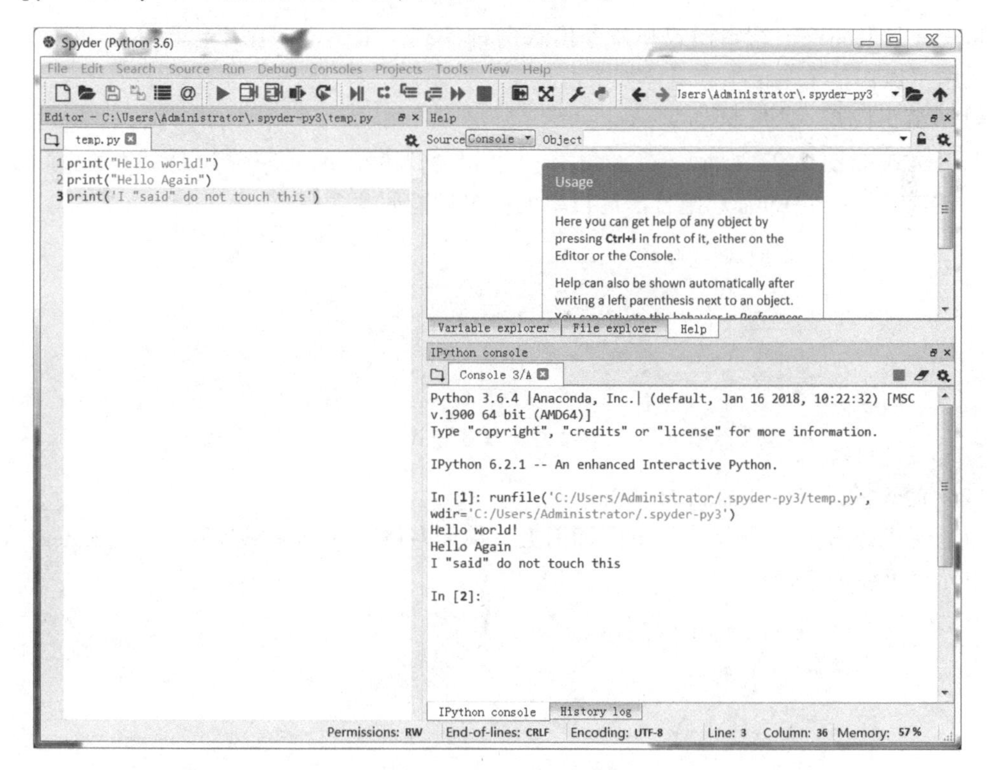

图 2.25　Spyder 编辑器

### 2.3.4 Jupyter Notebook

Jupyter Notebook 是 Python 的在线编辑器，在编辑的过程中，运行结果显示在代码的下方，方便查看。Jupyter Notebook 可以将代码、图像、注释、公式和可视化的结果等信息保存到文件。

在 Anaconda 中打开 Jupyter Notebook，如图 2.26 所示。

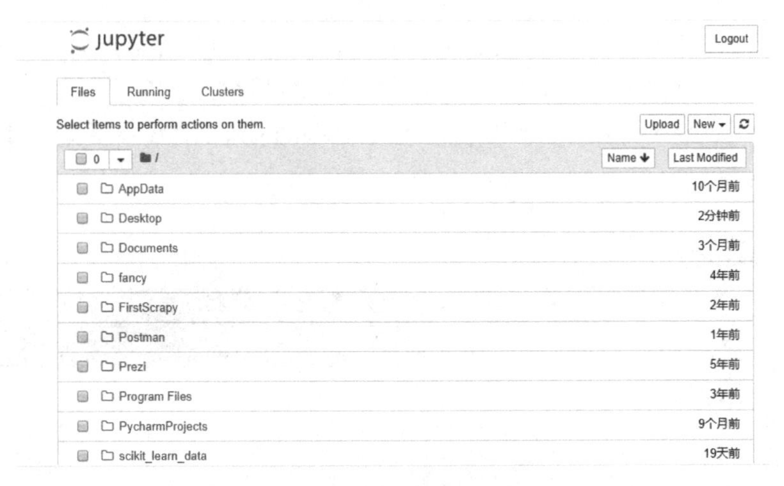


图 2.26　Jupyter Notebook 主界面

Jupyter Notebook 有编辑模式和命令模式两种模式。编辑模式用于修改单个单元格，命令模式用于操作整个笔记本，具体如下所述。

(1) 编辑模式 (Edit Mode)

编辑模式如图 2.27 所示，右上角有一个铅笔图标，单元左侧边框线呈现绿色，按〈Esc〉键或按〈Ctrl+Enter〉组合键运行单元格可切换回命令模式。

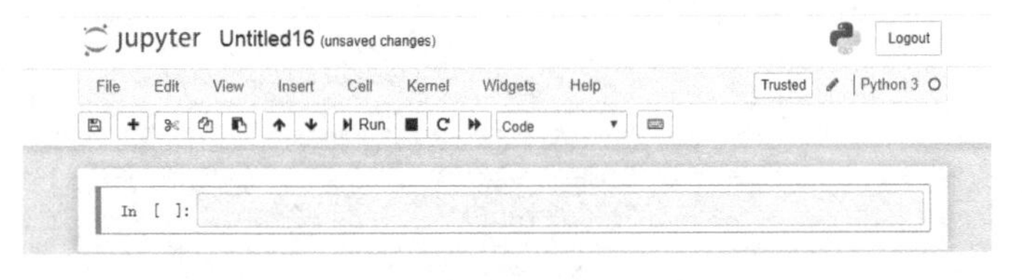


图 2.27　编辑模式

(2) 命令模式 (Command Mode)

命令模式如图 2.28 所示，铅笔图标消失，单元左侧边框线呈现蓝色，按〈Enter〉键或双击单元格可变为编辑状态。

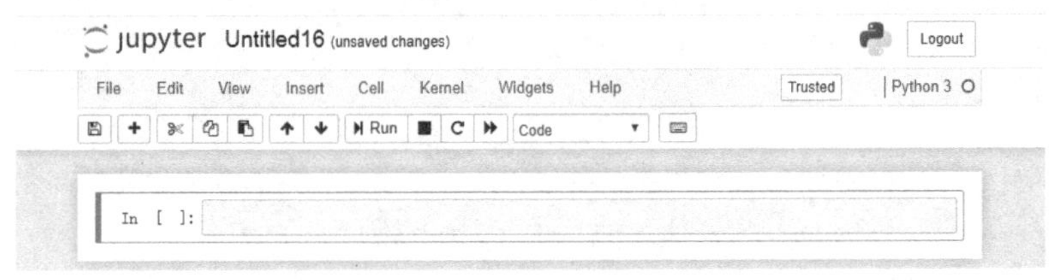


图 2.28　命令模式

编辑模式和命令模式两种模式的切换如表 2. 1 所示。

**表 2. 1　切换笔记本模式的可选操作**

| 模　式 | 按　键 | 鼠标操作 |
|---|---|---|
| 编辑模式 | Enter 键 | 在单元格内单击 |
| 命令模式 | Esc 键 | 在单元格外单击 |

编辑模式下，可以使用非常标准的编辑命令来修改单元格的内容。命令模式的操作如表 2. 2 所示。

**表 2. 2　命令模式的操作**

| 按　键 | 功　能 | 按　键 | 功　能 |
|---|---|---|---|
| H | 显示快捷键列表 | Shift+V | 把单元格粘贴到当前单元格的上面 |
| S | 保存笔记本文件 | D，两次 | 删除当前单元格 |
| A | 在当前行的上面插入一个单元格 | Z | 取消一次删除操作 |
| B | 在当前行的下面插入一个单元格 | L | 切换显示/不显示行号 |
| X | 剪切一个单元格 | Y | 把当前单元格切换到 IPython 模式 |
| C | 复制一个单元格 | M | 把当前单元格切换到 Markdown 模式 |
| V | 把单元格粘贴到当前单元格的下面 | 1、2、…、6 | 设置当前单元格为相应标题大小 |

## 2. 4　代码书写规则

### 2. 4. 1　缩进

程序设计强调“清晰第一，效率第二”，应注意程序代码书写的格式。如果所有程序代码语句都从最左一列开始，则很难清楚程序语句之间的关系。因此针对判断、循环等语句可按一定的规则进行缩进，使得代码具有层次性，可读性也大为改善。

程序设计语言对于缩进有不同的要求，C 语言中的缩进对于代码的编写来说是“有了更好”，而不是“没有不行”，仅作为书写代码风格；Python 语言则将缩进作为语法要求，通过使用代码块的缩进来体现语句的逻辑关系，行首的空白称为缩进，缩进结束就表示一个代码块结束了。C 语言与 Python 语言缩进对比如图 2. 29 所示。

```
if (x > y) {
    x = 1;
    y = 2;
}
```

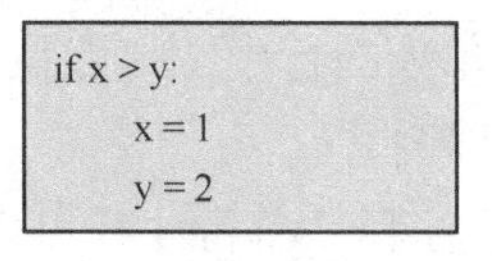


图 2. 29　C 语言与 Python 语言缩进对比

### 2. 4. 2　逻辑行与物理行

物理行是书写程序代码的表现形式。逻辑行是程序设计语言解释的代码形式中的单个语句。程序设计语言一方面希望物理行与逻辑行一一对应，每行只有一个语句，便于代码理解；另一方面希望书写灵活。以 Python 语言为例，其书写规则如下所述。

1）Python 中每个语句以换行结束。

2）一个物理行中若使用多于一个逻辑行，即多条语句书写在一行，则使用分号（;），举例如下。

```
principal = 1000; rate = 0.05;numyears = 5;
```

3）当语句太长时，也可以一条语句跨多行书写，即多个物理行写一个逻辑行，使用反斜线（\）作为续行符。

**【例 2-1】** 反斜线（\）举例。

```
Print \
i
```

与如下写法效果相同。

```
print i
```

但是，当语句中包含[ ]、{ } 或 ( )就不需要使用多行连接符。举例如下。

```
days = ['Monday', 'Tuesday', 'Wednesday',
        'Thursday', 'Friday']
```

### 2.4.3 注释

注释可以帮助读者思考每个过程、每个函数及每条语句的含义，便于编程员的相互讨论，有利于程序的维护和调试。一般情况下，源程序中有效注释量占总代码的 20%以上。

程序的注释分为序言性注释和功能性注释。

- 序言性注释：位于每个模块开始处，作为序言性的注解，简要描述模块的功能、主要算法、接口特点、重要数据及开发简史。
- 功能性注释：插在程序中间，与一段程序代码有关的注解，是针对一些必要的变量、核心的代码进行解释，主要解释这段代码的功能。

以 Python 为例，注释有如下一些约定。

- 注释可以添加在代码中的任意位置，但不能添加在字符串中。
- 若要将注释追加到某语句，可在该语句前后插入一个#号，后面添加注释。
- 注释还可以位于单独的行中，一般位于所要注释的代码上一行。

**1. 单行注释（行注释）**

Python 中#表示单行注释。单行注释可以作为单独的一行放在被注释代码行之上，也可以放在语句或表达式之后。

```
#这是单行注释
```

**2. 多行注释（块注释）**

当注释内容过多，一行无法显示时，可以使用多行注释。Python 中使用 3 个单引号或 3 个双引号表示多行注释。

```
'''
这是使用3个单引号的多行注释
'''
```

### 2.4.4 编码风格

良好的编码风格有助于编写出可靠、易于维护的程序，在很大程度上决定着程序的质量。下面列出了常用的编码风格。

- 复杂的表达式使用“括号”优先级理，避免二义性。
- 单个函数的代码量最好不要超过100行。
- 尽量使用标准库函数和公共函数。
- 不要随意定义全局变量，尽量使用局部变量。
- 保持注释与代码完全一致，修改了代码不要忘记修改注释。
- 循环、分支层次最好不要超过5层。
- 在编程序前，尽可能化简表达式。
- 仔细检查算法中嵌套的循环，尽可能将某些语句或表达式移到循环外面。
- 尽量避免使用多维数组。
- 避免混淆数据类型。
- 尽量采用算术表达式和布尔表达式。
- 保持控制流的局部性和直线性。控制流的局部性是为了提高程序的清晰度和易修改性，防止错误的扩散。控制流的直线性主要体现在两个方面：一是对多入口和多出口的控制结构要作适当的处理；二是结构化程序的主要特点是单入口和单出口，保持控制流的直线性使之清晰易懂。其中，高级语言为提前退出循环提供了专用语句。

## 2.5 习题

1. 简述Python的功能和特点。
2. 简述Python在Linux和Windows下的安装步骤。
3. Python的开发环境有哪些？
4. Python代码书写规则有哪些？

# 第 3 章　Python 数据类型

本章首先介绍了变量的命名和引用，以及各类运算符，如算术运算符、关系运算符、逻辑运算符、身份运算符等。然后介绍了 Python 的数据类型，特别是序列类型、字典和集合，其中，序列类型包括字符串、列表、元组等具有顺序编号特征的数据类型。最后介绍了数据类型转换的相关知识。

## 3.1　变量

变量的值可以变化，Python 的变量不需要声明，通过赋值即可创建变量。

### 3.1.1　变量命名

变量的命名必须遵循以下规则。

- 变量名可以由字母、数字和下画线组成。
- 变量名的第一个字符必须是字母或者下画线“_”，但不能以数字开头。
- 尽量不要使用容易混淆的单个字符作为标识符，如数字 0 和字母 o，数字 1 和字母 l 等。
- 变量名不能和关键字同名。

在 Anaconda Prompt 中输入 import keyword 查看 Python 的关键字，如图 3.1 所示。

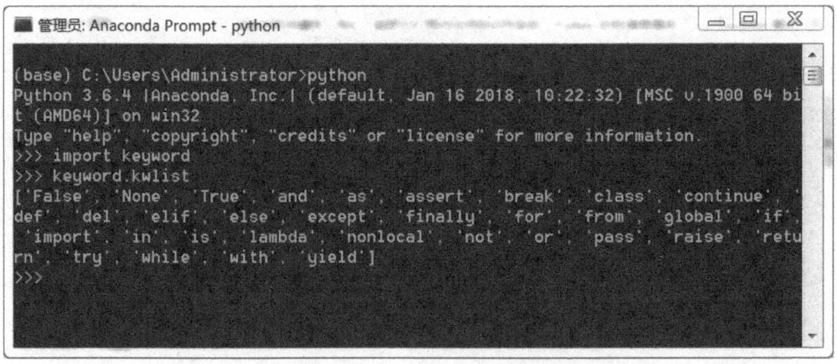

```
管理员: Anaconda Prompt - python
(base) C:\Users\Administrator>python
Python 3.6.4 |Anaconda, Inc.| (default, Jan 16 2018, 10:22:32) [MSC v.1900 64 bi
t (AMD64)] on win32
Type "help", "copyright", "credits" or "license" for more information.
>>> import keyword
>>> keyword.kwlist
['False', 'None', 'True', 'and', 'as', 'assert', 'break', 'class', 'continue', '
def', 'del', 'elif', 'else', 'except', 'finally', 'for', 'from', 'global', 'if',
 'import', 'in', 'is', 'lambda', 'nonlocal', 'not', 'or', 'pass', 'raise', 'retu
rn', 'try', 'while', 'with', 'yield']
>>>
```

图 3.1　Python 的关键字

- 变量名区分大小写，myname 和 myName 不是同一个变量。
- 以双下画线开头的标识符是有特殊意义的，是 Python 采用特殊方法的专用标识，如 __init__()代表类的构造函数。

例如，a123、XYZ、变量名和 sinx 等符合变量的命名规则。

Python 中，单独的下画线（_）用于表示上一次运算的结果。

例如：

```
>>>20
20
>>>_ * 10
200
```

下面的变量命名不符合变量命名规则，导致语法错误，如图 3.2 所示。

```
>>> 3xy
  File "<stdin>", line 1
    3xy
      ^
SyntaxError: invalid syntax
>>> ab%c
Traceback (most recent call last):
  File "<stdin>", line 1, in <module>
NameError: name 'ab' is not defined
>>> Wang ping
  File "<stdin>", line 1
    Wang ping
            ^
SyntaxError: invalid syntax
```

图 3.2　不符合变量命名规则导致语法错误

### 3.1.2　变量引用

Python 中的变量通过赋值得到值。

**【例 3-1】** 变量引用举例。

```
>>> number = 5
>>> number
5
>>> number = 7
>>> print( number )
7
```

## 3.2　运算符

变量之间的运算可以通过运算符实现，运算符包括算术运算符、关系运算符、赋值运算符、逻辑运算符、位运算符、成员运算符和身份运算符等。

### 3.2.1　算术运算符

算术运算符如表 3.1 所示。

**表 3.1　算术运算符**

| 运算符 | 含义 | 运算符 | 含义 |
|---|---|---|---|
| + | 加法 | // | 取整除 |
| - | 减法 | ** | 幂运算 |
| * | 乘法 | % | 取模 |
| / | 除法 | | |

运算符的使用和运算数的数据类型有很大关系，加法运行效果如图 3.3 所示。

【例 3-2】 算术运算符举例。

下面给出除法（/）、整除（//）和求余数（%）的运算效果如图 3.4 所示。

```
>>> print(10+3)
13
>>> print('a'+'b')
ab
>>> print(a+b)
Traceback (most recent call last):
  File "<stdin>", line 1, in <module>
NameError: name 'a' is not defined
```

图 3.3 加法运算效果

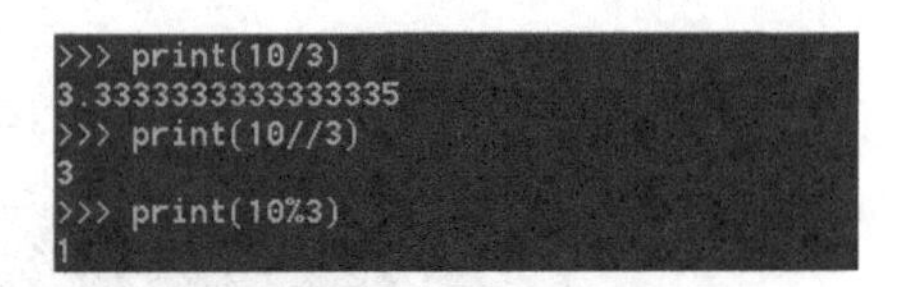

```
>>> print(10/3)
3.3333333333333335
>>> print(10//3)
3
>>> print(10%3)
1
```

图 3.4 除法（/）、整除（//）和求余数（%）的运算效果

### 3.2.2 关系运算符

关系运算符又称比较运算符，是双目运算符，用于比较两个操作数的大小，结果是布尔值，即 True（真）或 False（假）。操作数可以是数值型或字符型。表 3.2 列出了 Python 中的关系运算符。

**表 3.2 关系运算符**

| 运算符 | 描述 | 运算符 | 描述 |
| --- | --- | --- | --- |
| == | 等于 | < | 小于 |
| > | 大于 | <= | 小于或等于 |
| >= | 大于或等于 | != | 不等于 |

关系运算符在进行比较时，需注意以下规则。

- 两个操作数是数字，按大小进行比较。需要注意的是，Python 中的“==”表示等于，“!=”表示不等于，如图 3.5 所示。

```
>>> print(3<5)
True
>>> print(3=5)
  File "<stdin>", line 1
SyntaxError: keyword can't be an expression
>>> print(3==5)
False
>>> print(3>5)
False
>>> print(3!=5)
True
>>> print(3<>5)
  File "<stdin>", line 1
    print(3<>5)
           ^
SyntaxError: invalid syntax
>>>
```

图 3.5 操作数为数字的运行效果

- 两个操作数是字符型，按字符的 ASCII 码值从左到右逐一进行比较，即首先比较两个字符串中的第 1 个字符，ASCII 码值大的字符串为大，如果第一个字符相同，则比较第二个字符，以此类推，直到出现不同的字符为止，如图 3.6 所示。

```
>>> print("abc"=="abcd")
False
>>> print("abcd"=="abcd")
True
>>> print("abc">"abd")
False
>>> print("abc"<"abd")
True
>>> print("23"<"3")
True
>>> print("abc"!="abc")
False
>>> print("abc"!="ABC")
True
```

图 3.6　操作数为字符串的运行效果

### 3.2.3　赋值运算符

赋值运算符如表 3.3 所示。

**表 3.3　复合赋值运算符**

| 运　算　符 | 描　　述 | 运　算　符 | 描　　述 |
|---|---|---|---|
| = | 简单赋值运算符 | /= | 除法赋值运算符 |
| += | 加法赋值运算符 | %= | 取模赋值运算符 |
| -= | 减法赋值运算符 | ** = | 幂赋值运算符 |
| * = | 乘法赋值运算符 | //= | 取整除赋值运算符 |

**【例 3-3】** 赋值运算符举例。

赋值运算符举例如图 3.7 所示。

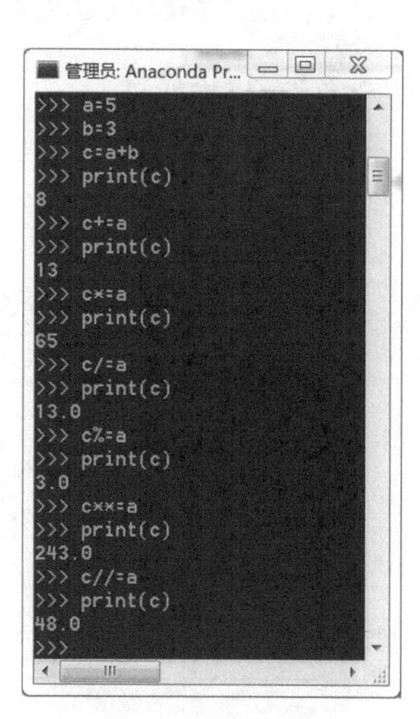


图 3.7　赋值运算符举例

### 3.2.4　逻辑运算符

逻辑运算符如表 3.4 所示。除 not 是单目运算符外，其余都是双目运算符，逻辑运算的结果是布尔值 True 或 False。

**表 3.4　逻辑运算符**

| 运 算 符 | 含　　义 | 描　　述 |
|---|---|---|
| not | 取反 | 当操作数为假时，结果为真；当操作数为真时，结果为假 |
| and | 与 | 当两个操作数均为真时，结果才为真；否则为假 |
| or | 或 | 当两个操作数至少有一个为真时，结果为真；否则为假 |

**【例 3-4】** 逻辑运算符举例。

逻辑运算符举例如图 3.8 所示。

```
管理员: Anaconda Prompt - python
>>> print(not F)
Traceback (most recent call last):
  File "<stdin>", line 1, in <module>
NameError: name 'F' is not defined
>>> print(not False)
True
>>> print(not True)
False
>>> print(True and True)
True
>>> print(True and  false)
Traceback (most recent call last):
  File "<stdin>", line 1, in <module>
NameError: name 'false' is not defined
>>> print(True and  False)
False
>>> print(False and True)
False
>>> print(False and False)
False
>>> print(True or True)
True
>>> print(True or False)
True
>>> print(False or True)
True
>>> print(False or False)
False
>>>
```

图 3.8　逻辑运算符举例

**注意:** False 不能简写成 F 或 false 等。

### 3.2.5　位运算符

位运算就把数字转换为二进制数字来运算。Python 中的位运算符有：左移（<<）、右移（>>）、按位与（&）、按位或（|）、按位异或（^）和按位翻转（~）。位运算符如表 3.5 所示。

**表 3.5　位运算符**

| 运　算　符 | 名　　称 | 描　　述 |
|---|---|---|
| << | 左移 | 把一个数的二进制数字左移一定数目 |
| >> | 右移 | 把一个数的二进制数字右移一定数目 |
| & | 按位与 | 数的按位与 |
| \| | 按位或 | 数的按位或 |
| ^ | 按位异或 | 数的按位异或 |
| ~ | 按位翻转 | x 的按位翻转是-(x+1) |

**【例 3-5】** 位运算符举例。

位运算符举例如图 3.9 所示。

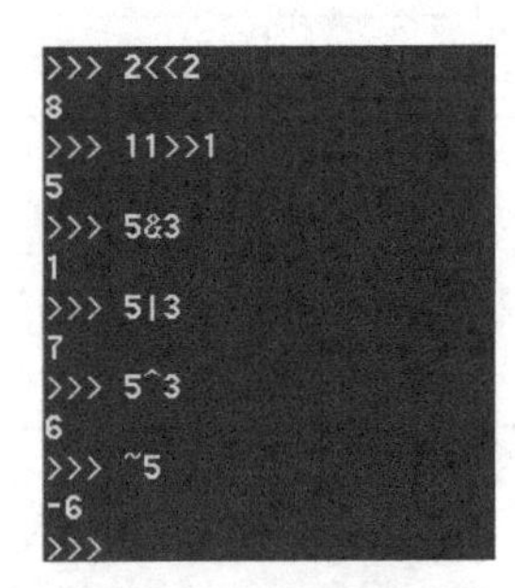


图 3.9　位运算符举例

### 3.2.6 成员运算符

成员运算符主要用于字符串、列表或元组等数据类型。如表 3.6 所示。

表 3.6 成员运算符

| 运算符 | 描述 |
|---|---|
| in | 在指定的序列中找到值返回 True，否则返回 False |
| not in | 在指定的序列中没有找到值返回 True，否则返回 False |

【例 3-6】成员运算符举例。

```
>>> 'a' not in 'bcd'
  True
>>> 3 in [1,2,3,4]
  True
```

### 3.2.7 身份运算符

身份运算符又名同一运算符，用于比较两个对象的存储单元，如表 3.7 所示。

表 3.7 身份运算符

| 运算符 | 描述 |
|---|---|
| is | 判断两个标识符是不是引用自一个对象 |
| is not | 判断两个标识符是不是引用自不同对象 |

【例 3-7】身份运算符举例。

```
>>> x=y=2.5
>>> z=2.5
>>> x is y
True
>>> x is z
False
>>> x is not z
True
```

## 3.3 表达式

### 3.3.1 表达式的概念

表达式通常由运算符（操作符）和参与运算的数（操作数）两部分组成。例如，2+3 就是一个表达式，+是运算符，2 和 3 是操作数。

数学表达式转换为 Python 表达式，如表 3.8 所示。

表 3.8　数学表达式转换为 Python 的表达式

| 数学表达式 | Python 表达式 |
| --- | --- |
| $\frac{abcd}{efg}$ | a*b*c*d/e/f/g 或　　a*b *c*d/(e*f*g) |
| $\sin45°+\frac{e^{10}+\ln10}{\sqrt{x}}$ | math.sin(45*3.14/180)+(math.exp(10)+math.log(10))/math.sqrt(x) |
| $[(3x+y)-z]^{1/2}/(xy)^4$ | math.sqrt((3*x+y)-z)/(x*y)**4 |

数学表达式转化为 Python 表达式应注意如下区别。

- 乘号不能省略。例如，x 乘以 y 写成 Python 表达式为 x*y
- 括号必须成对出现，均使用圆括号，出现多个圆括号时，从内向外逐层配对。
- 运算符不能相邻。例如，a+ -b 是错误的。
- 添加必要的函数。例如，数学表达式 $\sqrt{25}$ 转换成 Python 表达式为 math.sqrt(25)等。

### 3.3.2　运算符的优先级

表达式计算根据运算符的优先次序逐一进行计算，Python 运算符的优先级如表 3.9 所示。

表 3.9　Python 运算符的优先级

| 优先级 | 运　算　符 | 描　　述 |
| --- | --- | --- |
| 高<br>↑<br>低 | ** | 幂运算 |
| | ~、+、- | 按位取反、正号、负号 |
| | *、/、%、// | 乘、除、取模和取整除 |
| | +、- | 加法、减法 |
| | >>、<< | 右移、左移 |
| | & | 按位与 |
| | ^、\| | 按位异或、按位或 |
| | <=、<、>、>= | 比较运算符 |
| | ==、!= | 等于、不等于运算符 |
| | =、%=、/=、//=、-=、+=、*=、**= | 赋值运算符 |
| | is、is not | 身份运算符 |
| | in、not in | 成员运算符 |
| | not、or、and | 逻辑运算符 |

## 3.4　数据类型

### 3.4.1　数据类型的概念

计算机能处理数值、文本、图形、音频、视频和网页等各种数据，这些数据通过变量保存起来。由于数据不同，所以需要不同的数据类型。例如，人的年龄为25，用整数来表示；成绩78.5，用浮点数来表示；人的姓名如“比尔·盖茨”，用字符串来表示等。

### 3.4.2 数据类型的分类

Python 3 根据数据描述信息的含义不同，分为6种数据类型，如下所述。

- Number（数值）。
- List（列表）。
- Tuple（元组）。
- String（字符串）。
- Dictionary（字典）。
- Set（集合）。

## 3.5 数值

### 3.5.1 数值的概念

Python中的数值有4种类型：整数、布尔、浮点数和复数。

- 整数（int）。例如，1、1024和-982。
- 布尔（bool）。例如，True、False。
- 浮点数（float）。例如，1.23、3.14和-9.01等。之所以称为浮点数，是因为按照科学计数法表示，浮点数的小数点位置可变。例如，52.3E4就是科学计数法，其中，E表示10的幂，52.3E4表示$52.3\times10^4$。52.3E4和5.23E5表示同一数字，但是它们小数点的位置不同。
- 复数（complex）。例如，1 + 2j和1.1 + 2.2j。

### 3.5.2 数值的操作

【例3-8】数值举例。

```
>>> a, b, c, d = 20, 5.5, True, 4+3j
>>> print(type(a), type(b), type(c), type(d))
<class 'int'> <class 'float'> <class 'bool'> <class 'complex'>
```

数学函数如表3.10，通过import math命令使用数学函数。

**表3.10 数学函数**

| 函　数 | 含　义 | 举　例 |
|---|---|---|
| abs(x) | 数字的绝对值 | math. abs(-10)返回10 |
| ceil(x) | 数字的上入整数 | math. ceil(4.1)返回5 |
| exp(x) | e的x次幂（ex） | math. exp(1) 返回2.718281828459045 |
| fabs(x) | 数字的绝对值 | math. fabs(-10)返回10.0 |
| floor(x) | 数字的下舍整数 | math. floor(4.9)返回4 |

(续)

| 函　数 | 含　义 | 举　例 |
|---|---|---|
| log(x) | x 的对数 | math.log(100,10)返回 2.0 |
| log10(x) | 以 10 为基数的 x 的对数 | math.log10(100)返回 2.0 |
| max(x1, x2,…) | 给定参数的最大值，参数可以为序列 | math.max(2,3)返回 3 |
| min(x1, x2,…) | 给定参数的最小值，参数可以为序列 | math.min(2,3)返回 2 |
| pow(x, y) | $x^y$ | math.pow(2,3) 返回 8 |
| round(x [,n]) | 浮点数 x 的四舍五入值，n 代表舍入到小数点后的位数 | math.round(2.4)返回 2 |
| sqrt(x) | 数字 x 的平方根 | math.sqrt(4)返回 2 |

# 3.6　列表

## 3.6.1　列表的概念

列表（List）是 Python 中使用最频繁的数据类型。列表中的每一个数据称为元素，元素用逗号分隔并放在一对中括号“[ ]”中，列表可以认为是下标从零开始的数组。列表可以包含混合类型的数据，即在一个列表中的数据类型可以各不相同。

列表举例如下。

```
[10, 20, 30, 40]#所有元素都是整型数据的列表
[' frog', 'cat', 'dog']#所有元素都是字符串类型的列表
['apple', 2.0, 5, [10, 20],True] #列表中包含字符串类型、浮点类型、整型、列表类型、布尔类型
```

Python 创建列表时，解释器在内存中生成一个类似数组的数据结构，数据项自下而上存储，如图 3.10 所示。

| | |
|---|---|
| 4 | True |
| 3 | [10, 20] |
| 2 | 5 |
| 1 | 2.0 |
| 0 | apple |

图 3.10　列表存储方式

## 3.6.2　列表的操作

下面介绍列表操作。

（1）创建列表

使用“=”将一个列表赋值给变量。

```
>>> a_list = ['a', 'b', 'c']
```

（2）读取元素

1）读取某个元素：用列表名加元素序号读取某个元素。

序列中的每个元素被分配一个序号——即元素的位置，也称为索引。从左至右依次是 0,1,…,n，从右向左计数来存取元素称为负数索引，依次是-1，- 2,…,-n。li[-n] = =li [len(list)-n]。

【例 3-9】列表索引举例。

```
>>> l1=[1,1.3,"a"]
>>> l1[0]
1
>>> l1[-1]
'a'
```

**注意**：Python 从 0 开始计数。

2）读取若干元素。

序列切片（Slice）是指使用序列序号截取其中的任何部分从而得到新的序列。切片操作符是在[]内提供一对可选数字，用冒号分割。冒号前的数表示切片的开始位置，冒号后的数字表示切片的截止（但不包含）位置。

**注意**：记住数是可选的，而冒号是必须的；开始位置包含在切片中，而结束位置不包含在切片中。

**【例 3-10】** 列表切片举例。

```
>>> l1=[1,1.3,"a"]
>>> l1[1:2]        #取出位置从 1 开始到位置为 2 的字符,但不包含偏移为 2 的元素
[1.3]
>>> l1[:2]         #不指定第一个数,切片从第一个元素,直到但不包含偏移为 2 的元素
[1, 1.3]
>>> l1[1:]         #不指定第二个数,从偏移为 1 直到末尾之间的元素
[1.3, 'a']
>>> l1[:]          #数字都不指定,则返回整个列表。
[1,1.3,'a']
```

（3）修改元素

只需直接给元素赋值。

```
>>> a_list = ['a', 'b', 'c']
>>>a_list[0] = 123
>>>print a_list
[123, 'b', 'c']
```

（4）添加元素

列表添加元素有“+”、append()、extend()和 insert()方法。

方法 1：使用“+”将一个新列表附加在原列表的尾部。

```
>>> a_list = [1]
>>> a_list = a_list + ['a', 2.0]
>>> a_list
[1, 'a', 2.0]
```

方法 2：使用 append()方法向列表尾部添加一个新元素。

```
>>> a_list = [1, 'a', 2.0]
>>> a_list.append(True)
>>> a_list
[1, 'a', 2.0, True]
```

方法 3：使用 extend( )方法将一个列表添加在原列表的尾部。

```
>>>a_list=[1, 'a', 2.0, True]
>>> a_list. extend(['x', 4])
>>> a_list
[1, 'a', 2.0, True, 'x', 4]
```

方法 4：使用 insert( )方法将一个元素插入到列表的任意位置。

```
>>>a_list=[1, 'a', 2.0, True, 'x', 4]
>>> a_list. insert(0, 'x')
>>> a_list
['x', 1, 'a', 2.0, True, 'x', 4]
```

**【例 3-11】** 比较 "+" 和 append( ) 两种方法。

```
import time
result = []
start = time. time()
for i in range(10000):
    result = result + [i]
print("+操作执行",len(result), '次,用时', time. time()-start)
result = []
start = time. time()
for i in range(10000):
    result. append(i)
print("append 操作执行",len(result), '次,用时', time. time()-start)
```

【程序运行结果】

```
+操作执行 10000 次,用时 0.2020115852355957
append 操作执行 10000 次,用时 0.0009999275207519531
```

从程序结果可知，append( )用时较少，明显快于"+"。

**【例 3-12】** 比较 insert( )和 append( )两种方法。

```
import time
def Insert():
    a = []
    for i in range(10000):
        a. insert(0, i)
def Append():
    a = []
    for i in range(10000):
        a. append(i)
start = time. time()
for i in range(10):
    Insert()
print('Insert:', time. time()-start)
start = time. time()
for i in range(10):
    Append()
print('Append:', time. time()-start)
```

程序运行结果如下所示。

```
Insert: 0.578000068665
Append: 0.0309998989105
```

从程序结果可知，还是 append( )用时较少，明显快于 insert( )。

(5) 删除元素

列表删除元素有 del、remove( )和 pop（参数）方法。

方法 1：使用 del 语句删除某个特定位置的元素。

```
>>>a_list=['x', 1, 'a', 2.0, True, 'x', 4]
>>> del a_list[1]
>>> a_list
['x', 'a', 2.0, True, 'x', 4]
```

方法 2：使用 remove( )方法删除某个特定值的元素。

```
>>>a_list = ['x', 'a', 2.0, True, 'x', 4]
>>> a_list.remove('x')
>>> a_list
['a', 2.0, True, 'x', 4]
>>> a_list.remove('x')
>>> a_list
['a', 2.0, True, 4]
>>> a_list.remove('x')
Traceback (most recent call last):
  File "<stdin>", line 1, in <module>
ValueError: list.remove(x): x not in list
```

**【例 3-13】** 比较两组代码。

| >>> x = [1,2,1,2,1,2,1,2,1]<br>>>> for i in x:<br>    if i == 1:<br>        x.remove(i)<br>>>> x<br>[2, 2, 2, 2] | >>> x = [1,2,1,2,1,1,1]<br>>>> for i in x:<br>        if i == 1:<br>                x.remove(i)<br>>>> x<br>[2, 2, 1] |
|---|---|

**【解析】** 同样的代码，仅仅是所处理的数据发生了一点变化，却导致结果不同。两组数据的区别在于数据中是否有连续的“1”。由于列表的自动内存管理功能，在插入或删除列表元素时，Python 会自动对列表内存进行扩充或收缩并移动列表元素以保证所有元素之间没有空位置，因此，每当插入或删除一个元素后，该元素位置后面所有元素的索引都会改变。

remove( )和 del 都用于删除元素，修改后的代码如下所示。

| >>> x = [1,2,1,2,1,1,1]<br>>>> for i in x[::]:    #切片<br>        if i == 1:<br>    x.remove(i) | >>> x = [1,2,1,2,1,1,1]<br>>>> for i in range(len(x)-1,-1,-1):<br>        if x[i]==1:<br>                del x[i] |
|---|---|

方法3：使用pop（参数）方法弹出指定位置的元素，默认参数时弹出最后一个元素。

```
>>> a_list=['a', 2.0, True, 4]
>>> a_list.pop( )        #默认参数时弹出最后一个元素
4
>>> a_list
['a', 2.0, True]
>>> a_list.pop(1)
2.0
>>> a_list
['a', True]
>>> a_list.pop(1)
True
>>> a_list
['a']
>>> a_list.pop( )
'a'
>>> a_list
[ ]
>>> a_list.pop( )
Traceback (most recent call last):
  File "< stdin >", line 1, in <module>
IndexError: pop from empty list
```

（6）获取列表中指定元素的下标

```
>>>a=[72, 56, 76, 84, 76,80, 88]
>>>print(a.index(56))    #输出元素56的下标
1
>>>b= list(enumerate(a))                # enumerate 将 list 的元素元组化
>>>print(b)
[(0, 72), (1, 56), (2, 76), (3, 84), (4, 76), (5, 80), (6, 88)]
>>>print("输出元素76的下标")
>>>print([i for i,x in b if x==76])      #利用循环方法获取相应的匹配结果
[2, 4]
```

列表方法如表3.11所示。

**表3.11　列表方法**

| 函　　数 | 描　　述 |
|---|---|
| alist.append(obj) | 列表末尾增加元素obj |
| alist.count(obj) | 统计元素obj出现次数 |
| alist.extend(sequence) | 用sequence扩展列表 |
| alist.index(obj) | 返回列表中元素obj的索引 |
| alist.insert(index,obj) | 在index索引之前添加元素obj |
| alist.pop(index) | 删除索引的元素 |
| alist.remove(obj) | 删除指定元素 |

## 3.7 元组

### 3.7.1 元组的概念

元组（Tuple）和列表类似，相当于只读列表，其元素不可以修改。元组适合于只需进行遍历操作的运算，对数据进行“写保护”，其操作速度比列表快。

元组与列表相比，有如下不同。

- 元组的所有元素放在一对圆括号“()”中。
- 不能向元组增加元素，元组没有 append()、insert()或 extend()方法。
- 不能从元组删除元素，元组没有 remove()或 pop()方法。
- 元组没有 index()方法，但是，可以使用 in 操作符。
- 元组可以在字典中被用作“键”，而列表不能被用作“键”。

### 3.7.2 元组的操作

下面介绍元组操作。

（1）创建元组

使用赋值运算符“=”将一个元组赋值给变量，即可创建元组对象。

```
>>>tup1 = ('a', 'b', 1997, 2000)
>>>tup2 = (1, 2, 3, 4, 5, 6, 7 )
```

当创建只包含一个元素的元组时，需要注意它的特殊性。此时，只把元素放在圆括号中是不行的，这是因为圆括号既可以表示元组，又可以表示数学公式中的小括号，从而会产生歧义。因此，Python 规定当创建只包含一个元素的元组时，需在元素的后面加一个逗号“,”。

```
>>> x=(1)
>>> x
1
>>> y=(1,)
>>> y
(1,)
>>> z=(1,2)
>>> z
(1, 2)
```

（2）访问元组

可以使用下标索引来访问元组中的值。

```
>>>tup1 = ('a', 'b', 1997, 2000)
>>>tup2 = (1, 2, 3, 4, 5, 6, 7 )
>>>print("tup1[0]: ", tup1[0] )
tup1[0]:  a
```

```
>>>print("tup2[1:5]: ", tup2[1:5])
tup2[1:5]:(2, 3, 4, 5)
```

（3）元组连接

元组可以进行连接操作。

```
>>>tup1 = (12, 34.56)
>>>tup2 = ('abc', 'xyz')
# tup1[0] = 100                    #元组元素不可以修改
>>>tup3 = tup1 + tup2;             # 创建一个新的元组
>>>print(tup3)
(12, 34.56, 'abc', 'xyz')
```

（4）删除元组

元组中的元素值是不允许删除的，但可以使用 del 语句删除整个元组。

```
>>>tup = ('physics', 'chemistry', 1997, 2000)
>>>del tup[1]
Traceback (most recent call last):
  File "<stdin>", line 1, in <module>
TypeError: 'tuple' objext doesn't support item  deletion
>>>del tup
>>>print(tup)
Traceback (most recent call last):
  File "<stdin>", line 1, in <module>
NameError: name 'tup' is not defined
```

## 3.8 字符串

### 3.8.1 字符串的概念

字符串在 Python 中是以单引号、双引号或三引号括起来的符号来表示，如'Hello World'、"Python is groovy"和'''What is footnote 5？'''等。请注意，''或""本身只是一种表示方式，不是字符串的一部分，因此，字符串'abc'只有 a、b 和 c 这 3 个字符。用单引号或双引号括起来没有任何区别，但一个字符串用什么引号开头，就必须用什么引号结尾。

单引号与双引号只能创建单行字符串。

```
>>>'Hello'
'Hello'
>>>'Let's go'
'Let's go'
>>>s="'Python' Program"
>>>s
"'Python' Program"
```

为了创建多行字符串或者为了使字符串的数据中出现双引号，可以使用三引号。

```
>>> s='''
... We say "Hello" to Python
... '''
>>>s
'\nWe say "Hello" to Python'
```

### 3.8.2 字符串的操作

字符串（String）、列表和元组都是序列。字符串的方法如表 3.12 所示。

**表 3.12 字符串方法**

| 函 数 | 描 述 |
| --- | --- |
| s. index (sub ,[start, end]) | 定位子串 sub 在 s 中第一次出现的位置 |
| s. find(sub ,[start ,end]}) | 与 index 函数一样，但如果在 s 中找不到 sub 会返回-1 |
| s. replace(old, new [,count]) | 将 s 中所有 old 子串替换为 new 子串，count 指定可被替换多少个 |
| s. count(sub[,start,end]) | 统计 s 中有多少个 sub 子串 |
| s. split( ) | 拆分字符串，通过指定分隔符对字符串进行切片，并返回分隔后的字符串列表(list)，默认分隔符是空格 ' ' |
| s. join() | join()方法是 split()方法的逆方法，用来把字符串连接起来 |
| s. lower( ) | 返回将大写字母变成小写字母的字符串 |
| s. upper( ) | 返回将小写字母变成大写字母的字符串 |
| sep. join( sequence) | 把 sequence 的元素用连接符 sep 连接起来 |

下面介绍字符串的操作。

（1）index 举例

```
>>> s="Python"
>>> s.index('P')
0
>>> s.index('h',1,4)
3
>>> s.index('y',3,4)
Traceback (most recent call last):
  File "<stdin>", line 1, in <module>
ValueError: substring not found
>>> s.index('h',3,4)
3
```

（2）find 举例

```
>>> s="Python"
>>> s.find('s')
-1
>>> s.find('t',1)
2
```

（3）replace 举例

```
>>> s="Python"
>>> s.replace('h','i')
'Pytion'
```

（4）count 举例

```
>>> s="Python"
>>> s.count('n')
1
```

（5）split 举例

```
>>> s="Python"
>>> s.split()
['Python']
>>> s="hello Python i like it"
>>> s.split()
['hello', 'Python', 'i', 'like', 'it']
>>>s = 'name:zhou,age:20|name:python,age:30|name:wang,age:55'
>>>print(s.split('|') )
['name:zhou,age:20','name:python,age:30','name:wang,age:55']
>>>x,y= s.split('|',1)
>>>print(x)
name:zhou,age:20
>>>print(y)
name:python,age:30|name:wang,age:55
```

（6）join 举例

```
>>> li=['apple','peach','banana','pear']
>>> sep=','
>>> s=sep.join(li)                    #连接列表元素
>>> s
'apple,peach,banana,pear'
>>>s5=("Hello","World")
>>>sep=""
>>> sep.join(s5)                      #连接元组元素
'HelloWorld'
```

## 3.9 字典

### 3.9.1 字典的概念

**【例 3-14】**根据同学的名字查找对应的成绩。

**【解析】**采用列表实现，则需要 names 和 scores 两个列表，并且列表中元素的次序一一对应，如 zhou 对应 95,Bob 对应 75 等，如下所示。

```
names = ['zhou', 'Bob', "Tracy']
scores = [95, 75, 85]
```

通过名字查找对应成绩，先在 names 中遍历查找的名字，再从 scores 中遍历对应的成绩，查找时间会随着列表的长度的增加而增加。为了解决这个问题，Python 提供了字典。

字典（Dict）在其他程序设计语言中称为映射（Map），通过键值对（Key-Value）存储数据，键和值之间用冒号间隔，元素项之间用逗号间隔，整体用一对大括号“{}”括起来。字典语法结构如下所示。

```
dict_name={key:value,key:value}
```

字典有如下特性。

- 字典的值可以是任意数据类型，包括字符串、整数、对象，甚至字典等。
- 键值对没有顺序。
- 键必须是唯一的，不允许同一个键重复出现，如果同一个键被赋值两次，后一个值会覆盖前面的值。举例如下。

```
>>>dict = {'Name': 'Zara', 'Age': 7, 'Name': 'Zhou'}
dict['Name']:  Zhou
```

- 键是不可变的，只能使用整数、字符串或元组充当，不能使用列表。

```
>>>dict={['Name']:'Zhou','Age':7}
Traceback (most recent call last):
  File "<pyshell#0>", line 1, in <module>
    dict={['Name']:'Zhou','Age':7}
TypeError: unhashable type: 'list'
```

**【解析】** 因为 dict 根据 Key 来计算 Value 的存储位置，在 Python 中，字符串、整数等都是不可变的，而 list 是可变的，因此，list 不能作为 Key。

字典与列表相比，有以下几个特点。

- 字典用空间来换取时间，其查找和插入的速度极快。
- 字典需要占用大量的内存，内存浪费较多。
- 字典是无序的对象集合，字典中的元素是通过键来存取的，而不是通过偏移存取。

采用字典实现上面的例子，则只需创建“名字”-“成绩”的键值对，便可直接通过名字查找成绩。字典实现代码如下。

```
>>> d = {'zhou': 95, 'Bob': 75, 'Tracy': 85}
>>> d['zhou']
95
```

### 3.9.2 字典的操作

下面介绍字典元素的访问、删除、修改和增加等相关操作。

(1) 字典元素的访问

1) keys()方法返回一个包含所有键的列表。

```
>>>dict= {'zhou': 95, 'Bob': 75, 'Tracy': 85}
>>>dict. keys()
['Bob', 'Tracy', 'zhou']
```

2) has_key()方法检查字典中是否存在某一键。

```
>>>dict= {'zhou': 95, 'Bob': 75, 'Tracy': 85}
>>>dict. has_key('zhou')
True
```

3) values()方法返回一个包含所有值的列表。

```
>>>dict= {'zhou': 95, 'Bob': 75, 'Tracy': 85}
>>>dict. values()
[75, 85, 95]
```

4) get()方法根据键返回值，如果不存在则返回 None。

```
>>>dict= {'zhou': 95, 'Bob': 75, 'Tracy': 85}
>>>dict. get('Bob')
75
True
```

5) items()方法返回一个由（key,value）组成的元组。

```
>>>dict= {'zhou': 95, 'Bob': 75, 'Tracy': 85}
>>>dict. items()
[('Bob', 75), ('Tracy', 85), ('zhou', 95)]
```

6) in 运算用于判断某键是否在字典中，对于 value 值不适用。

```
>>> tel1 = {'gree':5127, 'pang':6008}
>>> 'gree'  in tel1
True
```

7) copy()方法复制字典。

```
>>> stu1= {'zhou': 95, 'Bob': 75, 'Tracy': 85}
>>> stu2=stu1. copy()
>>> print(stu2)
{'zhou': 95, 'Bob': 75, 'Tracy': 85}
```

(2) 字典元素的删除

1) del()方法允许使用键从字典中删除元素。

```
>>>dict= {'zhou': 95, 'Bob': 75, 'Tracy': 85}
>>> deldict['zhou']
>>> print(dict)
{'Bob': 75, 'Tracy': 85}
```

2) clear()方法清除字典中的所有元素。

```
>>>dict= {'zhou': 95, 'Bob': 75, 'Tracy': 85}
>>>dict.clear()
>>>dict
{}
```

3) pop()方法删除一个关键字并返回它的值。

```
>>>dict= {'zhou': 95, 'Bob': 75, 'Tracy': 85}
>>>dict.pop('zhou')
95
>>> print(dict)
{'Bob': 75, 'Tracy': 85}
```

(3) 字典元素的修改

update()方法类似于合并，它把一个字典的键和值合并到另一个字典以覆盖相同键的值。

```
>>> tel={'gree': 4127, 'mark': 4127, 'jack': 4098}
>>> tel1 = {'gree':5127, 'pang':6008}
>>> tel.update(tel1)
>>> tel
{'gree': 5127, 'pang': 6008, 'jack': 4098, 'mark': 4127}
```

(4) 字典元素的增加

```
>>> stu= {'1': 95, '2': 75, '3': 85}
>>>stu['4']=99
>>> print(stu)
{'1': 95, '2': 75, '3': 85,'4':99}
```

字典方法如表 3.13 所示。

**表 3.13　字典方法**

| 函　数 | 描　述 |
| --- | --- |
| aDic.clear() | 删除字典所有元素 |
| aDic.copy() | 返回字典副本 |
| aDic.get(key) | 返回字典的 key |
| aDic.has_key(key) | 检查字典中是否有给定的键 |
| aDic.items() | 返回可遍历的（键，值）元组数组的列表 |
| aDic.keys() | 返回字典键的列表 |
| aDic.pop(key) | 删除并返回给定键的值 |
| aDic.values() | 返回字典值的列表 |

## 3.10 集合

### 3.10.1 集合的概念

集合（Set）是一个无序、不重复元素集，基本功能包括关系测试和消除重复元素。集合有如下一些方法，如表 3.14 所示。

表 3.14 集合的方法

| 函　数 | 描　述 |
| --- | --- |
| set. add（x） | 将数据项 x 添加到集合 s 中 |
| set. pop() | 随机移除一个元素 |
| set. remove（x） | 从集合 s 中删除数据项 x |
| set. clear( ) | 清除集合 s 中的所有数据项 |
| set. copy() | 复制 s 中的数据项 |
| set. count(sub[,start,end]) | 统计 s 里有多少个 sub 子串 |
| set. split( ) | 默认分隔符是空格 ' '，如果没有分隔符，就把整个字符串作为列表的一个元素 |
| set. join() | join()方法是 split()方法的逆方法，用来把字符串连接起来 |
| set. lower( ) | 返回将大写字母变成小写字母的字符串 |
| set. upper( ) | 返回将小写字母变成大写字母的字符串 |

### 3.10.2 集合的操作

下面介绍集合的相关操作。

（1）创建集合

```
>>> s=set([1,2,3])
>>>s
{1, 2, 3}
```

重复的元素在 set 中被自动过滤，如下所示。

```
>>> s=set([1,3,2,2,2,3])
>>>s
{1, 2, 3}
```

（2）访问集合

集合本身无序，无法进行索引和切片操作，只能使用 in、not in 或者循环遍历来访问或判断集合元素。

```
>>>a_set = set(['python',2018])
>>>a_set
{2018, 'python'}
>>> 2018 ina_set
```

```
True
>>>for i in a_set:
    print(i,end='')

2018python
```

(3) 删除集合

使用 del 语句删除集合。举例如下。

```
>>>a_set = set(['python',2018])
>>>del a_set
>>>a_set
Traceback (most recent call last):
  File "<pyshell#26>", line 1, in <module>
    a_set
NameError: name 'a_set' is not defined
```

(4) 向集合中添加元素

使用 add 语句添加元素。举例如下。

```
>>>a_set = set(['python',2018])
>>>a_set.add(29.5)
>>>a_set
{2018, 'python', 29.5}
```

(5) 从集合中删除元素

从集合中删除元素有 remove()、pop()、clear()等方法。

1) remove()方法。

```
>>>a_set = set(['python',2018])
>>>a_set.remove(2018)
>>>a_set
{'python'}
```

2) pop()方法。

```
>>>a_set = set(['python',2018])
>>>a_set.pop()
2018
>>>a_set
{'python'}
```

3) clear()方法。

```
>>>a_set = set(['python',2018])
>>>a_set.clear()
>>>a_set
set()
```

### 3.10.3 集合运算

Python 提供方法实现交、并、差集合运算。

1）差集：“ - ”用于求出两个集合的差集。

```
>>> a=set([1,2,3])
>>> b=set([2,3,4])
>>> a-b
{1}
```

2）并集：“ | ”用于求出两个集合的并集。

```
>>> a|b
{1, 2, 3, 4}
```

3）交集：“&”用于求出两个集合的交集。

```
>>> a&b
{2, 3}
```

4）对称差集：“^”用于求出两个集合中不同时存在的元素。

```
>>> a^b
{1, 4}
```

**【例 3-15】** 每一个列表中只要有一个元素出现两次，那么该列表即被判定为包含重复元素。编写函数判定列表中是否包含重复元素，如果包含重复元素，返回 True，否则返回 False。然后使用该函数对 n 行字符串进行处理。最后分别统计包含重复元素与不包含重复元素的行数。

输入格式如下。

输入 n，代表接下来要输入 n 行字符串。

然后输入 n 行字符串，字符串之间的元素以空格相分隔。

输出格式如下。

True=包含重复元素的行数，False=不包含重复元素的行数。

输入样例如下。

```
5
1 2 3 4 5
1 3 2 5 4
1 2 3 6 1
1 2 3 2 1
1 1 1 1 1
```

输出样例如下。

```
True=3, False=2
```

【代码】

```
n = int(input())
true = false = 0
for i in range(n):
    a = input()
    a = list(a.split())
    if len(list(a)) == len(set(a)):        #利用集合中元素不能重复的特性
        false +=1
    else:
        true +=1
print('True=%d, False=%d'%(true,false))
```

## 3.11 组合数据总结

### 3.11.1 相互关系

列表（list）、元组（tuple）、字符串（string）、字典（dictionary）、集合（sets）之间的相互关系如图 3.11 所示。

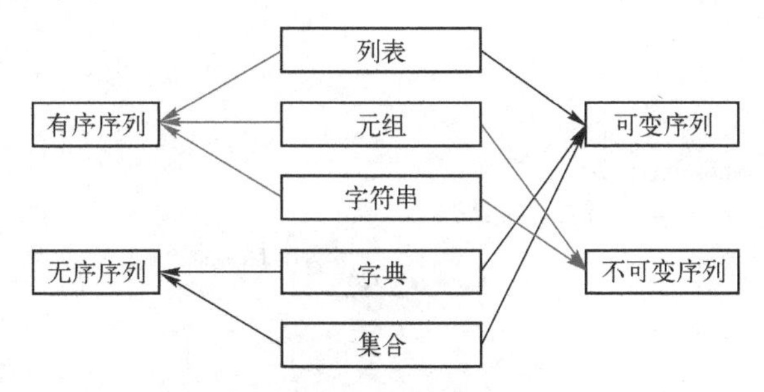


图 3.11 组合数据类型之间相互关系

### 3.11.2 数据类型转换

以下几个内置函数用于组合数据类型之间的转换，如表 3.15 所示。

**表 3.15 数据类型转换**

| 函　数 | 描　述 | 举　例 |
|---|---|---|
| eval(x) | 将字符串 x 求值返回结果 | >>>eval ("12")<br>12 |
| tuple(s) | 将序列 s 转换为一个元组 | >>>tuple([1,2,3])<br>(1,2,3) |
| list(s) | 将序列 s 转换为一个列表 | >>> list((1,2,3))<br>[1,2,3] |
| set(s) | 转换为可变集合 | >>>set([1,4,2,4,3,5])<br>{1,2,3,4,5}<br>>>> set({1:'a',2:'b',3:'c'})<br>{1,2,3} |
| dict(d) | 创建一个字典 (key,value) | >>>dict([('a', 1), ('b', 2), ('c', 3)])<br>{'a':1, 'b':2, 'c':3} |

## 3.12 实例

### 3.12.1 发扑克牌

**【例 3-16】** 发扑克牌，输出扑克牌花色和数值的随机组合。

**【解析】** 扑克牌有 54 张牌，其中 52 张是正牌，2 张是副牌（大王和小王）。52 张正牌又根据花色分为黑桃、红桃、梅花和方块 4 组，每组花色的牌包括 1~10（1 通常表示为 A）及 J、Q、K 各 13 张牌。

【代码】

```
import random
SUITS=['Club','Diamond','Heart','Spade']
RANKS=['A','2','3','4','5','6','7','8','9','10','J','Q ','K']
deck=[ ]
for rank in RANKS:
    for suit in SUITS:
        card = rank + 'of' + suit
        deck += [card]
n=len(deck)
for i in range(n):
    r=random.randrange(i,n)
    deck[r],deck[i]=deck[i],deck[r]
for s in deck:print(s)                          #输出扑克牌的随机组合
```

【程序运行结果】

```
3ofHeart
AofHeart
3ofClub
4ofClub
JofClub
3ofDiamond
4ofSpade
2ofClub
KofSpade
7ofHeart
6ofSpade
9ofSpade
JofSpade
9ofHeart
AofSpade
6ofDiamond
AofDiamond
QofSpade
……
```

### 3.12.2 统计相同单词出现的次数

**【例 3-17】** 输入一串字符，统计其中相同单词出现的次数，单词之间用空格分隔开。

**【解析】** 采用字典来实现，将单词作为键，将单词的次数作为值。

【代码】

```
string=input("input string:")
string_list=string.split()
word_dict={}
for word in string_list:
    if word in word_dict:
        word_dict[word] += 1
    else:
        word_dict[word] = 1
print(word_dict)
```

【程序运行结果】

```
input string:I am a boy I am a student
{'I': 2, 'am': 2, 'a': 2, 'boy': 1, 'student': 1}
```

### 3.12.3 计算两个日期间隔天数

**【例 3-18】** 输入两个同年的日期，计算它们相隔的天数。其中，默认第二个输入日期比第一个输入日期晚。例如，输入 2018-3-1 与 2018-5-25，输出间隔天数 86。

**【解析】** 输入的字符串转换为整数需要用到 split()函数及 map()函数。"2018-3-1".split("-")的含义是将字符串按“-”切分，返回["2018","3","1"]列表。map(int,list)的含义是将 int 函数依次应用于 list 中的每一个元素。闰年是指能被 4 整除但不能被 100 整除或能被 400 整除的年份。

【代码】

```
y1,m1,d1=map(int,input('开始年月日,输入形式如 2018-2-3: ').split('-'))
y2,m2,d2=map(int,input('结束年月日,输入形式如 2018-2-3: ').split('-'))
a=[31,28,31,30,31,30,31,31,30,31,30,31]
d=0
if m1>m2:
    m1,m2=m2,m1
    d1,d2=d2,d1
for i in range(m1,m2):
    d+=a[i]
d=d-d1+d2
if (m1<=2) and (y1%400==0)or(y1%4==0 and not( y1%100==0)):
    d+=1
print('间隔天数: ',d+1)
```

【程序运行结果】

```
开始年月日：2018-3-1
结束年月日：2018-5-25
间隔天数： 86
```

## 3.13 习题

1. 在列表中输入多个数据作为圆的半径，求出相应的圆的面积。

2. 输入一段英文文章，求其长度，并求出包含多少个单词。

3. 随意输入 10 个学生的姓名和成绩构成的字典，按照成绩高低排序。

4. 任意输入一串字符，输出其中不同的字符及各自的个数。例如，输入“abcdefgabc”，输出为 a→2，b→2，c→2，d→1，e→1，f→1，g→1。

5. 设计一个字典，用户输入内容作为键，查找输出字典中对应的值，如果用户输入的键不存在，则输出“该键不存在！”。

6. 已知列表 a_list=[11,22,33,44,55,66,77,88,99]，将所有大于 60 的值保存至字典的第 1 个 key 的值中，将所有小于 60 的值保存至字典的第 2 个 key 的值中，即 {k1：大于 60 的所有值，k2：小于 60 的所有值}。

7. 给定一个字符串和一个列表，返回该字符串在该列表里面第二次出现的位置的下标，若没有出现第二次则返回-1。

# 第 4 章 Python 三大结构

本章介绍了 Python 的 3 种基本控制结构。顺序结构的程序按照代码出现的先后次序执行；选择结构是用来实现逻辑判断功能的重要手段；循环结构的程序会有规律地反复执行某一操作块。重点介绍了 Python 语言的 while 循环和 for 循环，while 循环常用于多次重复运算，而 for 循环常用于遍历序列型数据。最后介绍了 break、continue 和 pass 等辅助语句。

## 4.1 3 种基本结构

1966 年，意大利人 Bobra 和 Jacopini 发现任何程序均可以由“顺序”“选择”和“循环”3 种基本结构通过有限次的组合与嵌套来描述。

(1) 顺序结构

顺序结构是最简单的控制结构，按照语句书写的顺序依次执行。顺序结构的语句主要是赋值语句。例如，火车在轨道上行驶，只有过了上一站点才能到达下一站点。

(2) 选择结构

选择结构又称为分支语句或条件判定结构，它表示在某种特定的条件下选择程序中的特定语句执行，即对不同的问题采用不同的处理方法。例如，在一个十字路口，可以选择向东、南、西、北几个方向行走。

(3) 循环结构

循环结构是指程序满足条件表达式后，反复执行某些语句或某一操作。循环结构用于减少程序代码重复书写的工作量。例如，要跑 4000 米，需要围着足球场跑道不停地跑，直到满足条件时（10 圈）才停下来。

3 种结构具有单入口和单出口的共同特点。3 种结构之间可以是顺序关系、平行关系，也可以互相嵌套，通过结构之间的复合形成复杂的关系。

## 4.2 顺序结构

顺序结构的语句主要是赋值语句、输入与输出语句等，其特点是程序沿着一个方向进行，具有唯一的入口和出口。如图 4.1 所示，顺序结构只有先执行完语句 1，才会执行语句 2，语句 1 将输入数值处理后，其输出结果作为语句 2 的输入。

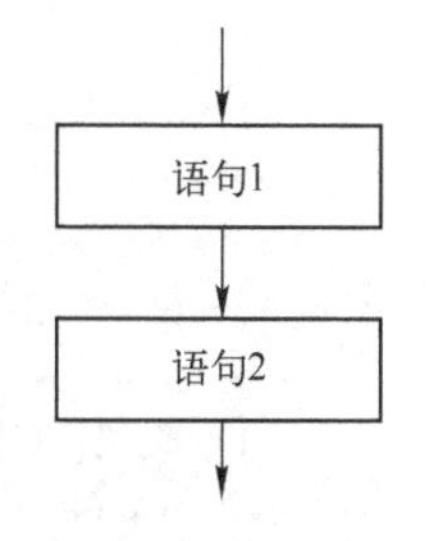

图 4.1 顺序结构图

### 4.2.1 输入、处理和输出

输入包括变量赋值和输入语句；处理也就是改变输入；输出包括打印改变的输入，将结果写入文件和数据库等。Python 提供 input()、eval()和 print()等基本输入、输出函数。

（1）input()函数

Python 提供 input()函数实现数据输入。

**【例 4-1】** input()函数举例。

```
>>> a=input('Please input a number:')
Please input a number:234
>>>type(a)
(class'str')
>>> a=int(input('Please input a number:'))
Please input a number:234
>>>type(a)
(class'int')
>>> a,b=eval(input('Please input two number:'))
 Please input two number:2,3
>>> a,b
(2,3)
```

（2）eval()函数

eval()函数用来执行一个字符串表达式，并返回表达式的值。

**【例 4-2】** eval()函数举例。

1）字符串转换成列表。

```
>>>a = "[[1,2], [3,4], [5,6], [7,8], [9,0]]"
>>>type(a)
<type 'str'>
>>> b = eval(a)
>>> print b
[[1, 2], [3, 4], [5, 6], [7, 8], [9, 0]]
>>> type(b)
<type 'list'>
```

2）字符串转换成字典。

```
>>> a = "{1: 'a', 2: 'b'}"
>>> type(a)
<type 'str'>
>>> b = eval(a)
>>> print b
{1: 'a', 2: 'b'}
>>> type(b)
<type 'dict'>
```

3）字符串转换成元组。

```
>>> a = "([1,2], [3,4], [5,6], [7,8], (9,0))"
>>> type(a)
<type 'str'>
>>> b = eval(a)
>>> print b
([1, 2], [3, 4], [5, 6], [7, 8], (9, 0))
>>> type(b)
<type 'tuple'>
```

（3） print( )函数

Python 3 中，数据输出的操作是通过 print( )函数实现的，操作对象是字符串。

print 函数的语法结构如下所示。

```
print([输出项 1,输出项 2,…,输出项 n][,sep=分隔符][,end=结束符])
```

**说明：**输出项之间用逗号分隔，没有输出项时输出一个空行。sep 表示输出时各输出项之间的分隔符（默认以空格分隔），end 表示输出结束符（默认以回车换行结束）。

**【例 4-3】** print( )函数举例。

在一个 . py 文件中保存如下两句语句，运行结果换行。

```
print ('hello')                              #默认自动换行输出
print ('world! ')
```

输出如下。

```
hello
world!
```

在一个 . py 文件中保存如下两句语句，运行结果不换行。

```
print ('hello,',end='')              #如果输出不换行,则需在变量末尾加上 end=''
print ('world! ')
```

输出如下。

```
hello,world!
```

**注意：**

1）在 python 命令行下，print 是可以省略的，默认就会输出每一次命令的结果。

```
>>> 'Hello world!'
'Hello world!'
```

2）多个输出项间用逗号间隔。print( )会依次打印每个字符串，遇到逗号“,”会输出一个空格。

```
>>> print('Hello', 'everyone!')
Hello everyone!
```

3）格式化控制输出，具有格式符（%）和 format( )函数两种方式，如下所述。

方式 1：使用格式符（%）来实现，格式符输出如表 4.1 所示。

**表 4.1 格式化控制输出**

| 格 式 符 | 格 式 说 明 |
| --- | --- |
| d 或 i | 以带符号的十进制整数形式输出整数（正数省略符号） |
| o | 以八进制无符号整数形式输出整数（不输出前导 0） |
| x 或 X | 以十六进制无符号整数形式输出整数（不输出前导 0x），输出包含 a、b、c、d、e、f 的十六进制数 |
| c | 以字符形式输出，输出一个字符 |
| s | 以字符串形式输出 |
| f | 以小数形式输出实数，默认输出 6 位小数 |
| e 或 E | 以标准指数形式输出实数，数字部分隐含 1 位整数、6 位小数。使用 e 时，指数以小写 e 表示，使用 E 时，指数以大写 E 表示 |

**【例 4-4】** 格式符（%）输出举例。

```
>>>num=40
>>>price=4.99
>>>name='zhou'
>>>print("number is %d"%num)
number is 40
>>> print("price is %f"%price)
price is   4.990000
>>> print("price is %.2f"%price)
price is   4.99
>>> print("name   is %.s"%name)
name is zhou
```

方式 2：使用 format()函数来实现，str.format() 实现格式化输出。

**【例 4-5】** format()函数举例。

```
>>> print('{}网址："{}!"'.format('python 教程','www.python.com'))
python 教程网址："www. python.com!"
```

{}括号及其里面的字符（称作格式化字段）将会被 format()中的参数替换。括号中的数字用于指向传入对象在 format()中的位置，如下所示。

```
>>> print('{0} 和 {1}'.format('Google',' python '))
Google 和 python
```

在 format()中使用了关键字参数，其值会指向使用该名字的参数。

```
>>> print('{name}网址：{site}'.format(name='python 教程', site='www.python.com'))
python 教程网址：www.python.com
```

在 ':' 后传入一个整数，可以设置该域的宽度，美化表格时很有用。

```
>>> table = {'Google': 1, 'python ': 2, }
>>> for name, number in table.items():
...        print('{0:10} ==> {1:10d}'.format(name, number))
```

```
Google      ==>      1
python      ==>      2
```

### 4.2.2 顺序程序设计举例

**【例 4-6】** 从键盘输入一个 3 位整数，分离出它的个位、十位和百位并输出。

【代码】

```
x=int(input("请输入一个3位整数:"))
a=x//100
b=(x-a*100)//10
c=x%10
print("百位=%d,十位=%d,个位=%d"%(a,b,c))
```

【程序运行结果】

```
请输入一个3位整数:235
百位=2,十位=3,个位=5
```

## 4.3 选择结构

Python 通过 if 语句来实现分支语句。if 语句具有单分支、双分支和多分支等形式。

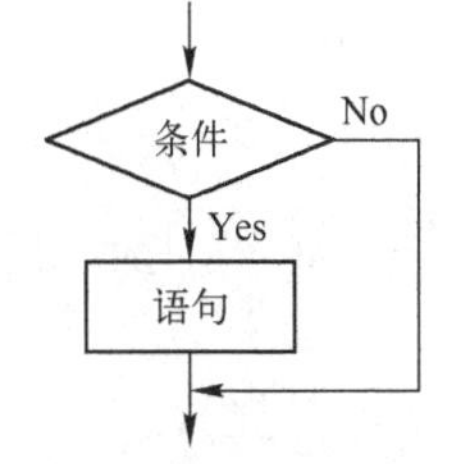

图 4.2 if 的单分支流程图

### 4.3.1 单分支

if 的单分支语句流程图如图 4.2 所示。

if 的单分支语句书写格式如下。

```
if 条件表达式:
        语句块
```

Python 认为非 0 的值为 True，0 为 False。

**【例 4-7】** 从键盘输入两个正整数 x 和 y 并升序输出。

**【解析】** 假设输入数字为 3 和 5，只需顺序输出两个数。但若输入 5 和 3，则必须将两个数交换后输出。设两个整数为 x 和 y，引入临时变量 t，通过以下 3 步实现 x 和 y 的交换，如图 4.3 所示。

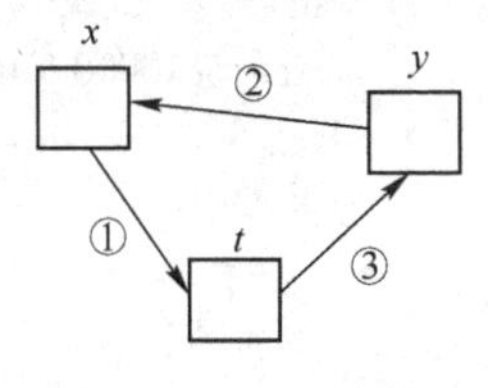

图 4.3 x 和 y 交换，引入临时变量 t

x 和 y 交换过程如表 4.2 所示。

**表 4.2 交换变量图示**

| 交换步骤 | 变量 x | 变量 y | 变量 t |
|---|---|---|---|
| 交换前 | 5 | 3 | 0 |
| 步骤 1 | 5 | 3 | 5 |
| 步骤 2 | 3 | 3 | 5 |
| 步骤 3 | 3 | 5 | 5 |

【代码】

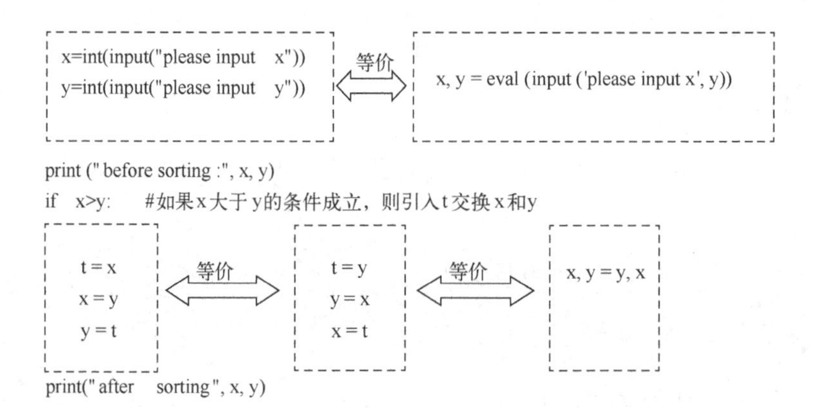


## 4.3.2 双分支

if 语句的双分支流程图如图 4.4 所示。当条件表达式的值为 True 时，程序执行语句 1；当条件表达式的值为 False 时，程序执行语句 2。

if 的双分支语句书写格式如下。

```
if  条件表达式:
                    <语句块 1>
else:
                    <语句块 2>
```

图 4.4 if 语句的双分支流程图

【例 4-8】判断 5 位数是不是回文数。

【解析】分解出每一位数（万位、千位、十位和个位），然后判断首尾是否相等。

【代码】

```
x=int(input('请输入 x:'))
wan=x//10000;
qian=x%10000//1000;
shi=x%100//10;
ge=x%10;
if ge==wan and shi==qian:
    print("It is palindromic number! \n")
else:
    print("It is not palindromic number! \n")
```

## 4.3.3 多分支

当分支超过两个时，采用 if 的多分支语句。该语句的作用是根据不同的条件表达式的值确定执行哪个语句块。

if 的多分支语句格式如下所示。

```
if 条件表达式 1:
    <语句块 1>
elif  条件表达式 2:
    <语句块 2>
……
else:
    <语句块 n>
```

多分支执行的思路如下所述。

“条件表达式 1”为 True 将执行“语句块 1”，如果为 False，将判断“条件表达式 2”；如果“条件表达式 2”为 True，将执行“语句块 2”，如果为 False，将执行“语句块 3”；……；如果“条件表达式 n”为 True，将执行“语句块 n”，如果为 False，将执行“语句块 m”语句。

if 语句的多分支流程图如图 4.5 所示。

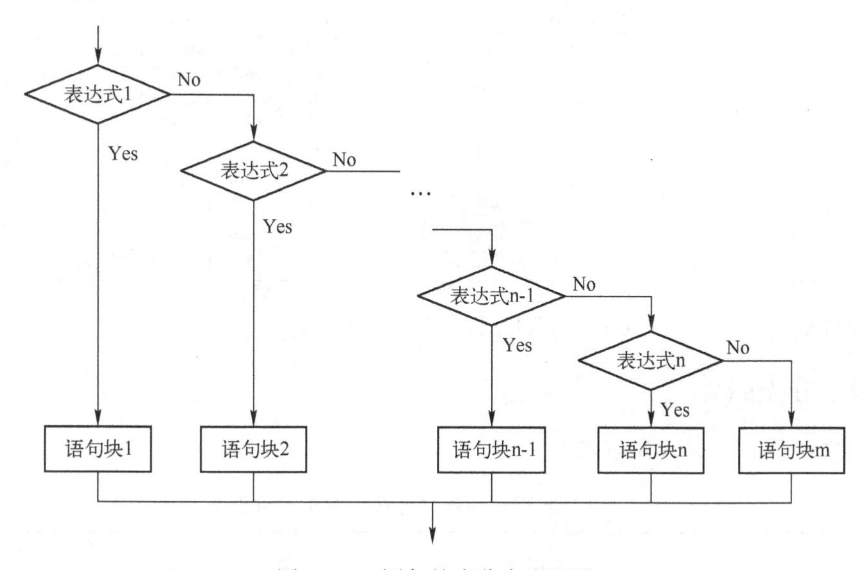


图 4.5　if 语句的多分支流程图

**【例 4-9】** 根据当前时间是上午、下午还是晚上，分别给出不同的问候信息，如表 4.3 所示。

**表 4.3　题解**

| | if 的单分支语句 | if 语句的多分支 |
|---|---|---|
| 代码 | hour=int(input("hour"))<br>if hour<=12:<br>    print("Good morning")<br>if (hour>12) and (hour<18):<br>    print("Good afternoon")<br>if hour>=18:<br>    print("Good Evening") | hour=int(input("hour"))<br>if hour <= 12 :<br>    print("Good morning")<br>elif hour < 18:<br>    print("Good afternoon")<br>else:<br>    print("Good Evening") |

（续）

| | if 的单分支语句 | if 语句的多分支 |
| --- | --- | --- |
| 运行解释 | 程序执行按照 3 个 if 语句的顺序依次执行。例如，当前时间早于 12 点，则第 1 个 if 语句的判断条件 hour<=12 为真，执行“Good morning”；之后还要对第 2 个和第 3 个 if 语句的判断条件进行执行。而在这种情况下，第 2 个和第 3 个 if 语句已经没有必要执行 | 程序执行按照 if 语句的多分支执行。例如，当前时间早于 12 点，则第 1 个 if 语句的判断条件 hour<=12 为真，执行“Good morning”；之后不再对第 2 个和第 3 个 if 语句的判断条件进行执行，实现功能 |
| 执行效果 | 3 条 if 的单分支语句的并列使用效率较低 | 采用 if 语句的多分支语句执行效率较高 |

【例 4-10】输入学生的成绩，根据成绩进行分类，90 分以上为优秀，80~89 分为良好，70~79 分为中等，60~69 分为及格，60 分以下为不及格。三种代码如表 4.4 所示。

**表 4.4 题解**

| （一） | （二） | （三） |
| --- | --- | --- |
| score=int(input('请输入学生成绩:'))<br>if score<60:<br>    print('不及格')<br>elif score<70:<br>    print('及格')<br>elif score<80:<br>    print('中等')<br>elif score<90:<br>    print('良好')<br>else:<br>    print('优秀') | score=int(input('请输入学生成绩:'))<br>if score>90:<br>    print('优秀')<br>elif score>80:<br>    print('良好')<br>elif score>70:<br>    print('中等')<br>elif score>60:<br>    print('及格')<br>else:<br>    print('不及格') | score=int(input('请输入学生成绩:'))<br>if score>60:<br>    print('及格')<br>elif score>70:<br>    print('中等')<br>elif score>80:<br>    print('良好')<br>elif score>90:<br>    print('优秀')<br>else:<br>    print('不及格') |

请分析代码（一）（二）（三）是否都正确？为什么？

### 4.3.4 分支嵌套

分支嵌套的形式如表 4.5 所示。

**表 4.5 分支嵌套的几种形式和对应的流程图**

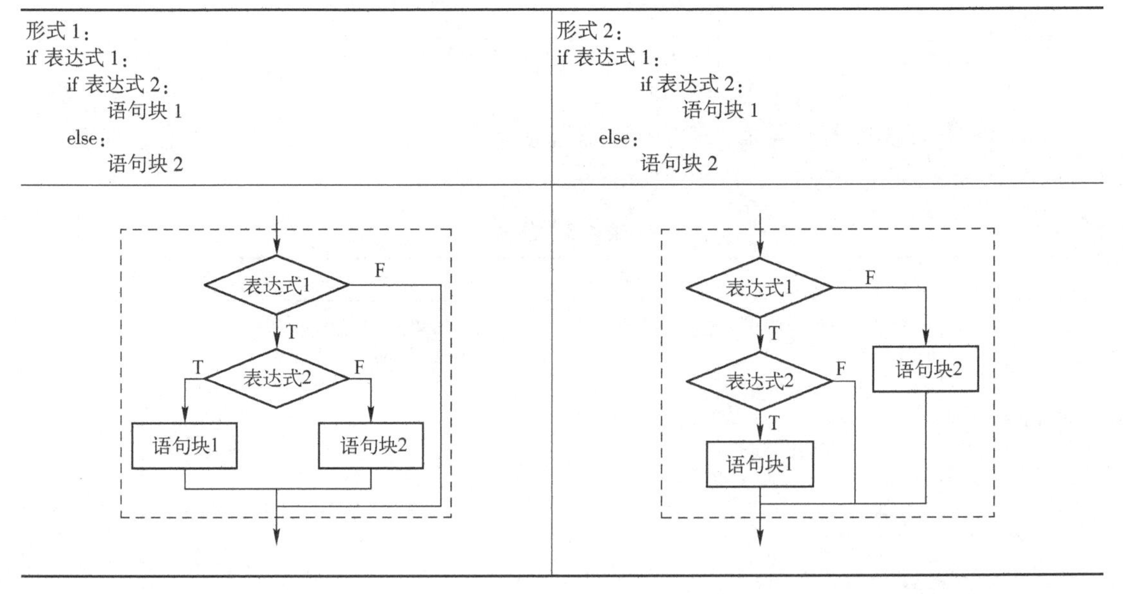

| 形式 1： | 形式 2： |
| --- | --- |
| if 表达式 1：<br>    if 表达式 2：<br>        语句块 1<br>    else：<br>        语句块 2 | if 表达式 1：<br>        if 表达式 2：<br>            语句块 1<br>    else：<br>        语句块 2 |

【例 4-11】从键盘输入一个整数，判断其是否能被 2 或者 3 整除

```
num=int(input("enter number "))
if num%2==0:
    if num%3==0:
        print("Divisible by 3 and 2")
    else:
        print("divisible by 2 not divisible by 3")
else:
    if num%3==0:
        print("divisible by 3 not divisible by 2")
    else:
        print("not Divisible by 2 not divisible by 3")
```

【程序运行结果】

```
enter number 8
divisible by 2 not divisible by 3
```

或者:

```
enter number 15
divisible by 3 not divisible by 2
```

或者:

```
enter number 12
Divisible by 3 and 2
```

## 4.4 循环概述

### 4.4.1 循环结构

循环由循环体及循环控制条件两部分组成。反复执行的语句或程序段称为循环体。循环体是否能继续执行，取决于循环控制条件的真假。图 4.6 给出了构造循环的流程图。

构造循环结构的关键是确定与循环控制变量有关的 3 个表达式：表达式 1、表达式 2 和表达式 3。

- 表达式 1：用于为循环控制变量赋予初值，作为循环开始的初始条件。
- 表达式 2：用于判断是否去执行循环体。当满足表达式 2 时，循环体反复执行，反之，当表达式 2 为假时，退出循环体，不再反复执行。设想，如果表达式 2 始终为真，循环体将一直执行，成为“死循环”。那么如何终止循环呢？即如何让表达式 2 为假？于是需要表达式 3。

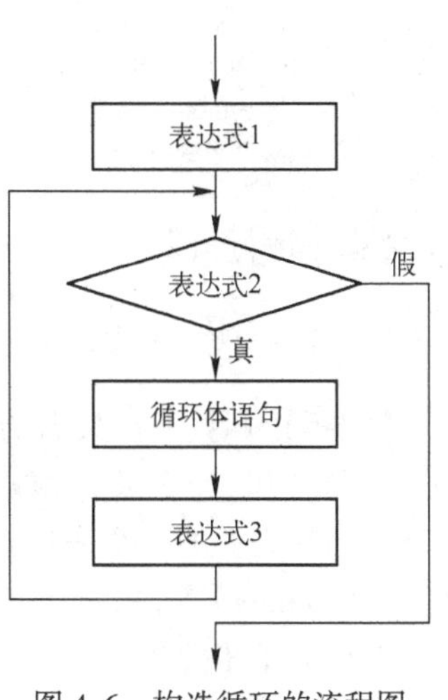

图 4.6 构造循环的流程图

- 表达式 3：用于改变循环控制变量，终止循环体，预防“死循环”。每当循环体执行一次，表达式 3 也执行一次，循环控制变量的改变最终导致表达式 2 的结果为假，从而终止循环。

### 4.4.2　循环分类

循环分为确定次数循环和不确定次数循环。确定次数循环是指在循环开始之前就可以确定循环体执行的次数。不确定次数循环是指只知道循环结束的条件，其循环体重复执行的次数事先并不知道，往往需要用户参与循环执行的流程控制，实现交互式循环。

Python 语言中，循环结构有 while 和 for 两种。

## 4.5　while 语句

### 4.5.1　基本形式

while 循环只要条件满足，就不断循环，条件不满足时退出循环。While 语句的书写格式如下。

```
while 循环控制条件：
循环体
```

**【例 4-12】**计算 1~100 之间所有整数之和。

【代码】

```
N=100
counter=1                              #表达式 1,counter 为循环变量
sum=0                                  #sum 表示累加的和
while counter <= N:                    #表达式 2,counter 的变化范围 1~100
    sum = sum + counter                #部分和累加
    counter +=1                        #表达式 3,counter 的步长为 1
print("1 到 %d 之和为：%d" % (n,sum))
```

【程序运行结果】

```
1 到 100 之和为：5050
```

**【解析】**计算一批数据的“和”称为“累加”，是一种典型的循环。通常引入变量 sum 存放“部分和”，变量 i 存放“累加项”，通过“和值=和值+累加项”实现。counter 是循环变量，和它有关的 3 个表达式分别是表达式 1（counter=1），表达式 2（counter<=N）和表达式 3（counter+=1）。

循环的单步分析如表 4.6 所示。

表 4.6　循环的单步分析

| 循环变量（counter） | 表达式 2（counter <= 100） | 是否执行循环体 | 循环体 sum = sum+counter | 表达式 3（counter += 1） |
|---|---|---|---|---|
| 0 | true | 执行 | 0 | 1 |
| 1 | true | 执行 | 1 | 2 |
| 2 | true | 执行 | 3 | 3 |
| 3 | true | 执行 | 6 | … |
| … | … | 执行 | … | … |
| 99 | true | 执行 | 4950 | 100 |
| 100 | true | 执行 | 5050 | 101 |
| 101 | false | 不执行 | 5050 | 101 |

### 4.5.2　else 语句

while…else 语法在 Python 中并不常用，书写格式如下。

```
while 循环控制条件:
        循环体
else:
语句
```

当 while 结构中存在可选部分的 else 语句块时，其循环体执行结束后，会执行 else 语句块。

【例 4-13】else 语句举例如下。

```
count = int(input())
while count < 5:
    print(count,"is  less than 5")
    count =count+1
else:
    print(count,"is not less than 5")
```

【程序运行结果】

```
3
3 is  less than 5
4 is  less than 5
5 is not less than 5
```

### 4.5.3　无限循环

无限循环又称为死循环，当 while 语句的条件表达式永远为真，循环将永远不会结束。语法格式如下所示。

```
while True:
    循环体
```

一般在循环体内使用 break 语句强制结束死循环。如果程序陷入“死循环”，会永远循环下去，可以按〈Ctrl+C〉组合键退出程序，或者强制结束 Python 进程。

**【例 4-14】** 求使 2+4+6+8+…+n<100 成立的最大的 n 值。

**【解析】** 遍历过程以递增的方式进行，当找到第一个能使此不等式成立的 n 值时，循环过程立即停止，可使用 break 语句提前终止循环。

```
i = 2; sum = 0
while True:
    sum+= i
    if sum>=100:
        break
    else:
        i+= 2
print("the max number is ",i)
```

【程序运行结果】

```
the max number is  20
```

## 4.6 for 语句

### 4.6.1 应用序列类型

for…in 循环语句依次访问序列中的全体元素，主要用于列表、元组和字符串等迭代结构。for 语句书写格式如下。

```
for <variable> in <sequence>:
  <statements>
else:
  <statements>
```

**【例 4-15】** for 循环应用于列表序列。

```
fruits = ['banana', 'apple',  'mango']    #列表
for fruit in fruits:
   print('fruits have :', fruit)
```

【程序运行结果】

```
fruits have : banana
fruits have : apple
fruits have : mango
```

**注意：** Python 的 for 循环与 C 语言的 for 循环具有如下区别：Python 在 for 语句的开始处确定循环次数，在循环体中对序列对象做任何改变不影响循环体执行的次数。

**【例 4-16】** for 的循环次数。

```
n=3
for i in range(n):
    print(i)
    i=i+3
```

【程序运行结果】

```
0
1
2
```

### 4.6.2 内置函数 range( )

内置函数 range( ) 返回一个迭代器，可以生成指定范围的数字。range( ) 一般格式如下。

```
range ([start,]stop[,step])
```

range( ) 共有 3 个参数：start、stop 和 step，其中，start 和 step 可选，start 表示开始，默认值为 0；stop 表示结束；step 表示每次跳跃的间距，默认值为 1。函数功能是生成一个从 start 开始，到 stop 结束（不包括 stop）的数字序列。例如，range(1,101,2) 表示从 1 开始，跳跃为 2，到 101 结束（不包括 101）的数字序列。

【例 4-17】range( ) 函数举例。

```
>>>for i in range(5)    #代表 0~5(不包含 5)
        print(i," ", end="")
0, 1, 2, 3, 4
>>>for i in range(1,5)    #代表 1~5(不包含 5)
        print(i," ", end="")
1, 2, 3, 4
  >>> for i in range(1,10,2): #表示从 1 开始,跳跃为 2,到 10 结束(不包括 10)的数字序列
        print(i," ", end="")
1  3  5  7  9
```

## 4.7 循环嵌套

### 4.7.1 循环嵌套的概念

一个循环体中嵌入另一个循环，这种情况称为多重循环，又称循环嵌套，较常使用的是二重循环，一般应用于多个变量同时变化的情况。

循环语句 while 和 for 可以相互嵌套。在使用循环嵌套时，应注意以下几个问题。

- 外层循环和内层循环控制变量不能同名，以免造成混乱。
- 循环嵌套一定要注意逻辑的缩进。
- 循环嵌套不能交叉，即在一个循环体内必须完整地包含另一个循环。

合法的嵌套形式如表 4.7 所示。

**表 4.7　循环嵌套形式**

| | |
|---|---|
| while expression:<br>    for iterating_var in sequence:<br>        statements(s)<br>    statements(s) | while expression:<br>    while expression:<br>        statements(s)<br>    statements(s) |
| for iterating_var in sequence:<br>    for iterating_var in sequence:<br>        statements(s)<br>    statements(s) | for iterating_var in sequence:<br>    while expression:<br>        statements(s)<br>    statements(s) |

## 4.7.2　循环嵌套实现

二重循环的实现首先应确定外层循环和内层循环的含义；然后确定外层控制变量和内层循环控制变量；最后确定内外层循环控制变量之间的关系。具体实现一般分为如下两个步骤。

1）确定其中一个循环控制变量为定值，实现单重循环。

2）将此循环控制变量从定值变化成变值，将单重循环转变为二重循环。

**【例 4-18】** 打印九九乘法表。

**【解析】** 九九乘法表涉及乘数 i 和被乘数 j 两个变量，变化范围 1~9。

1）先假设被乘数 j 的值不变，假设为 1，实现单重循环。

```
for i in range(1,10):
    j = 1
    print(i ," * " ,j , " = " ,i * j ,"     ",end="")
```

【程序运行结果】

```
1*1 = 1  2*1 = 2  3*1 = 3  4*1 = 4  5*1 = 5  6*1 = 6  7*1 = 7  8*1 = 8  9*1 = 9
```

2）将被乘数 j 的定值 1 为改为为变量，让其从 1~9 之间取值。

```
for i in range(1,10):
    for j in range(1,10):
        print('{0} * {1} ={2:2}'.format(i,j ,i * j),end="   ")   #格式化输出
print()
```

【程序运行结果】

```
1*1= 1  1*2= 2  1*3= 3  1*4= 4  1*5= 5  1*6= 6  1*7= 7  1*8= 8  1*9= 9
2*1= 2  2*2= 4  2*3= 6  2*4= 8  2*5=10  2*6=12  2*7=14  2*8=16  2*9=18
3*1= 3  3*2= 6  3*3= 9  3*4=12  3*5=15  3*6=18  3*7=21  3*8=24  3*9=27
4*1= 4  4*2= 8  4*3=12  4*4=16  4*5=20  4*6=24  4*7=28  4*8=32  4*9=36
5*1= 5  5*2=10  5*3=15  5*4=20  5*5=25  5*6=30  5*7=35  5*8=40  5*9=45
6*1= 6  6*2=12  6*3=18  6*4=24  6*5=30  6*6=36  6*7=42  6*8=48  6*9=54
7*1= 7  7*2=14  7*3=21  7*4=28  7*5=35  7*6=42  7*7=49  7*8=56  7*9=63
```

```
8*1= 8  8*2=16  8*3=24  8*4=32  8*5=40  8*6=48  8*7=56  8*8=64  8*9=72
9*1= 9  9*2=18  9*3=27  9*4=36  9*5=45  9*6=54  9*7=63  9*8=72  9*9=81
```

## 4.8 辅助语句

当在循环体中需要提前跳出循环，或者在满足某种条件不执行循环体中的某些语句而是立即从头开始新的一轮循环时，要用到循环控制语句 break、continue 和 pass。

### 4.8.1 break 语句

break 语句可以提前退出循环。break 语句对循环控制的影响如图 4.7 所示。

- break 语句只能出现在循环语句的循环体中。
- 在循环语句嵌套使用的情况下，break 语句只能跳出它所在的循环，而不能同时跳出多层循环。

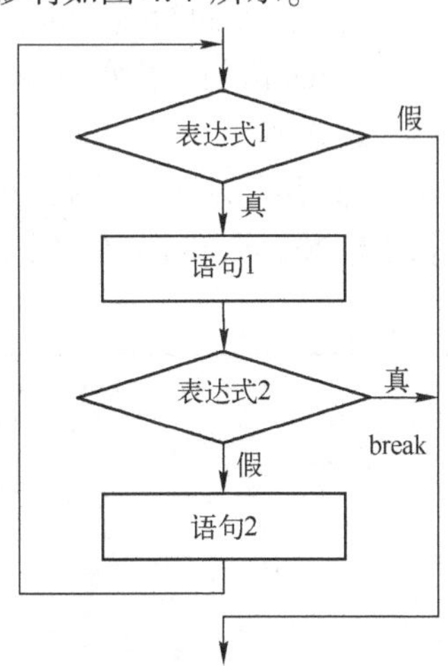


图 4.7 break 语句对循环控制的影响

**【例 4-19】** 用 for 语句判断从键盘输入的整数是否为素数。

```
i=2
IsPrime= True
num = int(input("a number:"))
for i in range(2,num-1):
if num % i == 0:
    IsPrime = False
    break
ifIsPrime== True:
    print(num,"is prime")
else:
    print(num,"is not prime")
```

假设从键盘输入了 9，程序运行过程如表 4.8 所示。

**表 4.8 程序运行过程**

| 变量 i | 表达式 num % i | 布尔值 IsPrime |
|---|---|---|
| 2 | 1 | True |
| 3 | 0 | False |

如果没有 break 语句，程序将按表 4.9 运行。

**表 4.9 没有 break 语句的程序运行过程**

| 变量 i | 表达式 num % i | 布尔值 IsPrime | 变量 i | 表达式 num % i | 布尔值 IsPrime |
|---|---|---|---|---|---|
| 2 | 1 | True | 6 | 3 | False |
| 3 | 0 | False | 7 | 2 | False |
| 4 | 1 | False | 8 | 1 | False |
| 5 | 4 | False | | | |

### 4.8.2 continue 语句

在循环过程中，也可以通过 continue 语句，跳过当前的这次循环，直接开始下一次循环，即只结束本次循环的执行，并不终止整个循环的执行。

- continue 语句只能出现在循环语句的循环体中。
- continue 语句往往与 if 语句联用。
- 若执行 while 语句中的 continue 语句，则跳过循环体中 continue 语句后面的语句，直接转去判别下次循环控制条件；若 continue 语句出现在 for 语句中，则执行 continue 语句就是跳过循环体中 continue 语句后面的语句，转而执行 for 语句的表达式 3。

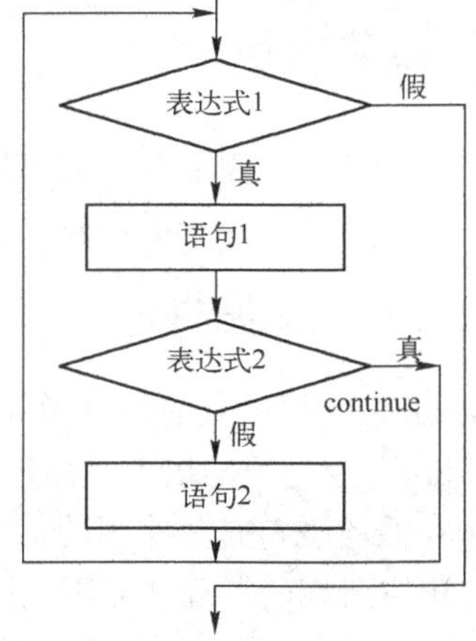

图 4.8 continue 语句对循环控制的影响

continue 语句对循环控制的影响如图 4.8 所示。

【例 4-20】continue 语句举例，如表 4.10 所示。

**表 4.10 continue 举例**

| | | |
|---|---|---|
| 代码 | for i in range (6):<br>    if i % 2 != 0:<br>        print (i, end='')<br>    print ('*') | for i in range (6):<br>    if i % 2 != 0:<br>        print (i, end='')<br>        continue<br>    print ('*') |
| 运行结果 | *<br>1*<br>*<br>3*<br>*<br>5* | *<br>1*<br>3*<br>5 |

### 4.8.3 pass 语句

当某个子句不需要任何操作时，可使用 pass 语句保持程序结构的完整性。

【例 4-21】pass 举例。

```
for letter in 'Python':
    if letter == 'h':
        pass
        print('This is pass block')
    print('Current Letter :', letter)
print("Good bye!")
```

【程序运行结果】

```
Current Letter : P
Current Letter : y
Current Letter : t
This is pass block
Current Letter : h
```

```
Current Letter : o
Current Letter : n
Good bye!
```

## 4.9 迭代器

迭代器是一个可以记住遍历位置的对象。迭代器对象从集合的第一个元素开始访问，直到所有元素被访问完结束。迭代器只能向前不会后退。

迭代器有两个基本的方法：iter() 和 next()。

### 4.9.1 iter()方法

迭代器可以用 for 循环进行遍历。

**【例 4-22】** iter() 举例。

```
li = [1, 2, 3]
it = iter(li)
for val in it:
    print(val,end=" ")
```

【程序运行结果】

```
1 2 3
```

### 4.9.2 next()方法

迭代器也可以用 next() 函数访问下一个元素值。

**【例 4-23】** next() 举例。

```
import sys
li = [1,2,3,4]
it = iter(li)
while True:
    try:
        print(next(it))
    exceptStopIteration:
        sys.exit()
```

## 4.10 实例

### 4.10.1 猴子吃桃问题

**【例 4-24】** 猴子吃桃问题。猴子第一天摘下若干个桃子，当即吃了一半，又多吃了一个。第二天又将剩下的桃子吃掉一半，又多吃了一个。以后每天都吃了前一天剩下的一半多一个。到第 10 天只剩下一个桃子了。求第一天共摘了多少个桃子。

【代码】

```
day=9
x=1
while day>0:
    x=(x+1) * 2
    day-=1
print("total=",x)
```

【程序运行结果】

```
total= 1534
```

### 4.10.2 买地铁车票

**【例 4-25】** 买地铁车票的规定如下：乘 1~4 站，3 元/位；乘 5~9 站，4 元/位；乘 9 站以上，5 元/位。输入人数和站数，输出应付款。

【代码】

```
n,m=eval(input("请输入人数,站数:"))
if m<=4:
    pay=3 * n
else:
    if m<=9:
        pay=4 * n
    else:
        pay=5 * n
print('应付款:', pay)
```

【程序运行结果】

```
请输入人数,站数:5,6
应付款: 20
```

### 4.10.3 打印金字塔

**【例 4-26】** 输入金字塔层数，输出金字塔。例如，输入 3，输出样例如下。

```
  *
 ***
*****
```

解法有两种，如表 4.11 所示。

**表 4.11 金字塔题解**

<table>
<tr>
<td><pre>x=int(input())
for i in range(1,x+1):
    for k in range(1,x-i+1):
        print(" ",end="")
    for j in range(1,2 * i):
        print(" * ",end="")
print("")</pre></td>
<td><pre>n=eval(input())
for i in range(1,n+1):
    print(" " * (n-i),end="")
    print(" * " * (2 * i-1),end="")
    print()</pre></td>
</tr>
</table>

### 4.10.4 冰雹数列

【例 4-27】冰雹数列是指数列中的数字像冰雹一样上下反弹，直至收敛到 1。冰雹数列所用公式如下所述。

- 如果数字是偶数，除以 2。
- 如果数字是奇数，乘以 3，再加 1。
- 当数等于 1 时，退出程序。

例如，最初的数字是 5，则冰雹数列为 5、16、8、4、2、1。

【代码】

```
num=int(input("输入一个正数"))
count=0
print("Starting with number:",num)
print("Sequence is :",)

while num>1:
    if num %2 !=0:
        num =num *3 +1
    else:
        num =num //2
    print(num,end="   ")
    count +=1
else:
    print
    print("Sequence is ",count ,"numbers long")
```

### 4.10.5 输出特定三角形

【例 4-28】输入一个数字 n，输出一个 n 层的特定三角形，三角形内数字增长具有规律。

输入格式如下。

1 个 整数 n ，1≤n≤10

输出格式如下。

特定样式三角形

输入样例如下。

```
5
```

输出样例如下。

```
1  6  10  13  15
2  7  11  14
3  8  12
4  9
5
```

【代码】

```
n=int(input())
for i in range(1,n+1):
    num =i
    print("%-3d"%i,end='')
    for j in range(n ,i,-1):
        num +=j
        print("%-3d"%num,end='')
    print(" ")
```

## 4.11 习题

1. 从键盘输入若干整数，求所有输入的正数的和，遇到负数便结束该操作。

2. 从键盘上输入 n 的值，计算 s=1+1/2!+…+1/n!。

3. 求 200 以内能够被 13 整除的最大的整数，并输出。

4. 采用 while 语句实现判断输入的数字是否是素数。

5. 编写一个程序：从键盘输入某个时间的分钟数，将其转化为用小时和分钟表示。

6. 在购买某物品时，标明的价钱为 x，y 为对应的金额，其数学表达式如下：

$$y=\begin{cases}x, & x<1000\\0.9x, & 1000\leqslant x<2000\\0.8x, & 2000\leqslant x<3000\\0.7x, & x>3000\end{cases}\tag{4-1}$$

编程实现以上表达式。

7. 编写一个程序：判断用户输入的字符是数字、字母还是其他字符。

8. 求 200 以内能被 17 整除的所有正整数。

9. 企业根据利润提成发放奖金问题。利润低于或等于 10 万元时，奖金可提 10%；利润高于 10 万元，低于 20 万元时，低于 10 万元的部分按 10%提成，高于 10 万元的部分，可提成 7.5%；20~40 万之间时，高于 20 万元的部分，可提成 5%；40~60 万之间时，高于 40 万元的部分，可提成 3%；60~100 万之间时，高于 60 万元的部分，可提成 1.5%；高于 100 万元时，超过 100 万元的部分按 1%提成。从键盘输入当月利润，求应发放奖金总数。

10. 从键盘输入 5 个英文单词，输出其中以元音字母开头的单词。

11. 判断季节：输入月份，判断这个月是哪个季节。

# 第5章　函　　数

复杂的问题通常采用“分而治之”的思想解决，把大任务分解为多个小任务，解决每个小的、容易的子任务，从而解决较大的复杂任务。本章介绍了函数的概念、函数声明、调用和返回值，介绍了4种参数、两类特殊函数和变量作用域等相关知识。

## 5.1　函数声明与调用

### 5.1.1　函数声明

在Python中，函数声明语法格式如下。

```
def <函数名>([<形参列表>]):
    [<函数体>]
```

对函数声明的详细说明如下。

- 函数使用关键字def（define的缩写）声明，函数名为有效的标识符和圆括号“()”。
- 任何传入参数和自变量必须放在圆括号中，圆括号中可以定义参数。
- 函数内容以冒号起始，并且缩进。
- 函数名下的每条语句前都要缩进，没有缩进的被视为函数体之外的语句，与函数同级。
- return［表达式］结束函数，选择性地返回一个值给调用方。不带表达式的return相当于返回None。

**【例5-1】** 函数声明。

```
>>>def hello():
        print("Hello World!")

>>>hello()
Hello World!
```

**【解析】** hello是函数的名称，后面的括号中可以带参数，这里没有参数表示不需要参数。但括号和后面的冒号都不能少。

### 5.1.2　函数调用

在Python中，函数调用语法格式如下。

```
函数名([实际参数])
```

函数调用时传递的参数是实参，实参可以是变量、常量或表达式。当实参个数超过一个时，用逗号分隔，实参和形参应在个数、类型和顺序上一一对应。无参函数调用时实参为空，但( )不能省略。

**【例 5-2】**利用海伦公式求三角形面积。

**【代码】**

```
import math
def triarea(x,y,z):
        s = (x + y + z)/ 2
        print(math.sqrt((s - x) * (s - y) * (s - z) * s))
        triarea(3,4,5)
```

程序运行，输入 triarea(3,4,5)，结果如下所示。

```
6.0
```

**【解析】**

triarea(3,4,5)调用 triarea(x,y,z)，程序执行步骤如图 5.1 所示。

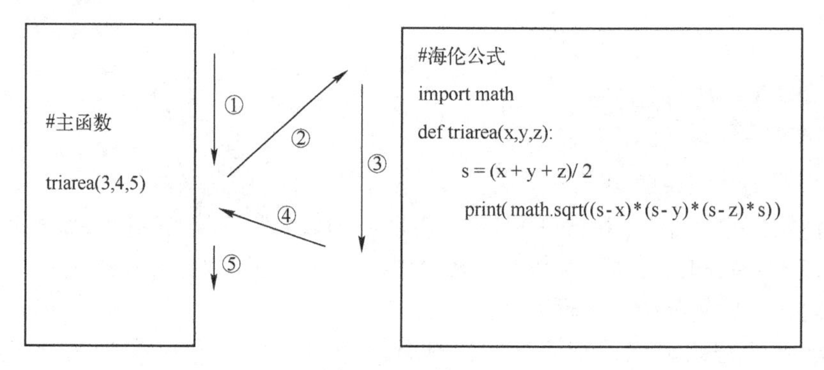


图 5.1　函数调用

函数调用步骤如下。

1）运行主函数，如图 5.1 中的①箭头所示，当运行到 triarea(3,4,5)语句时，主函数中断，Python 寻找同名的 triarea( )函数。如果没有找到，Python 提示语法错误。

2）找到同名函数，进行函数调用，实现将实参的值传递给形参，如图 5.1 中的②箭头所示。

triarea(3,4,5)中 3、4、5 是实参的取值。

triarea(x,y,z) 中 x、y、z 是形参。

在实参和形参结合时，必须遵循以下 3 条规则。

- 实参和形参个数相等。
- 实参和形参的数据类型相同。
- 实参给形参依次传递，实参和形参传递如表 5.1 所示。

3）执行海伦公式函数，如图 5.1 中的③箭头所示。

4）海伦公式执行结束，程序返回到主函数的中断处，如图 5.1 中的④箭头所示。

表 5.1　实参和形参传递的 3 条规则

| 3 条 规 则 | 实参（3,4,5） | 形参（x,y,z） | 运 行 结 果 |
| --- | --- | --- | --- |
| 参数个数 | 3 个 | 3 个 | 个数相等 |
| 参数类型 | 3 为整型<br>4 为整型<br>5 为整型 | x 为整型<br>y 为整型<br>z 为整型 | 类型相同 |
| 依次传递 | | | 则 x 得到 3，y 得到 4，z 得到 5 |

### 5.1.3　函数返回值

函数返回值是指函数被调用执行后，返回给主调函数的值。一个函数可以有返回值，也可以没有返回值。使用关键字 return 实现，形式如下所示。

```
return 表达式
```

return 语句使得程序控制从被调用函数返回到调用函数中，同时把返回值带给调用函数。

1）在函数内根据具体的 return 语句返回结构。

【例 5-3】求两个数中的较大值。

```
def max(a,b):
    if a>b:
        return a
    else:
        return b
t=max(3,5)
print(t)
```

【程序运行结果】

```
5
```

2）如果没有 return 语句，会自动返回 None；如果有 return 语句，但是 return 后面没有表达式也返回 None。

【例 5-4】没有 return 语句举例。

```
def add(a,b):
    c=a+b
t=add(3,5)
print(t)
```

【程序运行结果】

```
None
```

3）如果需要从函数中返回多个值，可以使用元组作为返回值。

【例 5-5】没返回多个值。

```
def getMaxMin(a):
    max=a[0]
    min=a[0]
```

```
        for i in range(0,len(a)):
            if max<a[i]:
                max=a[i]
            if min>a[i]:
                min=a[i]
        return(max,min)
a_list=[5,8,3,0,-3,93,6]
x,y=getMaxMin(a_list)
print("")
print("最大值为",x,"最小值为",y,)
```

【程序运行结果】

```
最大值为 93 最小值为 -3
```

## 5.2 参数传递

### 5.2.1 实参与形参

实参（实际参数）是指传递给函数的值，即在调用函数时，由调用语句传给函数的常量、变量或表达式。形参（形式参数）是在定义函数时，函数名后面括号中的变量，用逗号分隔。形参是函数与主调程序交互的接口，用来接收调用该函数时传递的实参，从主调程序获得初值，或将计算结果返回给主调程序。

形参和实参具有以下特点。

- 函数在被调用前，形参只是代表了执行该函数所需要参数的个数、类型和位置，并没有具体的数值，形参只能是变量，不能是常量和表达式。只有当调用时，主调函数将实参的值传递给形参，形参才具有值。
- 形参只有在被调用时才分配内存单元，调用结束后释放内存单元，因此形参只在函数内部有效，函数调用结束返回主调函数后，则不能再使用该形参变量。
- 实参可以是常量、变量、表达式和函数等，无论实参是何种数据类型的变量，函数调用时必须是确定的值，以便把这些值传递给形参。
- 实参和形参在数量、类型、顺序方面应严格一致，否则会发生类型不匹配错误。

### 5.2.2 传对象引用

Python 的参数传递既不是传值（pass-by-value），也不是传引用（pass-by-reference），而是传对象引用，即采用对象的引用（pass-by-object-reference），传递的是一个对象的内存地址。实际上，这种方式相当于传值和传址的一种综合。如果函数收到的是一个可变对象（如字典或列表）的引用，就能修改对象的原始值，相当于通过“传引用”来传递对象。如果函数收到的是一个不可变对象（如数字、字符或元组）的引用，就不能直接修改原始对象，相当于通过“传值”来传递对象。

【**例 5-6**】数字和列表举例。

```
import sys
a=2
b=[1,2,3]
def change(x,y):
    x=3
    y[0]=4
change(a,b)
print(a,b)
```

【程序运行结果】

```
2 [4, 2, 3]
```

【**解析**】数字作为不可变对象，a 值没有变化；列表是可变对象，b 值改变了。

【**例 5-7**】字符串和字典举例。

```
import sys
a="11111"
b={"a":1,"b":2,"c":3}
def change(x,y):
    x="222"
    y["a"]=4
change(a,b)
print(a,b)
```

【程序运行结果】

```
11111 {'a': 4, 'c': 3, 'b': 2}
```

【**解析**】a 值作为字符串是不可变对象，没变化；字典是可变对象，所以 b 值改变了。

## 5.3 参数分类

Python 的参数分为必备参数、默认参数、关键参数和不定长参数等。

### 5.3.1 必备参数

必备参数是指调用函数时，参数的个数；数据类型，以及输入顺序必须正确，否则会出现语法错误。

【**例 5-8**】必备参数举例。

```
def printme(str):
    print(str)
    return;
```

程序运行，调用 printme()，如下所示。

```
>>>printme()
Traceback (most recent call last):
  File "<pyshell#3>", line 1, in <module>
    printme()
TypeError: printme() missing 1 required positional argument: 'str'
```

### 5.3.2 默认参数

默认参数是指允许函数参数有默认值，如果调用函数时不给参数传值，参数将获得默认值。Python 通过在函数定义的形参名后加上赋值运算符（=）和默认值给形参指定默认参数值。需要注意的是默认参数值是一个不可变参数。

**【例 5-9】** 使用默认参数值。

```
def say(message, times = 1):
    print message * times
#调用函数
say('Hello')   #默认参数 times 为 1
say('World', 5)
```

【程序运行结果】

```
Hello
WorldWorldWorldWorldWorld
```

### 5.3.3 关键参数

函数的多个参数值一般默认从左到右依次传入。但是，Python 也提供了灵活的传参顺序，引入了关键参数用于改变赋值顺序，关键参数又称为命名参数，可以以任意顺序指定参数。

**【例 5-10】** 使用关键参数。

```
def func(a, b=5, c=10):
  print('a is', a, 'and b is', b, 'and c is', c)
#调用函数
func(3, 7)
func(25, c=24)
func(c=50, a=100)
```

【程序运行结果】

```
a is 3 and b is 7 and c is 10
a is 25 and b is 5 and c is 24
a is 100 and b is 5 and c is 50
```

### 5.3.4 不定长参数

不定长参数又称为可变长参数，若参数以一个 * 号开头代表一个任意长度的元组，可以接收连续一串参数。参数以两个 * 号开头代表一个字典，参数的形式是“key=value”，接受连续任意多个参数。

【例 5-11】不定长参数举例。

```
def foo(x, *y, **z):
    print(x)
    print(y)
    print(z)
```

【程序运行结果】

根据输入数据的不同，分别有如下 3 种执行效果。

效果 1：输入 foo(1)。

【程序运行结果】

```
1
()
{}
```

效果 2：输入 foo(1,2,3,4)。

【程序运行结果】

```
1
(2, 3, 4)
{}
```

效果 3：输入 foo(1,2,3,a="a",b="b")。

【程序运行结果】

```
1
(2, 3)
{'a': 'a', 'b': 'b'}
```

## 5.4 两类特殊函数

### 5.4.1 lambda 函数

lambda 函数创建匿名函数，不使用 def 定义函数，只需要一个表达式，lambda 函数可以写出非常简练的代码，形式如下所示。

```
lambda [arg1 [,arg2,.....argn]]:expression
```

【例 5-12】lambda 函数举例。

```
sum = lambda arg1, arg2: arg1 + arg2;
#调用 sum 函数
print ("相加后的值为 : ", sum( 10, 20 ))
print ("相加后的值为 : ", sum( 20, 20 ))
```

【程序运行结果】

```
相加后的值为 :  30
相加后的值为 :  40
```

## 5.4.2 递归函数

**【例 5-13】** 计算 4 的阶乘。

**【解析】** 给出两种方法，如表 5.2 所示。方法一通过循环语句来计算阶乘，该方法的前提是了解阶乘的计算过程，并可用语句把计算过程模拟出来。方法二通过递推关系将原来的问题缩小成一个规模更小的同类问题，将 4 的阶乘问题转化为 3 的阶乘问题，只需找到 4 的阶乘和 3 的阶乘之间的递推关系，以此类推，直到在某一规模上（当 n 为 1 时）问题的解已知，其后，进入回归阶段，这种解决问题的思想称为递归。

表 5.2 计算阶乘

<table>
<tr><th>方法一</th><th>方法二</th></tr>
<tr><td>循环</td><td>递归</td></tr>
<tr><td><pre>s = 1
for i in range(1,5):
    s = s * i
print(s)</pre></td><td><pre>def fac(n):
    if n==1:
        return 1
    return n * fac(n - 1)</pre></td></tr>
</table>

fac(4)递归求解如图 5.2 所示。

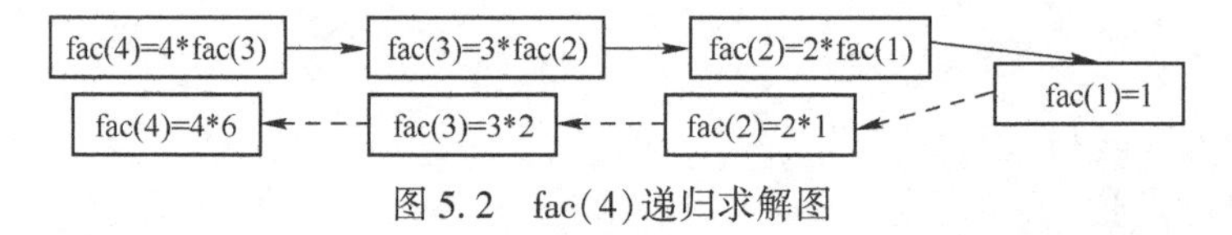


图 5.2 fac(4)递归求解图

递归调用的过程类似于多个函数的嵌套调用，只不过这时的调用函数和被调用函数是同一个函数，即在同一个函数中进行嵌套调用。

递归是通过“栈”来实现的，按照“后调用先返回”的原则——每当函数调用时，就在栈顶分配一个存储区；每当退出函数时，就在栈顶释放该存储区。

下面来分析 fac(4)如何在内存中进行数据的入栈与出栈。

（1）递推阶段（入栈）

1）初始调用 fac(4)会在栈中产生第一个活跃记录，输入参数 n=4，输出参数 n=3，如图 5.3 中的①所示。

2）由于 fac(4)调用没有满足函数的终止条件，因此 fac 将继续以 n=3 为参数递归调用。在栈上创建另一个活跃记录，n=3 成为第一个活跃期中的输出参数，同时又是第二个活跃期中的输入参数，这是因为在第一个活跃期内调用 fact 产生了第二个活跃期，如图 5.3 中的②所示。

3）以此类推，这个入栈过程将一直继续，直到 n 的值变为 1，此时满足终止条件，fac 将返回 1，如图 5.3 中的③和④所示。

（2）回归阶段（出栈）

1）当 n=1 时的活跃期结束，n=2 时的递归计算结果为 2×1=2，因而 n=2 时的活跃期也将结束，返回值为 2，如图 5.3 中的⑤所示。

2）以此类推，n=3 的递归计算结果为 3×2=6，因此 n=3 时的活跃期结束，返回值为 6，如图 5.3 中的⑥所示。

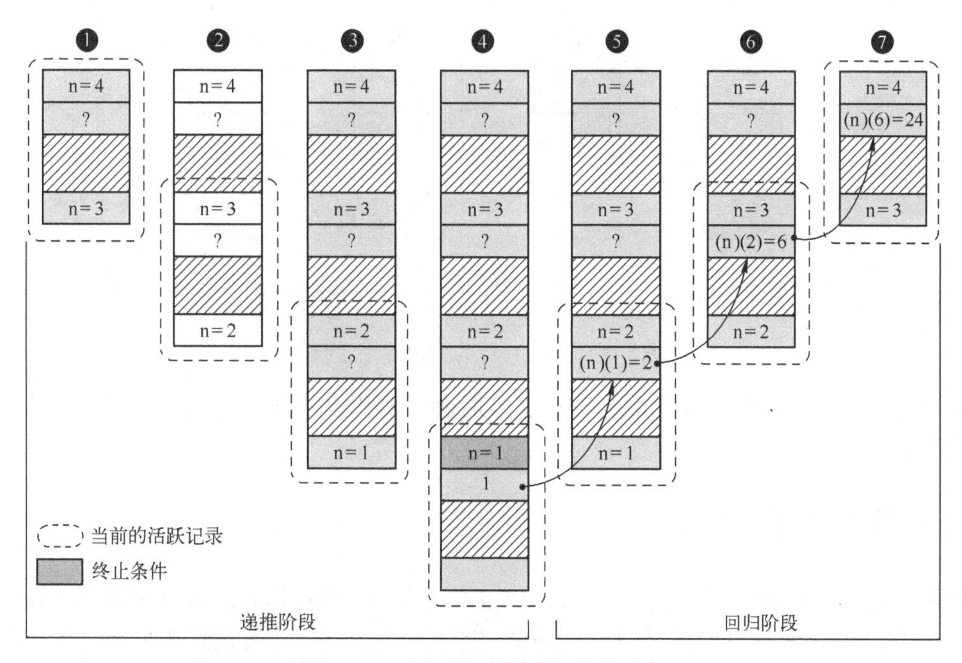


图 5.3　以 fac(4)为例讲解基本递归

3）最终，n=4 的递归计算结果为 6×4=24，n=4 时的活跃期将结束，返回值为 24，如图 5.3 中的⑦所示，递归过程结束。

递归调用的另一种形式是尾递归。尾递归是指函数中所有递归形式的调用都出现在函数的末尾，即当递归调用是整个函数体中最后执行的语句且它的返回值不属于表达式的一部分时，这个递归调用就是尾递归。由于尾递归是函数的最后一条语句，则当该语句执行结束从下一层返回至本层后立刻又返回至上一层，因此在进入下一层递归时，不需要继续保存本层所有的实参和局部变量，即不做入栈操作而是将栈顶活动记录中的所有实参更改为下一层的实参，从而不需要进行任何其他操作而是连续出栈。

计算 n!的尾递归函数如下所示：

$$F(n,a)=\begin{cases}a & n=1\\ F(n-1,na) & n>1\end{cases} \tag{5-1}$$

尾递归的函数为 F(n,a)，与基本递归 fac(n)相比多了第二个参数 a，a 用于维护递归层次的深度，初始值为 1，从而避免每次需要将返回值再乘以 n。尾递归是在每次递归调用中，令 a=na 并且 n=n-1，持续递归调用，直到满足结束条件 n=1，返回 a 即可。

尾递归计算 4!的过程如图 5.4 所示。F(4,1)的递归过程如下。

$$F(4,1)=F(3,4\times1)\to F(2,3\times4\times1)\to F(1,2\times3\times4\times1)$$

【n!的尾递归代码】

```
def F(n,a):
    if n==1:
        return a
    else:
        return F(n - 1, n * a)
#调用 F(n,a)函数
print(F(4,1))
```

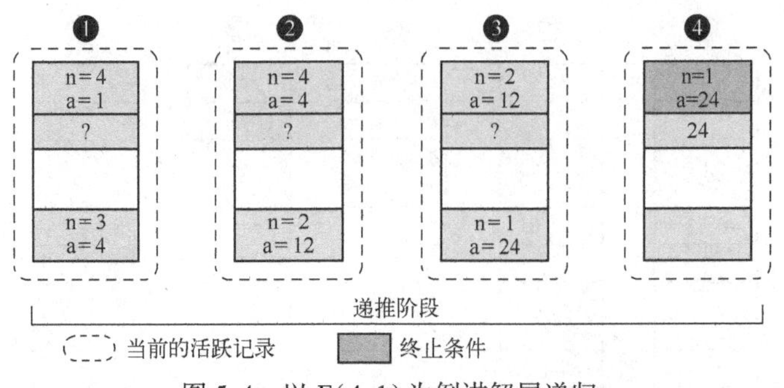


图 5.4　以 F(4,1)为例讲解尾递归

递归具有简洁、清晰、可读性好等特点。但递归调用会占用大量内存，消耗大量时间，执行效率低。

## 5.5　变量作用域

变量作用域是指变量有效可用的范围，Python 与大多数程序语言一样有局部变量和全局变量之分，但是它没有明显的变量声明，变量通过首次赋值产生，当超出作用范围时自动消亡。

### 5.5.1　局部变量

局部变量是指定义在函数体内的变量，只能被本函数使用，与函数外具有相同名称的其他变量没有任何关系。

**【例 5-14】** 局部变量举例。

```
def func(x):
        print('x is', x)
        x=2      #局部变量
        print('changed local x to', x)
#主程序
x=50
func(x)
print('x is still', x)
```

【程序运行结果】

```
x is 50
changed local x to 2
x is still 50
```

**【解析】**

1）主函数中，给 x 赋值为 50。

2）func 函数里，x 是函数的局部变量，给 x 赋值为 2。

3）返回主函数，最后一个 print 语句中 x 的值没有因 func 函数中 x 值的改变而改变，说明主函数中 x 不受影响。

### 5.5.2　全局变量

全局变量也称为公用变量，可在其他模块和函数中使用，全局变量声明，应使用关键字

global。

【例 5-15】全局变量举例。

```
def func():
    global x
    print('x is', x)
    x = 2
    print('Changed global x to', x)
#主函数
x = 50
func()
print('Value of x is', x)
```

【程序运行结果】

```
x is 50
Changed global x to 2
Value of x is 2
```

【解析】

global 语句被用来声明 x 是全局变量，在 func 函数内 x 值的改变必将影响主函数中 x 的值。

## 5.6 实例

### 5.6.1 筛选法求素数

【例 5-16】求 100 以内的所有素数。

【解析】当 i 是素数，其所有的倍数必然是合数。如果 i 不是素数，找到 i 后面的素数，将其倍数筛掉。

```
def prime(n):
        primes = list(range(2,n+1))
        for p in primes:
                if p * p>n:
                        break
                product = 2 * p
                while product <= n:
                        if product in primes:
                                primes.remove(product)
                        product +=p
        return len(primes),primes
print(prime(100))                   #求 100 以内的所有素数
```

### 5.6.2 可逆素数

【例 5-17】求出 100 以内的可逆素数。

【解析】若将某素数的各位数字顺序颠倒后得到的数仍是素数，则此数为可逆素数。

【代码】

```
def isprime(num):
    flag=1;i=2
    while i <num:
        if num % i==0:
            flag=0
            break
        i=i+1
    if flag==1:
        return True,
def rev(n):
    r = 0
    while (n > 0):
        r = r * 10 + (n % 10)
        n //= 10
    return r
for i in range(3,100):
    if(isprime(i)):
        if isprime(rev(i)):
            print("%d"%i," ",end="")
```

【程序运行结果】

```
3 5 7 11 13 17 31 37 71 73 79 97
```

### 5.6.3 递归求 $x^n$

【**例 5-18**】递归求 $x^n$，公式为

$$x^n=\begin{cases}1 & n=0\\ x\cdot x^{n-1} & n>0\end{cases} \tag{5-2}$$

【代码】

```
def xn( x, n):
    if n==0:
        f=1
    else:
        f=x * xn(x,n-1)
    return f
x,n=eval(input("please input x and n"))
if n<0:
    n=-n
    y=xn(x,n)
    y=1/y
else:
    y=xn(x,n)
print(y)
```

### 5.6.4 孪生素数

【**例 5-19**】求出 100 以内的孪生素数。

【**解析**】孪生素数就是指相差 2 的素数对，如 3 和 5，5 和 7，11 和 13。

【代码】

```
def isprime(num):
    for i in range(2,num):
        if num % i==0:
            return 0
    return 1
for i in range(2,100):
    if isprime(i)==1:
        if isprime(i+2)==1:
            print(i,i+2)
```

【程序运行结果】

```
3 5
5 7
11 13
17 19
29 31
41 43
59 61
71 73
```

### 5.6.5 汉诺塔

**【例 5-20】** 汉诺塔问题。

汉诺塔（又称河内塔）问题是递归函数的经典应用，传说大梵天创造世界时做了 3 根金刚石柱子，在一根柱子上从下往上按照大小顺序摞着 64 个黄金圆盘。大梵天命令婆罗门把圆盘从下面开始按大小顺序重新摆放在另一根柱子上。并且规定，在小圆盘上不能放大圆盘，在 3 根柱子之间一次只能移动一个圆盘。

**【解析】** 汉诺塔如图 5.5 所示。

图 5.5 汉诺塔问题

汉诺塔问题可以通过以下 3 步实现。

1）将柱子 A 上的 n -1 个圆盘借助柱子 C 先移动到柱子 B 上。

2）把柱子 A 上剩下的一个圆盘移动到柱子 C 上。

3）将 n-1 个圆盘从柱子 B 借助柱子 A 移动到柱子 C 上。

假设圆盘数 n=3 时，汉诺塔问题的求解过程如图 5.6 所示。

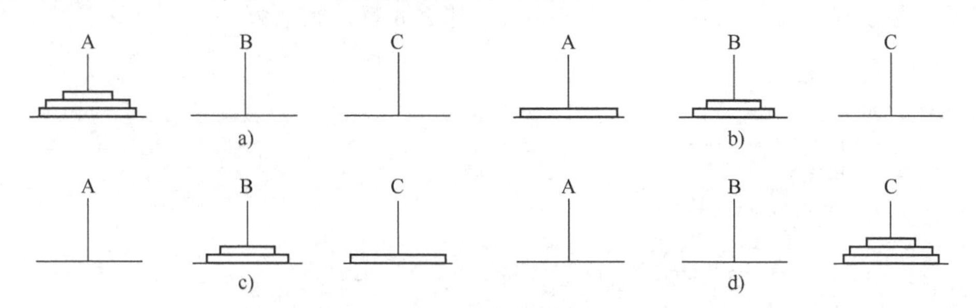


图 5.6 汉诺塔问题

【代码】

```
i = 1
def move(n,mfrom, mto) :
  global i
  print("第%d 步:将%d 号圆盘从%s -> %s" %(i, n, mfrom, mto))
  i += 1
def hanoi(n, A, B, C) :
  if n == 1 :
    move(1, A, C)            #表示只有一个圆盘时,直接从柱子 A 移动到柱子 C
  else :
    hanoi(n - 1, A, C, B)    #将剩下的柱子 A 上的 n-1 借助柱子 C 移动到柱子 B
    move(n, A, C)            #将柱子 A 上最后一个圆盘直接移动到柱子 C 上
    hanoi(n - 1, B, A, C)    #将柱子 B 上的 n-1 个圆盘借助柱子 A 移动到柱子 C
#调用 hanoi 函数
try :
  n = int(input("Please input an integer :"))
  print("移动步骤如下:")
  hanoi(n, 'A', 'B', 'C')
except ValueError:
  print("please input a integer n(n > 0)!" )
```

【程序运行结果】

```
Please input an integer :3
移动步骤如下:
第 1 步:将 1 号圆盘从 A -> C
第 2 步:将 2 号圆盘从 A -> B
第 3 步:将 1 号圆盘从 C -> B
第 4 步:将 3 号圆盘从 A -> C
第 5 步:将 1 号圆盘从 B -> A
第 6 步:将 2 号圆盘从 B -> C
第 7 步:将 1 号圆盘从 A -> C
```

### 5.6.6 完全数

**【例 5-21】** 求 1000 以内的完全数。

**【解析】** 完全数又称完美数或完备数，它所有的真因子（即除了自身以外的约数）的和，恰好等于它本身。求数字 n 的所有因子，即对 1~ n 取余并判断；其次，再将这个数的所有因子（除了 n 本身）求和，如果和等于 n，那么 n 就是完全数。

```
def wanquanshu():
    count = 0
    for i in range(1,1001):
        list1 = []
        for j in range(1,i):
            if i%j==0:
                list1.append(j)
        if sum(list1)==i:
            count +=1
```

```
            print('%d 是完全数,因子是'%i,list1)
        print('1000 以内的完全数总共有%d 个'%count)
    wanquanshu()
```

【程序运行结果】

```
6 是完全数,因子是 [1, 2, 3]
28 是完全数,因子是 [1, 2, 4, 7, 14]
496 是完全数,因子是 [1, 2, 4, 8, 16, 31, 62, 124, 248]
1000 以内的完全数总共有 3 个
```

### 5.6.7 逆置

**【例 5-22】** 从键盘输入一批数据并逆置，输出逆置后的数据。

方法 1：从键盘读入 n 个数据并将数据存入列表，读入完成后用循环遍历下标从 0~n//2 的列表元素，将第 i 个元素与第 n-1-i 个元素对调。

```
def nizhi():
    print("输入一段文字,空格进行分割")
    a_list= list(input().split())
    n = len(a_list)
    for i in range(n//2):
        a_list[i],a_list[n-i-1] =a_list[n-i-1], a_list[i]
    print("逆置结果是")
    print(a_list)
nizhi()
```

方法 2：用 list.reverse()方法直接逆置列表。

```
a_list= list(input().split())
a_list.reverse()
print(a_list)
```

### 5.6.8 气温上升最长天数

**【例 5-23】** 求气温一直上升的最长的天数。

输入格式如下。

- 第 1 行：一个整数 N。
- 第 2 行：N 个空格隔开的整数，表示连续 N 天的最高气温。

输出格式如下。

1 行：一个整数，表示气温一直上升的最长连续天数。

输入样例。

```
10
1 2 3 2 4 5 6 8 5 9
```

输出样例。

```
5
```

【代码】

采用一次循环

```
def longestdays():
    num=int(input("please input the number of days "))
    input("please input temperature ")
    lis = list(map(int,input().split()))
    cnt =0
    cnt1 =0
    for i in range(1,num):
        if lis[i-1]<lis[i]:
            cnt=cnt+1
        else:
            cnt =0
        if cnt>cnt1:
            cnt1=cnt
    print(cnt1+1)
longestdays()
```

采用二次循环

```
n=input()
x=list(map(int,input().strip().split()))
m=[]
for i in range(len(x)-1):
    f=0
    for j in range(i,len(x)-1):
        if x[j]<x[j+1]:
            f+=1
        else:
            break
    m.append(f)
print(max(m)+1)
```

### 5.6.9 兔子上楼梯

**【例 5-24】** 兔子上楼梯，一次跳上 1 阶台阶，也可以一次跳上 2 阶台阶。求兔子上 n 阶楼梯最多有多少种不同的走法。

输入样例。

```
3
```

输出样例。

```
3
```

【代码】

采用递归方式实现

```
def tuzi(n):
    if n==1 :
        return 1
    elif n==2 :
        return 2
    else :
        return (fun(n-1)+fun(n-2))
n=int(input(""))
print(tuzi(n))
```

采用递推方式实现

```
def tuzi():
    n = int(input())
    if n==0:
        print(0)
    if n==1:
        print(1)
    if n==2:
        print(2)
    if n>2:
        first = 1
        second = 2
        third = 0
        for i in range(3,n+1):
            third = first + second
            first = second
            second = third
        print(third)

tuzi()
```

## 5.7 习题

1. 什么是 lambda 函数？它有什么作用？
2. 设计函数，判断年份是否为闰年。
3. 设计递归函数，将输入的 5 个字符，以相反顺序打印出来。
4. 设计递归函数，打印 100 以内的奇数。
5. 设计递归函数，求两个数的最大公约数。
6. 求出 100～10000 以内的回文素数。
7. 计算题。

```
def f(x,l=[]):
    for i in range(x):
        l.append(i*i)
    print(l)
```

(A) f(2)　　(B) f(3,[3,2,1])　　(C) f(3)

8. 给定整数列表 nums 和目标值 target，请在列表中找出和为目标值的两个整数的下标。

输入样例。

```
2 7 11 15
9
```

输出样例。

```
[0,1]
```

# 第6章 线 性 表

本章讲解了线性表的相关知识，线性表的线性存储和链式存储，单链表的增、删、改、查等操作，给出了栈、队列和串的相关知识。

## 6.1 线性表的相关概念

线性表简称表，是由 n（n≥0）个数据元素组成的有限序列，通常可以表示成$(a_0, a_1, a_2, \cdots, a_i, \cdots, a_{n-1})(n \geq 0)$。表中所含元素的个数 n 称为表的长度；n=0 的表称为空表。数据元素可以是单一类型的数据，如整数、字符串等，也可以是由若干个数据项组成的结构体，如学生信息（学号、姓名、班级）等。

线性表是最常用的数据结构之一。

- 当 i=1，…，n-1 时，$a_i$有且仅有一个直接前趋 $a_{i-1}$。
- 当 i=0，1，…，n-2 时，有且仅有一个直接后继 $a_{i+1}$。
- 表中第一个元素 $a_0$没有前趋。
- 最后一个元素 $a_{n-1}$没有后继。

线性表的特点如下。

- 同一性：线性表由同类数据元素组成，即数据元素 $a_i$ 必须属于同一数据对象。
- 有穷性：线性表由有限个数据元素组成，表长度就是表中数据元素的个数 n。
- 有序性：线性表中相邻数据元素之间存在着序偶关系$<a_i, a_{i+1}>$。

## 6.2 线性表的存储

线性表的存储有顺序存储和链式存储两种方式。

### 6.2.1 线性存储

线性表的节点按逻辑顺序依次存放在地址连续的存储单元中，使得逻辑上相邻的元素在物理位置上亦相邻。用这种方法实现的线性表简称为顺序表。Python 中 list 和 tuple 两种数据类型可以实现顺序表。

### 6.2.2 链式存储

链式存储通过一组含有指针的存储单元来存储线性表的数据及其逻辑关系。采用链式存储的线性表通常称为单链表。单链表节点的结构如图 6.1 所示，除存放元素的数据域

（data）外，还有存放后继元素地址的指针域（next）。

节点数据类型表示如下。

| data | next |
|---|---|

图 6.1　链表数据节点的结构

```
class SingleNode(object):          """单链表的节点"""
        def __init__(self,item):
            self.item=item                          #item 存放数据元素
            self.next=None                          #next 是下一个节点的标识
```

链表和顺序表在插入和删除时进行的是完全不同的操作。顺序表的插入、删除涉及大量的数据移动，效率较低，根本原因是数据的逻辑关系通过物理关系来表示。而链式存储通过指针表示数据元素之间的逻辑关系，不要求逻辑上相邻数据在物理上相邻，即使在数据插入、删除时也不涉及数据的移动问题。

## 6.3　单链表操作

### 6.3.1　单链表的概述

单链表操作包括创建单链表、线性表的查找、线性表的插入和线性表的删除等，具体如下所述。

- 创建单链表：实现单链表的创建，判断链表是否为空，输出链表的长度，遍历整个链表。
- 线性表的查找：查找节点是否存在。
- 线性表的插入：包括在链表头部、尾部和指定位置添加元素。
- 线性表的删除：删除节点。

### 6.3.2　单链表的操作实现

【代码】

```
class Node(object):                    """节点类"""
    def __init__(self,elem):
        self.elem = elem
        self.next = None               #初始设置下一节点为空
class SingleLinkList(object):          """创建单链表"""
    def __init__(self, node=None):
#使用一个默认参数,传入头节点;没有传入参数时,默认头节点为空
        self.__head = node
    def is_empty(self):
        '''链表是否为空'''
        return self.__head == None
    def length(self):                  '''链表长度'''
        cur = self.__head              #cur 游标,用来移动遍历节点
        count = 0                      #count 记录数量
        while cur != None:
            count += 1
```

```
            cur = cur. next
        return count
    def travel( self):                          '''遍历整个列表'''
        cur = self. __head
        while cur != None:
            print( cur. elem, end=' ')
            cur = cur. next
        print( "\n" )
    def add( self, item):                       '''链表头部添加元素'''
        node = Node( item)
        node. next = self. __head
        self. __head = node
    def append( self, item):                    '''链表尾部添加元素'''
        node = Node( item)
        #特殊情况下,当链表为空时没有 next,所以在前面要做个判断
        if self. is_empty( ):
            self. __head = node
        else:
            cur = self. __head
            while cur. next != None:
                cur = cur. next
            cur. next = node
    def insert( self, pos, item):               '''指定位置添加元素'''
        if pos <= 0:                            #如果 pos 位置为 0,作为头插法
            self. add( item)
        elif pos > self. length( ) - 1:
            #如果 pos 位置比原链表长,那么作为尾插法来做
            self. append( item)
        else:
            per = self. __head
            count = 0
            while count < pos - 1:
                count += 1
                per = per. next
            #当循环退出后,pre 指向 pos-1 位置
            node = Node( item)
            node. next = per. next
            per. next = node
    def remove( self, item):                    '''删除节点'''
        cur = self. __head
        pre = None
        while cur != None:
            if cur. elem == item:               #先判断该节点是否是头节点
                if cur == self. __head:
                    self. __head = cur. next
                else:
                    pre. next = cur. next
                break
            else:
                pre = cur
```

```
                cur = cur.next
    def search(self, item):                         '''查找节点是否存在'''
        cur = self.__head
        while not cur:
            if cur.elem == item:
                return True
            else:
                cur = cur.next
        return False
if __name__ == "__main__":
    ll = SingleLinkList()
    print(ll.is_empty())
    print(ll.length())
    ll.append(3)
    ll.add(999)
    ll.insert(-3, 110)
    ll.insert(99, 111)
    print(ll.is_empty())
    print(ll.length())
    ll.travel()
    ll.remove(111)
    ll.travel()
```

【程序运行结果】

```
True
0
False
4
999 3 110 111
999 3 110
```

## 6.4 栈

### 6.4.1 栈的相关概念

栈（Stack）是一种要求插入或删除操作都在表尾进行的线性表，具有先进后出（First In Last Out，FILO）的特性。栈具有如下相关概念。

- 栈顶与栈底：允许元素插入与删除的一端称为栈顶，另一端称为栈底。
- 入栈：栈的插入操作，叫作入栈，也称压栈、进栈。例如，一个存储整型元素的栈中依次入栈{1,2,3}，如图 6.2 所示。在入栈的过程中，栈顶的位置一直在“向上”移动，而栈底固定不变。
- 出栈：栈的删除操作，也叫作弹栈，如图 6.3 所示。出栈的顺序为 3、2、1，顺序与入栈时相反，这就是所谓的“先入后出”。在出栈的过程中，栈顶位置一直在“向下”移动，而栈底一直保持不变。压栈和出栈这一对操作，某种意义上具有“记忆效应”，或者说是对称性。

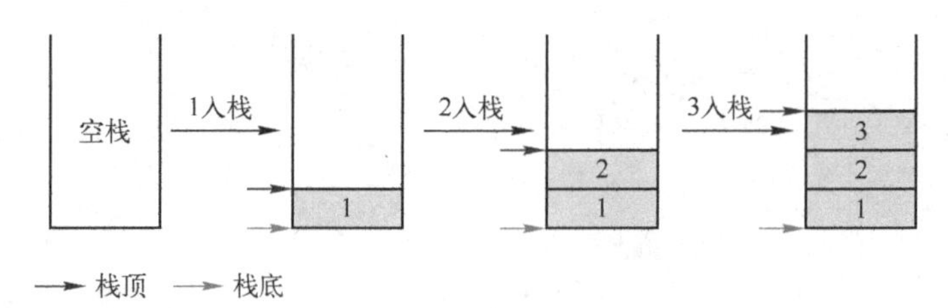


图 6.2　元素入栈演示

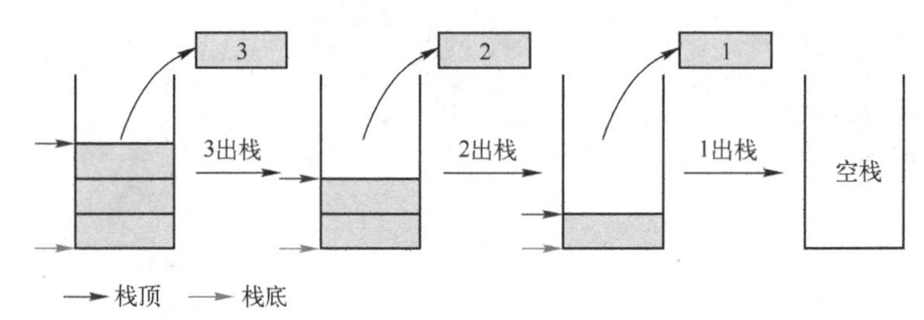


图 6.3　元素出栈演示

### 6.4.2　栈的操作

栈的操作有判断链表是否为空、入栈、出栈、返回栈顶元素和返回栈的大小等。

【代码】

```
class Stack(object):
    def __init__(self):                  #初始化
        self.items=[]
    def is_empty(self):                  #判断栈是否为空
        return self.items==[]
    def push(self,item):                 #加入元素
        self.items.append(item)
    def pop(self):                       #弹出元素
        return self.items.pop()
    def peek(self):                      #返回栈顶元素
        return self.items[len(self.items)-1]
    def size(self):                      #返回栈的大小
        return len(self.items)
if __name__ == "__main__":
    stack = Stack()
    print(stack.is_empty())
    print(stack.size())
    stack.push(1)
    print(stack.peek())
    stack.push(2)
    print(stack.peek())
    stack.push(3)
    print(stack.peek())
    stack.pop()
    print(stack.peek())
    stack.pop()
```

```
        print(stack.peek())
        stack.pop()
        print(stack.is_empty())
        print(stack.size())
```

【程序运行结果】

```
True
0
1
2
3
2
1
True
0
```

## 6.5 队列

### 6.5.1 队列的相关概念

队列在实际生活中典型的例子是排队买票，在队尾入，队首出。队列是只允许在一端进行插入，另一端只允许删除的线性表，具有先进先出（First In First Out，FIFO）的特性。队列的逻辑结构如图 6.4 所示。

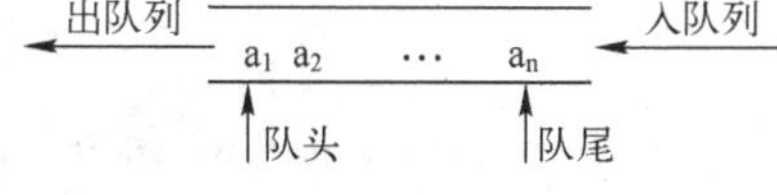


图 6.4 队列示意图

随着入队出队的操作，队列整体向后移动，队尾指针移到了最后，仿佛队列已满，而事实上队列并未真满，队头有空位置，称这种现象为“假溢出”，如图 6.5 所示。

为了解决假溢出，将队列数据区的头尾衔接，如图 6.6 所示，形成循环结构，此时队头前的空位置将可以使用。但这样会出现“队满”和“队空”条件混淆的问题。

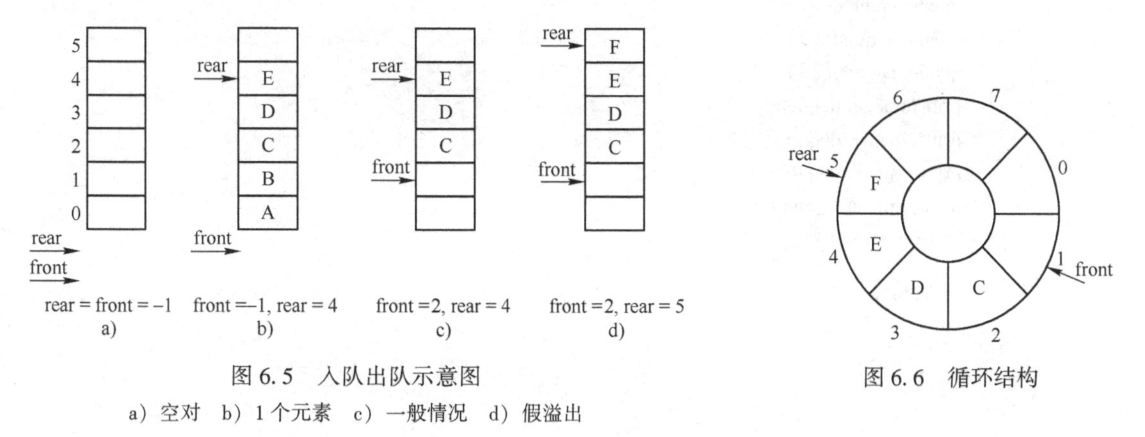


图 6.5 入队出队示意图

a）空对 b）1 个元素 c）一般情况 d）假溢出

图 6.6 循环结构

在图 6.7a 中为队空情况下 front = = rear；图 6.7b 为队满情况下 front = = rear。“队满”和“队空”的条件相同，会出现混淆。为解决该问题，可以采用少用一个存储空间的方法，如图 6.7c 所示。

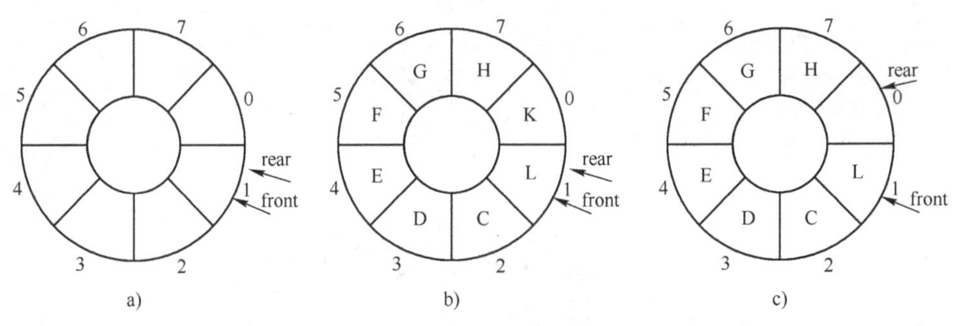


图 6.7　循环队列示意图

## 6.5.2　队列的操作

队列的操作具有判断队列是否为空、元素出入队列和返回队列的大小等。

【代码】

```
class Queue(object):
    def __init__(self):
        self.items=[]
    def is_empty(self):                    #判断队列是否为空
        return self.items==[]
    def enqueue(self,item):                #入队列
        self.items.insert(0,item)
    def dequeue(self):                     #出队列
        return self.items.pop()
    def size(self):                        #队列元素个数
        return len(self.items)
if __name__ == "__main__":
    queue = Queue()
    print(queue.is_empty())
    print(queue.size())
    queue.enqueue(1)
    queue.enqueue(2)
    queue.enqueue(3)
    print(queue.dequeue())
    print(queue.dequeue())
    print(queue.dequeue())
    print(queue.is_empty())
print(queue.size())
```

【程序运行结果】

```
True
0
1
2
3
True
0
```

## 6.6 字符串

### 6.6.1 字符串的相关概念

字符串是由零个或多个字符组成的有限序列。即：

$$s = \text{“}a_1 a_2 \cdots a_n\text{”}(n \geqslant 0, \text{字符串长度}) \quad (6\text{-}1)$$

字符串的相关概念如下所述。

- 子串：字符串中任意个连续字符组成的子序列。
- 主串：包含子串的字符串相应地称为主字符串。
- 位置：字符在序列中的序号。子串在主串中的位置则以子串的第一个字符在主串中的位置来表示。
- 相等：两个字符串的长度相等，并且对应位置的字符都相等。
- 长度：字符个数。
- 空串：string="", 长度为0。
- 空格串：stringBlank=" ", 仅含一个空格，长度为1。
- 字串：字符串中任何连续字符组成。
- 真子串：字符串的所有子串，除了自身以外。

### 6.6.2 字符串的操作

字符串的操作有判断字符串是否为空、创建字符串、字符串连接和从某位置开始，取特定长度的子串几种。

【代码】

```
class String(object):
    def __init__(self):
        self.MaxStringSize=256
        self.chars=""
        self.length=0
    def IsEmpty(self):                          #判断是否为空
        if self.length ==0:
            IsEmpty=True
        else:
            IsEmpty=False
        return IsEmpty
    def CreateString(self):                     #创建字符串
        stringSH= input("请输入字符串:")
        if len(stringSH) > self.MaxStringSize:
            print("溢出,超过的部分无法保存")
            self.chars=stringSH[:self.MaxStringSize]
        else:
            self.chars=stringSH
```

```
    def StringConcat(self,strSrc):                    #字符串连接
        lengthSrc = len(strSrc)
        stringSrc = strSrc
        if lengthSrc + len(self.chars) <= self.MaxStringSize:
            self.chars=self.chars+stringSrc
        else:
            print("两个字符串的长度之和溢出,超过的部分无法显示")
            size=self.MaxStringSize-len(self.chars)
            self.chars=self.chars+stringSrc[:size]
        print("连接后字符串为:",self.chars)
    def SubString(self,iPos,length):                  #从 iPos 位置开始,取长度为 length 的子串
        if iPos>len(self.chars)-1 or iPos<0 or length<1 or (length+iPos)>len(self.chars):
            print("无法获取")
        else:
            substr = self.chars[iPos:iPos+length]
            print("获取的子串为:",substr)

if __name__ == "__main__":
    string = String()
    print(string.IsEmpty())
    string.CreateString()
    string.StringConcat("123")
    string.SubString(1,4)
```

【程序运行结果】

```
True
请输入字符串:zhou
连接后字符串为: zhou123
获取的子串为: hou1
```

## 6.7 实例

### 6.7.1 斐波那契数列

**【例 6-1】** 求 100 以内的斐波那契数列。

斐波那契数列（Fibonacci sequence），又称黄金分割数列，因数学家列昂纳多·斐波那契以兔子繁殖为例子而引入，故又称为“兔子数列”。斐波那契数列：1、1、2、3、5、8、13、21、34、…。

解法 1：循环。

```
x=1
y=1
print(x,end=" ")
print(y,end=" ")
while(True):
    z=x+y
```

```
        x=y
        y=z
        if(z>100):  #当 z>100 的时候,终止循环
            break
        print(z,end=" ")
```

解法 2：递归。

递归函数 fibo( )定义如下：

$$
fibo(n)=\begin{cases}1 & n=0\\ 1 & n=1\\ fibo(n-1)+fibo(n-2) & n>1\end{cases} \tag{6-2}
$$

```
def fibo(n):
    if n <= 1:
        return n
    else:
        return (fibo(n - 1) + fibo(n - 2))
m = int(input("打印前多少项?"))
if m <= 0:
    print("请输入正整数!")
else:
    print("fibo:")
    for i in range(1,m):
        print(fibo(i))
```

解法 3：迭代。

```
def fibo(max):
    n, a, b = 0, 0, 1
    while n < max:
        yield b
        a, b = b, a + b
        n = n + 1   #退出标识
for n in fibo(5):
    print (n)
```

### 6.7.2 判断回文数

**【例 6-2】** 判断回文数。

回文数是指正读、反读都一样的字符串。例如，radar 就是一回文数。采用队列实现，队列可以使用列表（list）实现，list 从头部添加和取出对象，提供如下方法。

- list. insert(0, v)　　#列表在队列头添加 v 元素
- list. pop(0)　　#列表删除队列头的元素

如果需要在列表的头部操作元素，列表的所有元素都需要移动位置，效率很低。Python 的 collections 模块提供了双端队列（double-ended queue，deque）数据类型，便于实现栈（stack）和队列（queue）。deque 对象提供从队列头部操作元素的方法，详见附录 C。

```
from collections import deque                    #引入 deque
def check(aString):
    chardeque =deque()
    for ch in aString:
        chardeque.append(ch)
    stillEqual =True
    while len(chardeque)>1 and stillEqual:
        first =chardeque.pop()
        last =chardeque.popleft()
        if first != last:
            stillEqual= False
    return(stillEqual)

print("sdfsfsdfsdf","is",check("sdfsfsdfsdf"))
print("radar","is",check("radar"))
```

【程序运行结果】

```
sdfsfsdfsdf is False
radar is True
```

### 6.7.3 模式匹配

**【例 6-3】** 问题描述如下。

给定一个子串，要求在字符串中找出与该子串相同的所有子串，这就是模式匹配。例如，在字符串“BBC ABCDAB ABCDABCDABDE”中搜索词“ABCDABD”。

**【解析】**

采用 BF（Brute Force 的缩写）算法，其思想就是将目标串 S 的第一个字符与模式串 T 的第一个字符进行匹配，若相等，则继续比较 S 的第二个字符和 T 的第二个字符；若不相等，则比较 S 的第二个字符和 T 的第一个字符，依次比较下去，直到得出最后的匹配结果。BF 算法是一种蛮力算法，时间复杂度为 O(len(S) · len(T))。

1）将字符串“BBC ABCDAB ABCDABCDABDE”的第一个字符与搜索词“ABCDABD”的第一个字符进行比较。因为 B 与 A 不匹配，所以搜索词后移一位，如图 6.8 所示。

2）因为 B 与 A 不匹配，搜索词再往后移，如图 6.9 所示。

3）就这样，直到字符串有一个字符，与搜索词的第一个字符相同为止，如图 6.10 所示。

```
BBC ABCDAB ABCDABCDABDE

ABCDABD
```

图 6.8　模式匹配示意图 1

```
BBC ABCDAB ABCDABCDABDE

 ABCDABD
```

图 6.9　模式匹配示意图 2

```
BBC ABCDAB ABCDABCDABDE

    ABCDABD
```

图 6.10　模式匹配示意图 3

4）接着比较字符串和搜索词的下一个字符，还是相同，如图 6.11 所示。

5）直到字符串有一个字符，与搜索词对应的字符不相同为止，如图 6.12 所示。

BBC ABCDAB ABCDABCDABDE

ABCDABD

图 6.11　模式匹配示意图 4

BBC ABCDAB ABCDABCDABDE

ABCDABD

图 6.12　模式匹配示意图 5

6）根据 BF 算法的思想，需要将搜索词整个后移一位，再从头逐个比较。搜索词需要把搜索位置移到已经比较过的位置，重新再比一遍，如图 6.13 所示。这就是 BF 算法速度较慢的原因——进行了没有必要的回溯行为。对于图 6.12 而言，搜索词的 D 与字符串的空格不匹配时，其实已经知道前面 6 个字符是与“ABCDAB”匹配的，没有必要进行回溯。

7）因此，引入 KMP 算法。KMP 算法正是利用这个已知信息，不把“搜索位置”移回已经比较过的位置，而是继续向后移。为了使用 KMP 算法，需要用到部分匹配表（Partial Match Table），针对搜索词的部分匹配表如图 6.14 所示。

BBC ABCDAB ABCDABCDABDE

ABCDABD

图 6.13　模式匹配示意图 6

| 搜索词 | A | B | C | D | A | B | D |
| --- | --- | --- | --- | --- | --- | --- | --- |
| 部分匹配值 | 0 | 0 | 0 | 0 | 1 | 2 | 0 |

图 6.14　模式匹配示意图 7

8）在图 6.12 中，已知空格与 D 不匹配时，前面 6 个字符“ABCDAB”匹配。由图 6.14 可知，最后一个匹配字符 B 对应的部分匹配值为 2，按照向后移动的位数公式，如下所示：

$$移动位数=已匹配的字符数-对应的部分匹配值 \tag{6-3}$$

因为 6-2=4，所以将搜索词向后移动 4 位，如图 6.15 所示。

9）在图 6.15 中，因为空格与 C 不匹配，搜索词还要继续往后移。已匹配的字符数为 2（“AB”），对应的部分匹配值为 0。移动位数=2-0，将搜索词向后移两位，如图 6.16 所示。

BBC ABCDAB ABCDABCDABDE

ABCDABD

图 6.15　模式匹配示意图 8

BBC ABCDAB ABCDABCDABDE

ABCDABD

图 6.16　模式匹配示意图 9

10）因为空格与 A 不匹配，继续后移一位，如图 6.17 所示。

11）逐位比较，直到发现 C 与 D 不匹配，移动位数=6-2，继续将搜索词向后移动 4 位。如图 6.18 所示。

BBC ABCDAB ABCDABCDABDE

ABCDABD

图 6.17　模式匹配示意图 10

BBC ABCDAB ABCDABCDABDE

ABCDABD

图 6.18　模式匹配示意图 11

12）逐位比较，直到搜索词的最后一位，发现完全匹配，于是搜索完成。

下面介绍部分匹配表（图 6.14）。首先需要了解前缀和后缀两个概念。前缀是指除了最后一个字符外，一个字符串的全部头部组合；后缀是指除了第一个字符外，一个字符串的全部尾部组合。

部分匹配值就是前缀和后缀的最长的共有元素的长度，以“ABCDABD”为例具体介绍如下。

- “A”的前缀和后缀都为空集，共有元素的长度为 0。

- “AB” 的前缀为[A]，后缀为[B]，共有元素的长度为 0。
- “ABC” 的前缀为[A，AB]，后缀为[BC，C]，共有元素的长度为 0。
- “ABCD” 的前缀为[A，AB，ABC]，后缀为[BCD，CD，D]，共有元素的长度为 0。
- “ABCDA” 的前缀为[A，AB，ABC，ABCD]，后缀为[BCDA，CDA，DA，A]，共有元素为 “A”，长度为 1。
- “ABCDAB” 的前缀为[A，AB，ABC，ABCD，ABCDA]，后缀为[BCDAB，CDAB，DAB，AB，B]，共有元素为 “AB”，长度为 2。
- “ABCDABD” 的前缀为[A，AB，ABC，ABCD，ABCDA，ABCDAB]，后缀为[BCDABD，CDABD，DABD，ABD，BD，D]，共有元素的长度为 0。

【BF 算法代码】

```
def BF(s1,s2,pos = 0):                    #BF 算法
    i = pos
    j = 0
    while(i < len(s1) and j < len(s2)):
        if(s1[i] ==  s2[j]):
            i += 1
            j += 1
        else:
            i = i - j + 1                 #目标串 S 的 i 回滚
            j = 0                         #模式串 T
    if(j >= len(s2)):
        return i - len(s2)
    else:
        return 0
if __name__ == "__main__":
    s1 = "BBC ABCDAB ABCDABCDABDE"
    s2 = "ABCDABD"
    print(BF(s1,s2))
```

【程序运行结果】

```
15
```

【KMP 算法代码】

```
#coding=utf-8
def kmp_match(s, p):                      #KMP 算法
    m = len(s);
    n = len(p)
    cur = 0                               #起始指针 cur
    table = partial_table(p)
    while cur <= m - n:                   #只匹配前 m-n 个
        for i in range(n):
            if s[i + cur] != p[i]:
                cur += max(i - table[i - 1], 1)   #有了部分匹配表,可以一次移动多位
                break
```

```
        else:                    #如果没有从任何一个 break 中退出,则会执行和 for 对应的 else
                                 #如果从 break 中退出了,则 else 部分不执行。
            return True
    return False

#部分匹配表
def partial_table(p):
    """partial_table("ABCDABD") -> [0, 0, 0, 0, 1, 2, 0]"""
    prefix = set()
    postfix = set()
    ret = [0]
    for i in range(1, len(p)):
        prefix.add(p[:i])
        postfix = {p[j:i + 1] for j in range(1, i + 1)}
        ret.append(len((prefix & postfix or {''}).pop()))
    return ret
print(partial_table("ABCDABD"))
print(kmp_match("BBC ABCDAB ABCDABCDABDE", "ABCDABD"))
```

### 6.7.4 字符串统计

**【例 6-4】** 问题描述如下。

给定一个长度为 n 的字符串 S，还有一个数字 L，统计 S 的长度大于或等于 L 的出现次数最多的子串（不同的出现可以相交），如果有多个，输出最长的，如果仍然有多个，输出第一次出现最早的。

输入格式如下。

- 第一行一个数字 L。
- 第二行是字符串 S（L 大于 0，且不超过 S 的长度）。

输出格式如下。

- 一行，题目要求的字符串。
- 约定 n≤60，S 中所有字符都是小写英文字母。

输入样例 1 如下所示。

```
4
bbaabbaaaaa
```

输出样例 1 如下所示。

```
bbaa
```

输入样例 2 如下所示。

```
2
bbaabbaaaaa
```

输出样例 2 如下所示。

```
aa
```

**【解析】**

1）输入 S、L，取长度为 len 的子串，初值 len=L。

2）将长度为 len 的第一个子串保存到队列中，随后取长度为 len 的下一个子串，如果在队列中已有该子串，则计数加一；否则，该子串添加到队列中。

3）所有长度为 len 的子串均处理完毕，len 加 1 ，直至 len 大于所给字符串的长度。

【代码】

```
L =int(input())
s = input()
dict = {}
count = 1
i = 0
while i <=len(s)-L:
    j = L+i
    while j <= len(s):
        s1 = s[i:j]
        if tuple(s1) in dict:
            dict[tuple(s1)] += 1
        else:
            dict[tuple(s1)] = 1
        j += 1
    i += 1
L = sorted(dict.items(), key = lambda item:item[1], reverse = True)
for i in L[0][0]:
    print(str(i),end="")
```

### 6.7.5 Anagrams 问题

**【例 6-5】** 问题描述。

Anagrams 用于判断具有如下特性的两个单词的真与假：如果两个单词中每一个英文字母（不区分大小写）所出现的次数相同，则返回 True，反之，返回 False。例如，Unclear 和 Nuclear、Rimon 和 MinOR 都是 Anagrams。

【代码】

<table>
<tr><th>使用 collections 模块的 Counter 函数</th><th>使用循环</th></tr>
<tr><td><pre>from collections import Counter
def is_anagram(str1, str2):
    return Counter(str1) = = Counter(str2)
print(is_anagram(Unclear, Nuclear))</pre></td><td><pre>def anagrams(s1,s2):
    if(len(s1)!=len(s2)):
        return False
    for i in s1.lower():
        if i not in s2.lower():
            return False
    return True
s1= input()
s2= input()
print(anagrams(s1,s2))</pre></td></tr>
</table>

### 6.7.6 年龄问题

**【例 6-6】** 问题描述如下。

有 5 个人，第 5 个人说他的年龄比第 4 个人大 2 岁，第 4 个人说他的年龄比第 3 个人大 2 岁，第 3 个人说他的年龄比第 2 个人大 2 岁，第 2 个人说他的年龄比第 1 个人大 2 岁；第一个人说他是 10 岁。请问第 5 个人多大？

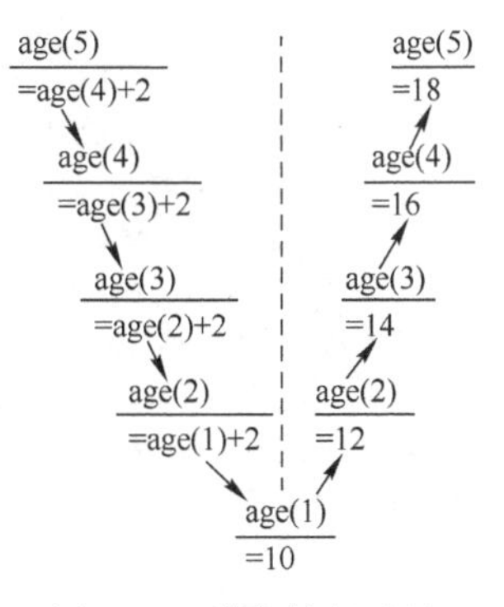

图 6. 19　递归执行过程

【解析】建立函数求个人的年龄，以每人的序号为参数，根据题意可知

$$age(5)=age(4)+2 \quad age(4)=age(3)+2 \quad \cdots$$

$$age(1)=10。$$

得到如下通式：

$$age(n)=\begin{cases}10 & n=1\\ age(n-1)+2 & n>1\end{cases} \tag{6-4}$$

利用栈，递归的过程如图 6. 19 所示。

【代码】

```
def age(int n):
    if n==1:
        c=10
    else:
        c=age(n-1) + 2
    return c
n=int(input("input n:"))
print("%d"%age(n))
```

### 6. 7. 7　恺撒密码

【例 6-7】问题描述如下。

恺撒密码采用替换加密，明文中的所有字母都在字母表上向后（或向前）按照一个固定数目进行偏移后被替换成密文。例如，"baidu" 用凯撒密码法加密变为 "edlgx"，其偏移量（位移值）是 3，字母 a 将被替换成 d，b 将被替换成 e，以此类推。恺撒密码示意如图 6. 20 所示。

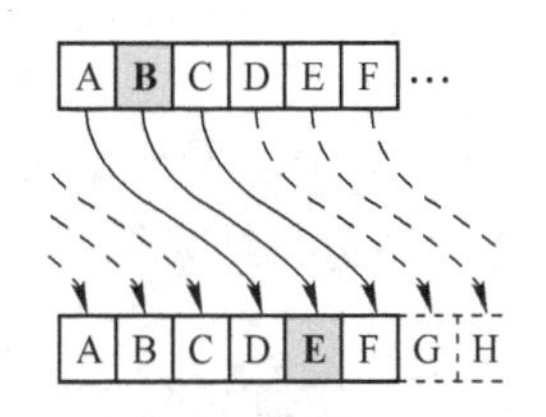

图 6. 20　恺撒密码示意图

【代码】

```
import os
#将每个字母用字母表中它之后的第 k 个字母(称作位移值)替代

def encryption():
    str_raw = input("请输入明文:")
    k = int(input("请输入位移值:"))
    str_change = str_raw.lower()
    str_list = list(str_change)
    str_list_encry = str_list
    i = 0
    while i < len(str_list):
        if ord(str_list[i]) < 123-k:
            str_list_encry[i] = chr(ord(str_list[i]) + k)
        else:
            str_list_encry[i] = chr(ord(str_list[i]) + k - 26)
```

```
        i = i+1
    print("加密结果为:"+"".join(str_list_encry))

def decryption():
    str_raw = input("请输入密文:")
    k = int(input("请输入位移值:"))
    str_change = str_raw.lower()
    str_list = list(str_change)
    str_list_decry = str_list
    i = 0
    while i < len(str_list):
        if ord(str_list[i]) >= 97+k:
            str_list_decry[i] =chr(ord(str_list[i]) - k)
        else:
            str_list_decry[i] =chr(ord(str_list[i]) + 26 - k)
        i = i+1
    print("解密结果为:"+"".join(str_list_decry))

while True:
    print (u"1. 加密")
    print (u"2. 解密")
    choice = input("请选择:")
    if choice == "1":
        encryption()
elif choice == "2":
        decryption()
    else:
        print (u"您的输入有误!")
```

【程序运行结果】

```
1. 加密
2. 解密
请选择:1
请输入明文:efg
请输入位移值:1
加密结果为:fgh
1. 加密
2. 解密
请选择:2
请输入密文:fgh
请输入位移值:1
解密结果为:efg
```

## 6.8 习题

### 一、填空题

1. 栈和队列都是（　　）结构，其中栈只能在（　　）插入和删除；队列只能在（　　）插入和（　　）删除元素。

2. 在一个具有 n 个节点的有序单链表中插入一个新节点并仍然有序的时间复杂度为（　　）。

3. 两个串相等的充要条件是（　　）且（　　）。

4.（　　）是组成数据的基本单位，是数据集合的个体。

5. 数据元素之间的关系在计算机中有两种不同的表示方法：（　　）存储结构和（　　）存储结构。

6. 在一个长度为 n 的顺序表中删除第 i 个元素（0≤i≤n）时，需向前移动（　　）个元素。

7. 串是（　　）。

8. 链表不具有（　　）的特点。

**二、简答题**

1. 试比较线性表的顺序存储结构与链式存储结构的特点。

2. 假设 C 是一个循环队列，初始状态为 rear = front = 1，如图 6.21 所示，要求画出做完下列每一组操作后队列的头尾指针的状态变化情况。

1）d、e、b、g、h 入队。

2）d、e 出队。

3）i、j、k、l、m 入队。

4）b 出队。

5）n、o、p、q、r 入队

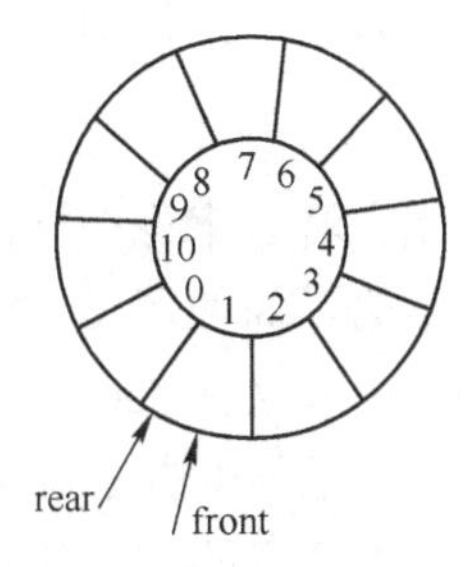


图 6.21　循环队列

**三、编程题**

1. 给定一个字符串 s。请返回含有连续两个 s 作为子串的最短字符串。请注意两个 s 可能会有重叠部分。

输入如下。

输入一个字符串 s。s 含有 1~50 个字符（其中包括 1 和 50），s 中每个字符都是一个小写字母（a~z）。

输出如下。

返回含有连续两个 s 作为子串的最短字符串。

举例如下。

s = "aba",返回"ababa"。

2. 从键盘输入一批数据，对这些数据进行逆置，最后将逆置后的结果输出。

# 第 7 章　树和二叉树

本章首先介绍了树和二叉树的相关知识，包括二叉树的性质、二叉树的顺序存储和链式存储。然后介绍了二叉树的深度优先搜索和广度优先搜索。其中，深度优先搜索对应先序遍历、中序遍历和后序遍历，广度优先搜索对应层序遍历。最后详细地介绍了二叉树的创建、哈夫曼树和哈夫曼编码，以及树和二叉树的转换等相关知识。

## 7.1　树和二叉树的概述

### 7.1.1　树和二叉树的相关概念

树是由 n（n≥1）个有限节点组成的具有层次关系的集合，通常用于描述一对多的逻辑关系，看起来像一棵倒挂的树，即根朝上，叶子朝下，树的结构如图 7.1 所示。

为了简便起见，给树定义了下列相关术语。

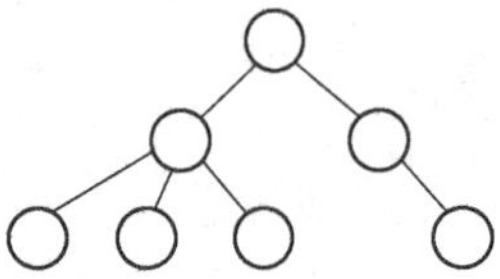

- 节点（Node）：表示树中的数据元素，由数据项和数据元素之间的关系组成。

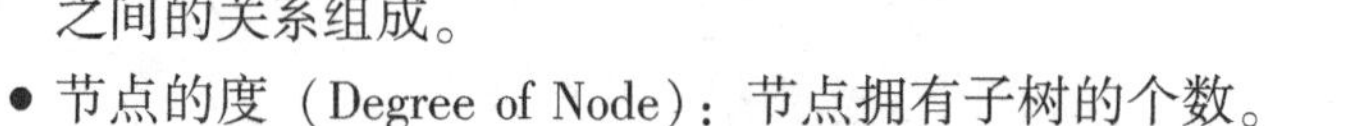

- 节点的度（Degree of Node）：节点拥有子树的个数。
- 树的度（Degree of Tree）：树中各节点度的最大值。
- 叶子节点（Leaf Node）：度为 0 的节点。
- 孩子（Child）：节点子树的根。
- 双亲（Parent）：节点的上层节点叫该节点的双亲。
- 兄弟（Brother）：同一双亲的孩子。
- 节点的层次（Level of Node）：从根节点到树中某节点所经路径上的分支数称为该节点的层次。根节点的层次规定为 1，其余节点的层次等于其双亲节点的层次加 1。
- 树的深度（Depth of Tree）：树中节点的最大层次数。
- 无序树（Unordered Tree）：任意一个节点的各孩子节点先后无序的树。
- 有序树（Ordered Tree）：任意一个节点的各孩子节点有严格排列次序的树。
- 森林（Forest）：m（m≥0）棵树的集合。自然界中的树和森林的差别很大，但在数据结构中树和森林的差别很小。从定义可知，一棵树由根节点和 m 棵子树构成，若把树的根节点删除，则树变成了包含 m 棵树的森林。根据定义，一棵树也可以称为森林。

图 7.1　树的逻辑结构

二叉树（Binary Tree）是一种有限元素的集合，该集合或者为空，或者由一个称为根（root）的元素，以及不相交的左子树和右子树组成，如图 7.2 所示。

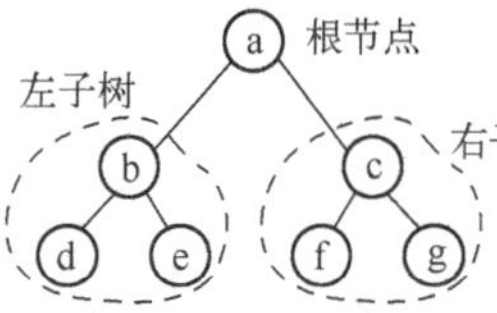

图 7.2　二叉树的逻辑结构

当集合为空时，称该二叉树为空二叉树。在非空情况下二叉树的左右子树有序，若将其左、右子树颠倒，就成为另一棵不同的二叉树。二叉树具有 4 种基本形态——空树、只有左子树、只有右子树和同时有左右子树，如图 7.3 所示。

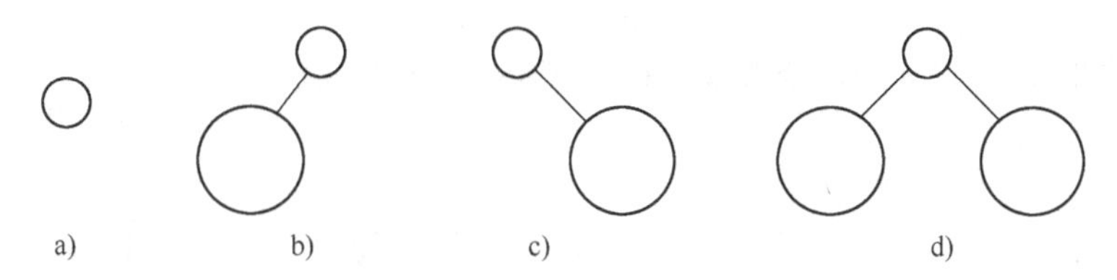

图 7.3　二叉树的五种基本形态

a）空树　b）只有左子树　c）只有右子树　d）同时有左右子树

在二叉树中，有两种较为特殊的二叉树，如下所述。

- 满二叉树：在一棵二叉树中，如果所有分支节点都存在左子树和右子树，并且所有叶子节点都在同一层上，这样的一棵二叉树称作满二叉树。
- 完全二叉树：一棵深度为 k 的有 n 个节点的二叉树，对树中的节点按从上至下、从左到右的顺序进行编号，如果编号为 i（$1 \leqslant i \leqslant n$）的节点与满二叉树中编号为 i 的节点在二叉树中的位置相同，则这棵二叉树称为完全二叉树。在完全二叉树中，叶子节点只能出现在最下层和次下层，且最下层的叶子节点集中在树的左部。

一棵满二叉树必定是一棵完全二叉树，而完全二叉树未必是满二叉树。

### 7.1.2　二叉树的性质

**性质 1：二叉树第 i 层上的节点数目最多为 $2^{i-1}$（$i \geqslant 1$）。**

【证明】可用数学归纳法证明。

归纳基础：$i=1$ 时，有 $2^{i-1}=2^0=1$。因为第 1 层上只有一个根节点，所以命题成立。

归纳假设：假设对所有的 j（$1 \leqslant j<i$）命题成立，即第 j 层上至多有 $2^{j-1}$ 个节点，证明 $j=i$ 时命题亦成立。

归纳步骤：根据归纳假设，第 $i-1$ 层上至多有 $2^{i-2}$ 个节点。由于二叉树的每个节点至多有两个孩子，故第 i 层上的节点数至多是第 $i-1$ 层上的最大节点数的 2 倍。即 $j=i$ 时，该层上至多有 $2 \times 2^{i-2}=2^{i-1}$ 个节点，故命题成立。

**性质 2：深度为 k 的二叉树至多有 $2^k-1$ 个节点（$k \geqslant 1$）。**

【证明】在具有相同深度的二叉树中，仅当每一层都含有最大节点数时，其树中节点数最多。因此利用性质 1 可得，深度为 k 的二叉树的节点数至多为 $2^0+2^1+\cdots+2^{k-1}=2^k-1$，故命题正确。

**性质 3：在任意一棵二叉树中，若终端节点的个数为 $n_0$，度为 2 的节点数为 $n_2$，则 $n_0=n_2+1$。**

【证明】因为二叉树中所有节点的度数均不大于 2，所以节点总数（记为 n）应等于 0 度节点数（记为 $n_0$）、1 度节点数（记为 $n_1$）和 2 度节点数（记为 $n_2$）之和：

$$n=n_0+n_1+n_2 \tag{7-1}$$

另一方面，1 度节点有一个孩子，2 度节点有两个孩子，故二叉树中孩子节点总数是 $n_1+2n_2$。

树中只有根节点不是任何节点的孩子，故二叉树中的节点总数又可表示为：

$$n=n_1+2n_2+1 \tag{7-2}$$

由式（7-1）和式（7-2）得到：

$$n_0=n_2+1 \tag{7-3}$$

**性质 4：具有 n 个节点的完全二叉树的深度必为 $\log_2(n+1)$。**

【证明】数学归纳法。

当 $n=1=2^1-1$ 时显然命题成立。

假设当 $n\leqslant 2^k-1$ 时，具有 n 个节点的完全二叉树的深度为$\lfloor \log_2 n \rfloor+1$。

当 $n=2^k$（以及 $2^{k+1},\cdots,2^{(k+1)-1}$）时，由归纳假设可知前 $2^{k-1}$个节点构成深度为$\lfloor \log_2 n \rfloor+1$的树，再由完全二叉树的定义可知剩余的 1（或 $2,\cdots,2^k$）个节点均在第$\lfloor \log_2 n \rfloor+2$ 层上（作为“叶子”），故深度刚好增加了 1。

故 $n\leqslant 2_{(k+1)-1}$时命题成立。

**性质 5：对于具有 n 个节点的完全二叉树，若从上至下、从左至右编号，则编号为 i 的节点，必有如下性质。**

**1）如果 $2i\leqslant n$，则其左孩子编号必为 2i；如果 2i>n，则编号为 i 的节点无左孩子。**

**2）如果 $2i+1\leqslant n$，其右孩子编号必为 2i+1；如果 2i+1>n，则编号为 i 的节点无右孩子。**

**3）如果 i>1，其双亲的编号必为 i/2，如果 i =1，编号为 i 的节点是根节点，无双亲节点。**

【证明】当 i=1 时，该节点为根节点；若 $2\leqslant n$，由编码规则可知，编号为 2 的节点必是根节点的左孩子；若 2>n，则不存在编号为 2 的节点，即此时根节点没有左孩子。同样，若 $3\leqslant n$，编号为 3 的节点必是根节点的右孩子；若 3>n，则不存在编号为 3 的节点，即此时根节点没有右孩子。

当 i>1 时，分两种情况考虑。

1）当编号为 i 的节点为第 j 层的第一个节点时，由编码规则和性质 2 可知，$i=2^{j-1}$，而其左孩子必为第 j+1 层的第一个节点，编号为 $2^j$，$2^j=2\cdot 2^{j-1}=2i$；若 2i>n，则其没有左孩子，其右孩子必为第 j+1 层的第二个节点，编号为 $2^j+1$，$2^j+1=2\cdot 2^{j-1}+1=2i+1$；若2i+1>n，则其没有右孩子。

2）当编号为 i 的节点为第 j 层（$1\leqslant j<\log_2 n$）的某个节点（$2^{j-1}\leqslant j< 2^j$）时，即若 2i<n，则其左孩子编号为 2i，若 2i+1<n，则其右孩子编号为 2i+1。那么，编号为 i+1 的节点是编号为 i 的节点的右兄弟，或者是第 j+1 层的第一个节点，其左孩子的编号为 2i+2=2(i+1)，右孩子的编号为 2i+3=2(i+1)+1，命题成立。

若对二叉树的根节点从 0 开始编号，则相应的 i 号节点的双亲节点的编号为（i-1)/2，左孩子的编号为 2i+1，右孩子的编号为 2i+2。

## 7.2 二叉树存储

二叉树存储可以采用顺序存储和链式存储。

### 7.2.1 顺序存储

二叉树的顺序存储是使用一维数组存储二叉树中的节点，如图 7.4 所示。通过节点的存储位置，也就是数组的下标体现节点之间的逻辑关系，如双亲与孩子的关系、左右兄弟的关系等。

一棵深度为 k 的二叉树，如果只有 k 个节点，采用顺序存储，需要分配 $2^k-1$ 个存储单元空间，会浪费大量的空间。因此，顺序存储结构往往只适用于完全二叉树。

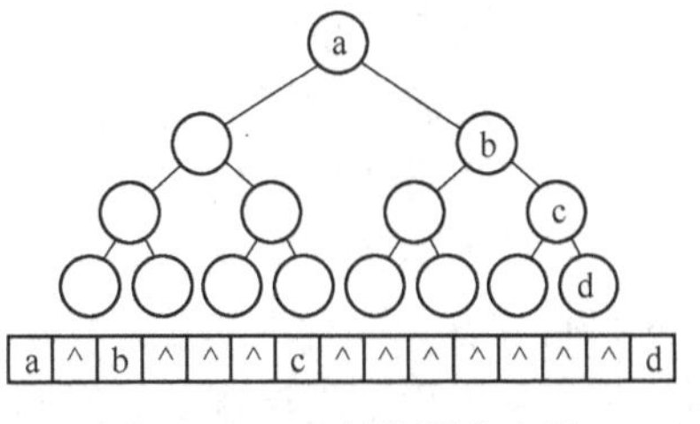


图 7.4　二叉树的顺序存储

### 7.2.2　链式存储

根据二叉树每个节点最多有两个孩子的特性，链式存储采用一个数据域和两个指针域的节点形式来存储二叉树。节点结构如图 7.5 所示，data 是数据域，lchild 和 rchild 分别是指向左孩子和右孩子的指针域。链式存储的二叉树又称为二叉链表。

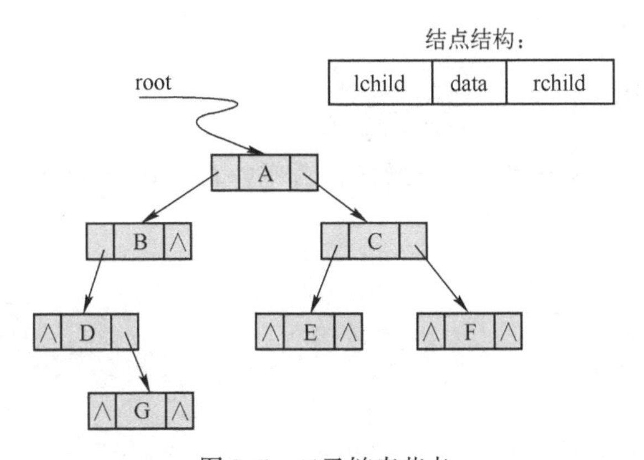


图 7.5　二叉链表节点

```
class Node(object):
    def __init__(self, key= None,lchild=None,rchild=None):
        self.key =data              #表示数据域
        self.lchild = lchild        #表示左子树
        self.rchild = rchild        #表示右子树
```

## 7.3　二叉树遍历

二叉树遍历是指按某种顺序访问二叉树中的每个节点，使每个节点被访问且仅访问一次。一棵二叉树由根节点（D）、根节点的左子树（L）和根节点的右子树（R）3 部分组成，因此，具有先序遍历（DLR）、中序遍历（LDR）和后序遍历（LRD）3 种形式，遍历顺序分别如下所述。

- 先序遍历，也叫作先根遍历、先序周游。先序遍历首先访问根节点，然后遍历左子树，最后遍历右子树。即根节点→左子树→右子树。
- 中序遍历，也叫作中根遍历、中序周游。中序遍历首先遍历左子树，然后访问根节点，最后遍历右子树，即左子树→根节点→右子树。

- 后序遍历，也叫作后根遍历、后序周游。后序遍历首先遍历左子树，然后遍历右子树，最后访问根节点，即左子树→右子树→根节点。

遍历可以分为深度优先搜索和广度优先搜索。深度优先搜索是沿着树的深度遍历节点，尽可能深地搜索树的分支。如果当前的节点所在的边都被搜索过，就回溯到当前节点所在的边的起始节点。一直重复直到发现源节点所有可达的节点为止。广度优先搜索也称为层序遍历，是指从上而下逐层遍历，在同一层中，按从左到右的顺序对节点逐个访问。

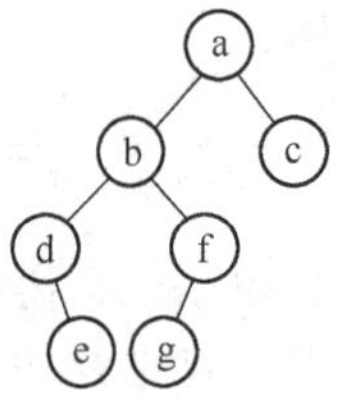

图 7.6　二叉树

**【例 7-1】** 以图 7.6 所示的二叉树为例，各种遍历算法的结果如下。

- 先序遍历：abdefgc。
- 中序遍历：debgfac。
- 后序遍历：edgfbca。
- 层序遍历：abcdfeg。

### 7.3.1　先序遍历

基本流程为：若二叉树为空，则空操作；否则，首先访问根节点，然后先序访问左子树，最后先序访问右子树。

【代码】

```
def PreOrder( self ,root) :
    if root = = None:
        return
    print root. elem
    self. PreOrder( root. lchild)   #先序遍历左子树
    self. PreOrder( root. rchild)   #先序遍历右子树
```

### 7.3.2　中序遍历

基本流程为：若二叉树为空，则空操作；否则，首先中序访问左子树，然后访问根节点，最后中序访问右子树。

【代码】

```
def InOrder( self ,root) :
    if root = = None:
        return
    self. InOrder( root. lchild)      #先序遍历左子树
    print root. elem
    self. InOrder( root. rchild)      #先序遍历右子树
```

### 7.3.3　后序遍历

基本流程为：若二叉树为空，则空操作；否则，首先后序访问左子树，然后后序访问右子树，最后访问根节点。

【代码】

```
def PostOrder(self ,root):
    if root == None:
        return
    self.PostOrder(root.lchild)        #先序遍历左子树
    self.PostOrder(root.rchild)        #先序遍历右子树
    print root.elem
```

### 7.3.4 层序遍历

二叉树是一种层次结构，按照层次遍历的流程为：若二叉树为空，则空操作返回；否则，从二叉树的第一层，即根节点开始访问，从上而下逐层遍历，在同一层中，按从左到右的顺序对节点逐个访问。这样一层一层进行，先遇到的节点先访问，这与队列的操作原则符合。因此，采用队列 queue 实现二叉树的层次遍历。

【代码】

```
def breath_travel(self):
    if root == None:
        return
    queue=[]
    queue.append(root)
    while queue:
        node =queue.pop(0)
        print node.elem,
        if node.lchild != None:
            queue.append(node.lchild)
        if node.rchild != None:
            queue.append(node.rchild)
```

## 7.4 由遍历序列创建二叉树

由二叉树的遍历可知，任意一棵二叉树节点的先序遍历和中序遍历都是唯一的。那么，反过来，若已知节点的先序遍历和中序遍历，是否能确定这棵二叉树呢?

### 7.4.1 由先序、中序推出后序遍历

**【例 7-2】**已知二叉树的先序遍历为 ABCDEF，中序遍历为 CBAEDF，求后序遍历。

**【解析】**先序遍历是先打印根，再递归左子树和右子树。先序遍历序列为 **A**BCDEF，第一个字母是 A，说明 A 是根节点。中序遍历序列是 CB**A**EDF，可知 C 和 B 是 A 的左子树节点，E、D、F 是 A 的右子树节点，如图 7.7 所示。

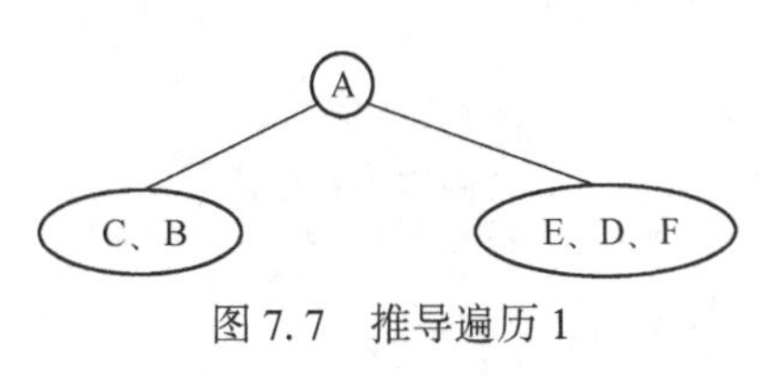

图 7.7　推导遍历 1

先序遍历中的 C 和 B，顺序为 A**BC**DEF，先打印 B 后打印 C，因此，B 应该是 A 的左孩子，而 C 只能是 B 的孩子，此时还不能判断是左孩子还是右孩子。中序遍历的顺序是 **CB**AEDF，C 是在 B 的前面打印，这就说明 C 是 B 的左孩子，否则就是右孩子，如图 7.8 所示。

再看 E、D、F，先序遍历的顺序为 ABC**DEF**，意味着 D 是 A 节点的右孩子，E 和 F 是 D 的子孙。注意，它们中有一个不一定是孩子，还有可能是孙子。再看中序遍历的顺序是 CBA**EDF**，由于 E 在 D 的左侧，而 F 在右侧，所以确定 E 是 D 的左孩子，F 是 D 的右孩子。至此，二叉树如图 7.9 所示，二叉树的后序遍历为 CBEFDA。

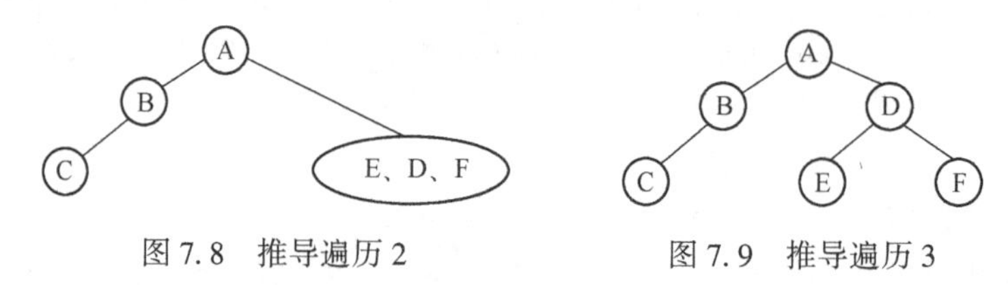


图 7.8　推导遍历 2　　图 7.9　推导遍历 3

### 7.4.2　由中序、后序推出先序遍历

**【例 7-3】**已知二叉树的中序遍历为 ABCDEFG，后序遍历为 BDCAFGE，求先序遍历。

**【解析】**后序遍历的顺序为 BDCAFGE，得到 E 是根节点，前序遍历的首字母是 E。根据中序序列分为两棵树 ABCD 和 FG，由后序序列的 BDCAFGE，A 是 E 的左孩子，先序序列为 EA。

再由中序序列 ABCDEFG，知道 BCD 是 A 节点的右子孙，再由后序序列的 BDCAFGE，知道 C 节点是 A 节点的右孩子，先序序列为 EAC

由中序序列 ABCDEFG，得到 B 是 C 的左孩子，D 是 C 的右孩子，先序序列为 EACBD。

由后序序列 BDCAFGE，得到 G 是 E 的右孩子，F 是 G 的孩子，先序序列为 EACBDGF。

### 7.4.3　由先序、后序推出中序遍历

至此，若已知先序遍历和中序遍历，可唯一确定一个二叉树。若已知后序遍历和中序遍历，可唯一确定一个二叉树。那么，已知二叉树的先序遍历和后序遍历，是否可以唯一确定一个二叉树？答案是不可以。例如，先序序列是 ABC，后序序列是 CBA，可以确定 A 是根节点。但是，无法判断哪个节点是左子树，哪个节点是右子树，如图 7.10 所示。

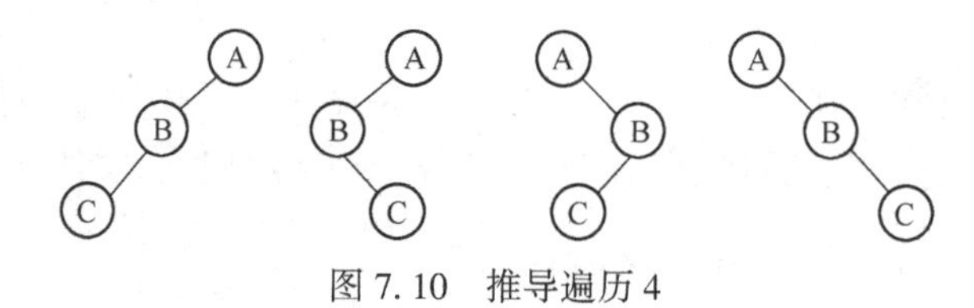


图 7.10　推导遍历 4

## 7.5　二叉树的创建

二叉树的创建是在二叉树遍历的基础上实现的，在遍历过程中生成节点，建立二叉树。

【代码】

```
defcreateBiTree(self, root):
    data = input()
    if data is "#":                #如果当前元素为'#', 则认为其为 None
```

```
            return None
        else:
            root.data = data
            root.lchild = self.createBiTree(root.lchild)          //构造左子树
            root.rchild = self.createBiTree(root.rchild)          //构造右子树
        return root
```

## 7.6 哈夫曼树

### 7.6.1 哈夫曼编码

在电文传输中，需要将电文中的每个字符进行二进制编码和译码。编码是指用不同的0、1序列代表不同的字符。译码是指将已编码的信息还原成原来的形式。

在设计编码时需要遵守两个原则。

- 要能唯一地译码。
- 编码长度要尽量短。

编码分为等长编码和不等长编码。其中，等长编码是指每个字符的编码长度相同。例如，假设字符集只含有 5 个字符 A、B、C、D、E。采用 3 位二进制进行编码，表示为A(000)、B(001)、C(010)、D(011)、E(100)。若现在有一段电文为 ABACDDE，则应发送二进制序列 000001000010011011100，总长度为 21 位。不等长编码是指将使用频度较高的字符分配一个相对比较短的编码，而使用频度较低的字符分配相对较长的编码。针对如上的电文（ABACDDE），由于 A 和 D 使用频率较高，采用较短编码，如 A(01)、B(001)、C(010)、D(10)、E(11)，电文编码为二进制序列 0100101010101011，总长度只为 16 位，少于等长编码的 21 位。但是，由于无法断定 01001 是 AB，还是 CA，不能唯一译码，存在着无法译码的问题。因此，设计不等长编码必须考虑编码的唯一性，可以采用前缀编码。前缀编码是指在建立不等长编码时必须使任何一个字符的编码都不是另一个字符的前缀。采用哈夫曼编码如 A(00)、B(110)、C(111)、D(01)、E(10)，确保译码的唯一性。

哈夫曼编码（Huffman Coding），就是前缀编码，又称霍夫曼编码，由 Huffman 于 1952 年提出。

### 7.6.2 哈夫曼算法

哈夫曼编码通过构造哈夫曼树实现。哈夫曼树又称最优二叉树，是指在 n 个带权叶子节点所构成的所有二叉树中，其带权路径长度 WPL 最小值为

$$WPL = \sum_{k=1}^{n} W_k L_k \tag{7-4}$$

其中，$W_k$ 代表 k 节点的权重，$L_k$ 代表 k 节点的路径长度。

构造哈夫曼树的步骤如下所述。

1）根据给定的 n 个权值 $\{w_1, w_2, \cdots, w_n\}$，构造 n 棵二叉树的森林 $F=\{T_1, T_2, \cdots, T_n\}$，其中每棵二叉树中均只含一个权值为 $w_i$ 的根节点，其左右子树为空树。

2）在 F 中选取其根节点的权值最小的两棵二叉树，分别作为左、右子树构造一棵新的二叉树，并置这棵新的二叉树根节点的权值为其左右子树根节点的权值之和。

3）从 F 中删去这两棵树，同时加入刚生成的新树。

4）重复 2）和 3），直至 F 中只含一棵树为止。

**【例 7-4】** 构建哈夫曼树。

现有 a、b、c、d、e、f 共 6 个字符，其权值分别为 a(9)、b(12)、c(6)、d(3)、e(5)、f(15)，如图 7.11 所示。

1）从中找出最小两个权值的节点 d 和 e，作为二叉树的左、右子树，并将其权值之和作为根节点，如图 7.12 所示。

2）将二叉树的根节点，重新加入到所有的节点进行排序，从中找出最小两个权值的节点作为二叉树的左、右子树，并将其权值之和作为根节点，如图 7.13 所示。

图 7.11　构建哈夫曼树 1

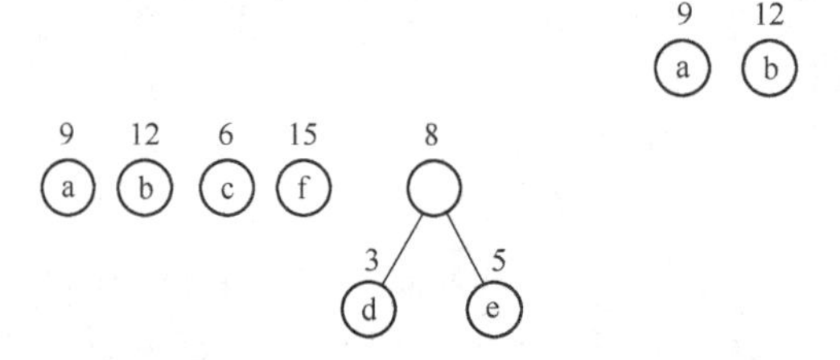

图 7.12　构建哈夫曼树 2

图 7.13　构建哈夫曼树 3

3）如此反复，将所有节点都加入到二叉树中，从而建立了一棵哈夫曼树，如图 7.14 和图 7.15 所示。最终，哈夫曼树如图 7.16 所示。

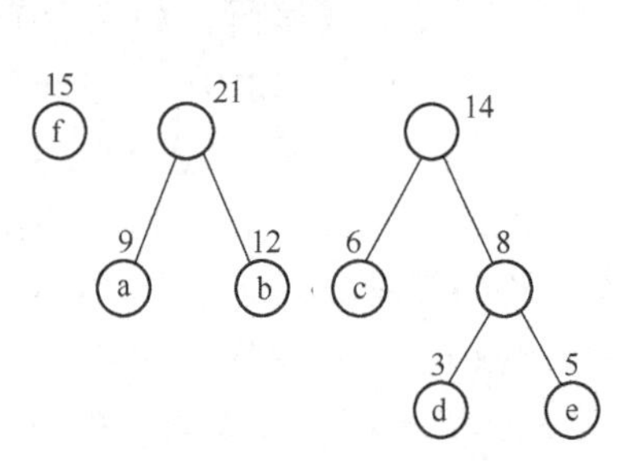

图 7.14　构建哈夫曼树 4

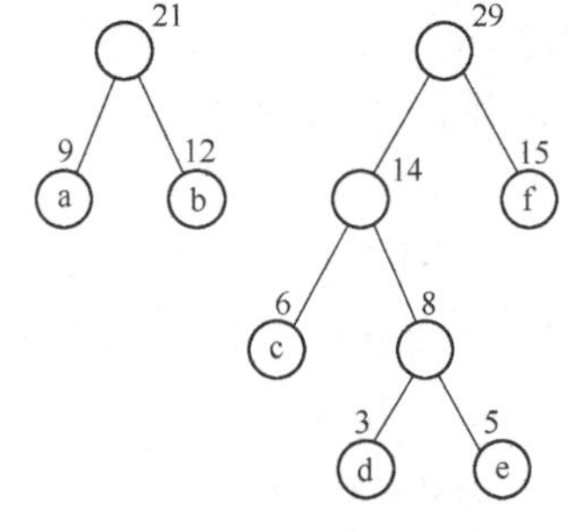

图 7.15　构建哈夫曼树 5

从根节点出发，左子树的边为 0，右子树的边为 1，进行哈夫曼编码，得到图 7.17。至此，a，b，c，d，e，f 6 个字符的编码如表 7.1 所示。可以看出，权值越大编码长度越短，权值越小编码长度越长。在哈夫曼树中，每个字符节点都是叶子节点，它们不可能在根节点到其他字符节点的路径上，所以，一个字符的哈夫曼编码不可能是另一个字符的哈夫曼编码的前缀，从而保证了译码的唯一性。

**表 7.1　字符编码**

| 字　　符 | 编　　码 | 字　　符 | 编　　码 |
|---|---|---|---|
| a | 00 | d | 1010 |
| b | 01 | e | 1011 |
| c | 100 | f | 11 |

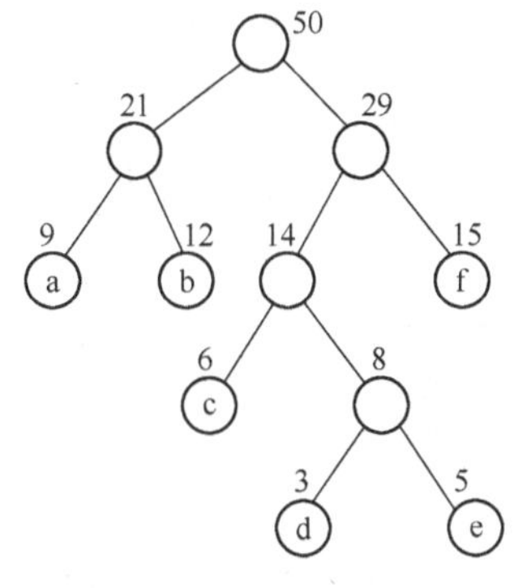


图 7.16　构建哈夫曼树 6

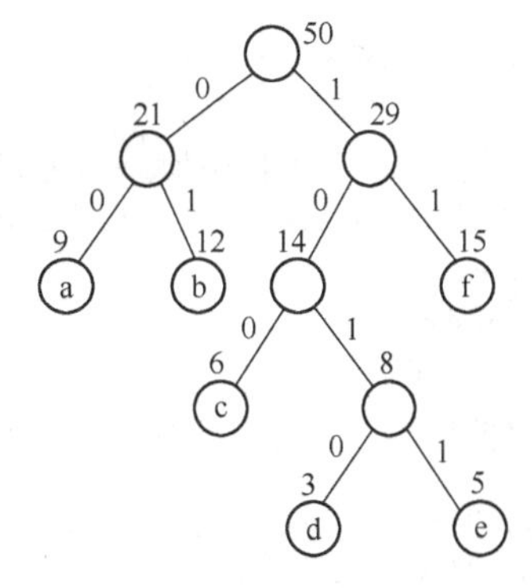


图 7.17　构建哈夫曼树 7

【代码】

```
    #树节点类构建
    class TreeNode(object):
        def __init__(self, data):
            self.val = data[0]              #节点的值
            self.priority = data[1]         #节点的优先级
            self.leftChild = None           #节点的左子节点
            self.rightChild = None          #节点的右子节点
            self.code = ""                  #节点值的编码
        #创建树节点队列函数
    defcreatnodeQ(codes):
        q = []
        for code in codes:
            q.append(TreeNode(code))
        return q
    #为队列添加节点元素,并保证优先级从大到小排列
    def addQ(queue, nodeNew):
        if len(queue) == 0:
            return [nodeNew]
        for i in range(len(queue)):
            if queue[i].priority >=nodeNew.priority:
                return queue[:i] + [nodeNew] + queue[i:]
        return queue + [nodeNew]
    #节点队列类定义
    class nodeQeuen(object):
        def __init__(self, code):
            self.que =creatnodeQ(code)
            self.size = len(self.que)
        def addNode(self,node):              #添加节点函数
            self.que =addQ(self.que, node)
            self.size += 1
        def popNode(self):                   #弹出节点函数
            self.size -= 1
            return self.que.pop(0)
        #各个字符在字符串中出现的次数,即计算优先级
```

```
def freChar(string):
    d ={}
    #定义字典,遍历文本中的每一个字母,若字母不在字典中,说明该字母是第一次出现,定义该字母为键,键值为1;若已有该字母,将其相应的键值加一。遍历后就会得到每个字母出现的次数。
    for c in string:
        if not c in d:
            d[c] = 1
        else:
            d[c] += 1
    return sorted(d.items(),key=lambda x:x[1])
#创建哈夫曼树
def creatHuffmanTree(nodeQ):
    while nodeQ.size != 1:
        node1 =nodeQ.popNode()
        node2 =nodeQ.popNode()
        r =TreeNode([None, node1.priority+node2.priority])
        r.leftChild = node1
        r.rightChild = node2
        nodeQ.addNode(r)
    return nodeQ.popNode()

codeDic1 = {}            #用于编码
codeDic2 = {}            #用于解码
#由哈夫曼树得到哈夫曼编码表
def HuffmanCodeDic(head, x):
    global codeDic, codeList
    if head:
        HuffmanCodeDic(head.leftChild, x+'0')
#二叉树的中序遍历,每递归到深一层时,就在后面多加一个0(左子树)或1(右子树)。
        head.code += x
        if head.val:
            codeDic2[head.code] = head.val
            codeDic1[head.val] = head.code
        HuffmanCodeDic(head.rightChild, x+'1')
#字符串编码
def TransEncode(string):
    globalcodeDic1
    transcode =""
    for c in string:
        transcode +=codeDic1[c]
    return transcode
#字符串解码
def TransDecode(StringCode):
    globalcodeDic2
    code =""
    ans =""
    for ch inStringCode:
        code += ch
        if code incodeDic2:
            ans +=codeDic2[code]
```

```
                code =""
        return ans
#举例
string = "AAGGDCCCDDDGFBBBFFGGDDDDGGGEFFDDCCCCDDFGAAA"
t =nodeQeuen(freChar(string))
tree =creatHuffmanTree(t)
HuffmanCodeDic(tree,'')
print(codeDic1,codeDic2)
a = TransEncode(string)
print(a)
aa = TransDecode(a)
print(aa)
print(string == aa)
```

【程序运行结果】

```
{'E': '0000', 'B': '0001', 'A': '001', 'G':'01', 'D': '10', 'F': '110', 'C': '111'} {'0000': 'E', '0001': '
B', '001': 'A', '01': 'G', '10': 'D', '110': 'F', '111': 'C'}
00100101011011111111110101001110000100010001110110010110101010010101000011011010101111
11111111101011001001001001
AAGGDCCCDDDGFBBBFFGGDDDDGGGEFFDDCCCCDDFGAAA
True
```

# 7.7 树和二叉树的关系

## 7.7.1 树的存储

树的存储有双亲表示法、孩子表示法和树的二叉链表（孩子兄弟）表示法等。

(1) 双亲表示法

双亲表示法是指以一组连续的空间存放树的节点，同时在每个节点上附设一个指示器指示其双亲节点的位置。现有一棵树，如图 7.18 所示。

双亲表示法如图 7.19 所示，其中双亲位置就是指示器。

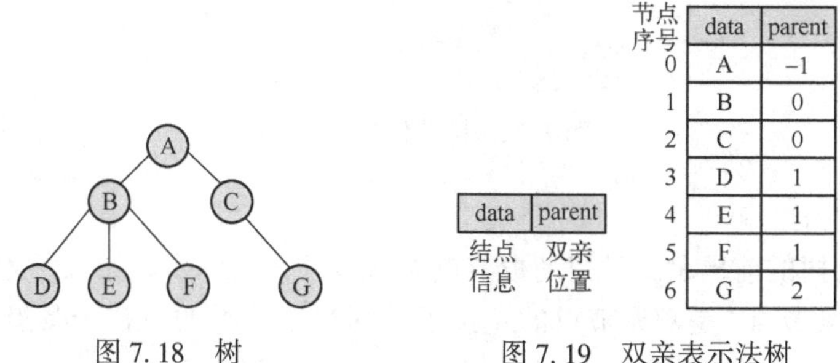


图 7.18　树　　　　图 7.19　双亲表示法树

(2) 孩子表示法

孩子表示法是指将每个节点的孩子节点链接构成一个单链表，称为孩子链表。孩子链表的头指针又组成了一个顺序表。孩子表示法如图 7.20 所示。

（3）孩子兄弟表示法

孩子兄弟表示法又称为树的二叉链表表示法，是指每个节点有两个指针域，分别指向该节点的第一个孩子和下一个兄弟（右兄弟）。孩子兄弟表示法如图 7.21 所示。

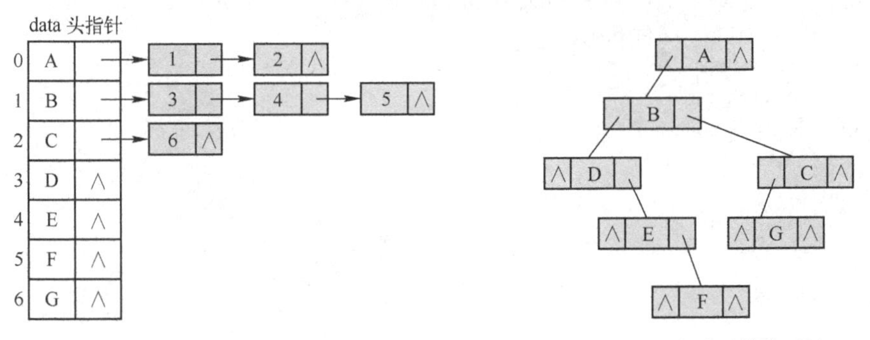


图 7.20　孩子表示法　　　　图 7.21　孩子兄弟表示法

## 7.7.2　树与二叉树转换

树与二叉树均可用二叉链表作为存储结构，则以二叉链表为媒介可导出树与二叉树之间的一个对应关系——即给定一棵树，可以找到唯一一棵二叉树与之对应。

（1）树转化为二叉树

树转化为二叉树的具体步骤如下所述。

1）加线。在各亲兄弟之间加一虚线。

2）抹线。抹掉（除第一个孩子外）该节点到其余孩子之间的连线。

3）旋转。新加的虚线改实线且均向右斜（rchild），原有的连线均向左斜（lchild），使之结构层次分明。树转化为二叉树的过程如图 7.22 所示。

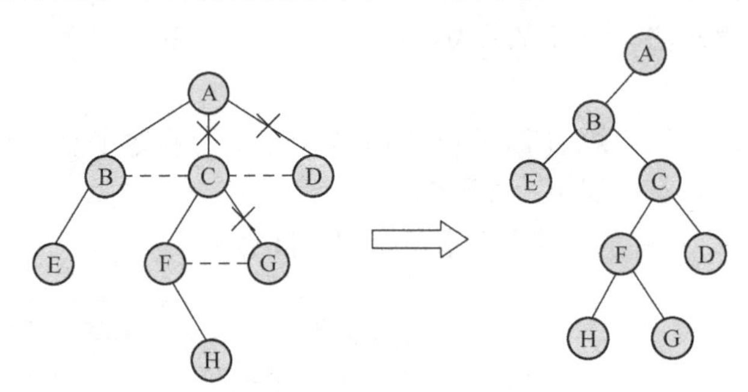


图 7.22　树转化为二叉树

（2）二叉树转化为树

二叉树转化为树的前提是二叉树的根节点无右孩子，具体步骤如下所述。

1）加线。若某节点 i 是双亲节点的左孩子，则将该节点的右孩子及沿着此右孩子的右链不断搜索到的所有右孩子都分别与节点 i 的双亲用虚线连起来。

2）抹线。抹掉原二叉树中所有双亲节点与右孩子的连线。

3）归整化。将图形归整化，使各节点按层次排列且将所加的虚线变成实线。

二叉树转化为树的过程如图 7.23 所示。

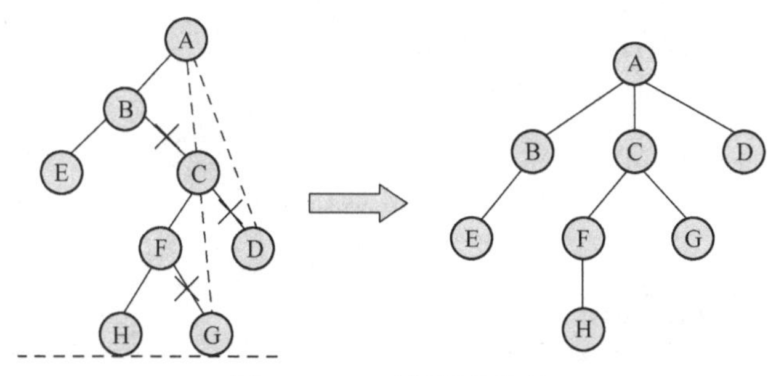

图 7.23 二叉树转化为树

# 7.8 实例

## 7.8.1 打印二叉树深度

【例 7-5】给定一棵二叉树，求树的深度，如图 7.24 所示。

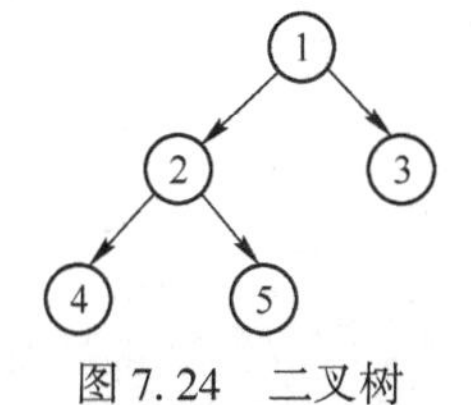

图 7.24 二叉树

【解析】二叉树的深度为根节点到最远叶子节点的最长路径上的节点数。二叉树的高度也就是深度，为二叉树中节点层次的最大值，也可以视为其左右子树高度的最大值加 1。

【代码】

```
class Node():
    def __init__(self,value,lchild=None,rchild=None,):
        self.value=value
        self.lchild=lchild
        self.rchild=rchild
    def __repr__(self):
        return str(self.value)
class Tree():
    def __init__(self,root=None):
        self.root=root
        self.node_list=[]

    def add_node(self,node):
        self.node_list.append(node)
        temp_list=[]
        temp_list.append(self.root)

        if self.root == None:
            self.root=node
        else:
            while temp_list:
                cur_node=temp_list.pop(0)
                if not cur_node.lchild:
                    cur_node.lchild=node
                    return
```

```
                elif not cur_node.rchild:
                    cur_node.rchild=node
                    return
                else:
                    temp_list.append(cur_node.lchild)
                    temp_list.append(cur_node.rchild)
    #二叉树的最大深度
    def find_max_deep(self,root):
        if (not root.lchild) and (not root.rchild):
            return 1
        if root.lchild:
            lenght1=self.find_max_deep(root.lchild)
        else:
            lenght1=0
        if root.rchild:
            lenght2 =self.find_max_deep(root.rchild)
        else:
            lenght2=0
        return 1+max(lenght1,lenght2)
if __name__ == '__main__':
    tree=Tree()
    node1=Node(1)
    node2=Node(2)
    node3=Node(3)
    node4=Node(4)
    node5=Node(5)
    tree.add_node(node1)
    tree.add_node(node2)
    tree.add_node(node3)
    tree.add_node(node4)
    tree.add_node(node5)
    max_deep=tree.find_max_deep(tree.root)
    print('max_deep:',max_deep)
```

【程序运行结果】

```
max_deep: 3
```

### 7.8.2 打印二叉树左右视图

**【例 7-6】** 给定一棵二叉树，要求输出左右视图，如图 7.25 所示。二叉树的左视图为[3,9,15]，右视图为[3,20,7]。

**【解析】** 二叉树的左视图就是层序遍历保留每一层第一个值。二叉树的右视图就是层序遍历保留每一层最后一个值。先求出二叉树的最大深度，然后求出每一层的节点列表，每一层节点列表就是求距离根节点指定深度的所有节点，再将每一层节点列表中的最左或最右节点打印出来。

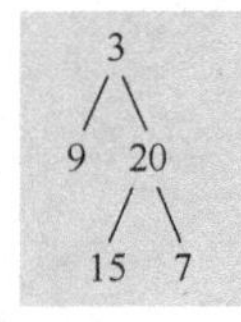

图 7.25　二叉树

【代码】

```
class Node():
    def __init__(self,value,lchild=None,rchild=None,):
```

```
            self.value=value
            self.lchild=lchild
            self.rchild=rchild
        def __repr__(self):
            return str(self.value)
    class Tree():
        def __init__(self,root=None):
            self.root=root
            self.node_list=[]

        def add_node(self,node):
            self.node_list.append(node)
            temp_list=[]
            temp_list.append(self.root)
            if self.root == None:
                self.root=node
            else:
                while temp_list:
                    cur_node=temp_list.pop(0)
                    if not cur_node.lchild:
                        cur_node.lchild=node
                        return
                    elif not cur_node.rchild:
                        cur_node.rchild=node
                        return
                    else:
                        temp_list.append(cur_node.lchild)
                        temp_list.append(cur_node.rchild)
        #找到距离根节点指定距离的所有节点
        def find_target_length(self,root,n,target_list=[]):
            if n==0:
                target_list.append(root)
                #print(self.target_list)
                #return target_list
            if root.lchild:
                self.find_target_length(root.lchild,n-1,target_list)
            if root.rchild:
                self.find_target_length(root.rchild,n-1,target_list)
            return target_list

        #二叉树的最大深度
        def find_max_deep(self,root):
            if (not root.lchild) and (not root.rchild):
                return 1
            if root.lchild:
                lenght1=self.find_max_deep(root.lchild)
            else:
                lenght1=0
            if root.rchild:
                lenght2 =self.find_max_deep(root.rchild)
            else:
```

```
            lenght2=0
        return 1+max(lenght1,lenght2)

    #二叉树的左视图
    def find_view(self,root):
        deep_list=[]
        out_put_list=[]
        max_deep=self.find_max_deep(root)
        cur_deep=0
        while cur_deep<max_deep:
            cur_deep_list=self.find_target_length(root,cur_deep)
            #print(cur_deep_list)
            deep_list.append(cur_deep_list.copy())
            cur_deep_list.clear()
            cur_deep+=1
        print("节点层次输出:",deep_list)
        for item in deep_list:
            #求左视图
            out_put_list.append(item[0])
            #求右视图
            #out_put_list.append(item[-1])
        return out_put_list
if __name__ == '__main__':
    tree=Tree()
    node1=Node(3)
    node2=Node(9)
    node3=Node(20)
    node4=Node(15)
    node5=Node(7)
    tree.add_node(node1)
    tree.add_node(node2)
    tree.add_node(node3)
    tree.add_node(node4)
    tree.add_node(node5)
    print("左视图:",tree.find_view(tree.root))
```

【程序运行结果】

```
节点层次输出:[[3], [9, 20], [15, 7]]
左视图:[3, 9, 15]
```

### 7.8.3 二叉树左右交换

**【例 7-7】** 给定一棵二叉树，要求输出其左右翻转后二叉树的中序遍历，如图 7.26 所示。

```
  翻转前        翻转后
    1     |      1
   / \    |     / \
  2   3   |    3   2
 / \      |       / \
4   5     |      5   4
```

图 7.26 二叉树

**【解析】** 采用递归实现：交换左右子树，对左子树进行递归交换，对右子树进行递归交换。

【代码】

```
class Node(object):
    def __init__(self,val=None,lchild=None,rchild=None):
        self.value=val
        self.lchild=lchild
        self.rchild=rchild
    def mirror(self,root):
        if not root:
            return
        root.lchild,root.rchild=root.rchild,root.lchild
        self.mirror(root.lchild)
        self.mirror(root.rchild)
    def InOrder(self,root):
        if not root:
            return
        self.InOrder(root.lchild)
        print(root.value,end="")
        self.InOrder(root.rchild)
if __name__ == '__main__':
    root = Node(1, Node(2, Node(4), Node(5)), Node(3))
    print("翻转前,中序遍历二叉树")
    root.InOrder(root)
    root.mirror(root)  #翻转二叉树
    print()
    print("翻转后,中序遍历二叉树")
    root.InOrder(root)  #中序遍历
```

【程序运行结果】

```
翻转前,中序遍历二叉树
42513
翻转后,中序遍历二叉树
31524
```

### 7.8.4 括号组合

**【例 7-8】** 给出 n 代表生成括号的对数，求出能够生成所有可能的并且有效的括号组合。例如，n=3，生成结果为["((()))", "(()())", "(())()", "()(())", "()()()"]。

**【解析】** 采用回溯法，当只有在序列保持有效时才添加 '(' 或 ')'，通过跟踪到目前为止放置的左括号和右括号的数目来执行。如果还剩一个位置，可以开始放一个左括号。如果右括号不超过左括号的数量，可以放一个右括号。

【代码】

```
ans = []
n = int(input())
def fn(temp="", left = 0, right = 0):
    if len(temp) == n * 2:
        ans.append(temp)
        return
    if left < n:            #左括号的数量小于n,放一个左括号。
        fn(temp + '(', left + 1, right)
```

```
        if right < left:       #右括号的数量小于左括号的数量,放一个右括号。
            fn(temp + ')', left, right + 1)
fn()                 #函数调用
    print(ans)
```

### 7.8.5 对称二叉树

**【例 7-9】** 如果一个树的左子树与右子树镜像对称，那么这个树是对称二叉树。

例如，二叉树 [1,2,2,3,4,4,3]对称。

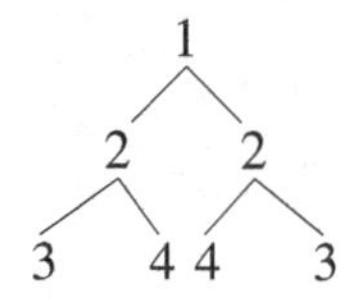

但是，二叉树 [1,2,2,null,3,null,3] 不对称。

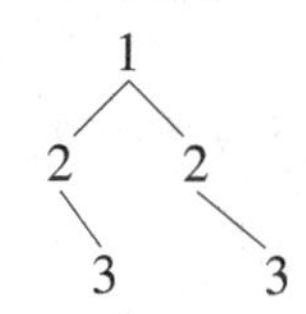

**【解析】** 作为一棵对称二叉树的每一棵子树，以穿过根节点的直线为对称轴，左子树和右子树满足以下条件。

- 如果左子树或右子树均为空，则该树对称。
- 如果左子树或右子树只有一个为空，则该树不对称。
- 如果左子树和右子树均不为空，当左子树的左子树和右子树的右子树镜像对称，且左子树的右子树和右子树的左子树镜像对称时，该树对称。

【代码】

```
class TreeNode:
    def __init__(self, x):
        self.val = x
        self.left = None
        self.right = None
class Solution:
    #判断对称二叉树
    def isSymmetrical(self, pRoot):
        if not pRoot:
            return True
        def Traversal(left, right):
            if left is None and right is None:   #如果是叶节点,直接返回 True
                return True
            #如果左右节点相同,继续判断左-左和右-右,以及左-右和右-左
            elif left and right and left.val == right.val:
                return Traversal(left.left, right.right) and Traversal(left.right, right.left)
            else:
                return False
        return Traversal(pRoot.left, pRoot.right)
```

## 7.9 习题

### 一、选择题

1. 某二叉树的后序遍历序列为 dabec，中序遍历序列为 debac，前序遍历序列为（　　）。

A. acbed；　　B. decab；　　C. deabc；　　D. cedba。

2. 对一棵满二叉树，m 个树叶，n 个节点，深度为 h，则（　　）。

A. $n=h+m$；　　B. $h+m=2n$；　　C. $m=h-1$；　　D. $n=2^h-1$。

3. 对二叉树实现左右子树交换，不能采用的算法为（　　）。

A. 先序遍历；　　B. 中序遍历；　　C. 后序遍历；　　D. 以上都行。

4. 高度为 k（>=0）的二叉树，最多有（　　）个节点。

A. $2^k-1$；　　B. $2k-1$；　　C. $2k$；　　D. $2^{k-1}$

5. 由 a、b、c 3 个节点构成的二叉树，共有（　　）种不同的结构。

A. 3；　　B. 6；　　C. 5；　　D. 4。

### 二、简答题

1. 一棵二叉树利用顺序存储方法存储，如图 7.27 所示，请给出这棵二叉树的二叉链表表示，并写出它的前序、中序、后序遍历序列。

| 1 | 2 | 3 | 4 | 5 | 6 | 7 | 8 | 9 | 10 | 11 | 12 | 13 | 14 | 15 |
|---|---|---|---|---|---|---|---|---|---|---|---|---|---|---|
| a | b | c | d | e | g | | | | f | | | h | | |

图 7.27　二叉树顺序存储

2. 写出图 7.28 中树的后根遍历，并把该树转换成二叉树。

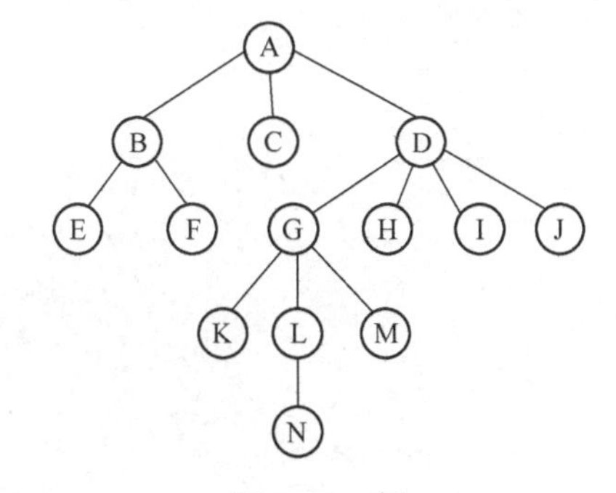


图 7.28　树

3. 设二叉树的存储结构如表 7.2 所示。

**表 7.2　二叉树的存储结构**

| | 1 | 2 | 3 | 4 | 5 | 6 | 7 | 8 | 9 | 10 |
|---|---|---|---|---|---|---|---|---|---|---|
| left | 0 | 0 | 2 | 3 | 7 | 5 | 8 | 0 | 10 | 1 |
| data | J | H | F | D | B | A | C | E | G | I |
| right | 0 | 0 | 0 | 9 | 4 | 0 | 0 | 0 | 0 | 0 |

其中 root 为根节点指针，left、right 分别为左右孩子指针域，data 为节点的数据域。请完成下列各题。

1）画出二叉树 root 的逻辑结构。

2）写出按先序、中序和后序遍历二叉树所得到的节点序列。

4. 给定数集 w={2,3,4,7,8,9}，试构造关于 w 的一棵哈夫曼树，并求出其加权路径长度 WPL。

5. 已知二叉树的中序和后序遍历序列如下，试构造该二叉树。

中序：A C B D H G E F。

后序：A B C D E F G H。

# 第 8 章　图

本章首先介绍了图的性质，图的两种存储方式——邻接矩阵和邻接表，然后详细介绍了深度优先遍历和广度优先遍历两种遍历方式，介绍了最小生成树实现算法——克鲁斯卡尔（Kruskal）算法和普里姆（Prim）算法。最后，介绍了两种最短路径算法——迪杰斯特拉（Dijkstra）算法和弗洛伊德（Floyd）算法。

## 8.1　图的概述

### 8.1.1　图的相关概念

图是一种比线性表和树更为复杂的数据结构，在交通规划、电路设计和互联网分析等领域都有着广泛的应用。在树形结构中，数据元素之间有着明显的层次关系，每一层的数据元素可能和下一层中多个元素（孩子）相关，但只能和上一层中一个元素相关。在图形结构中，节点之间的关系可以是任意的，任意两个数据元素之间都可能相关。

关于图的相关术语如下。

- 顶点：顶点也称为节点，是图的基本部分。
- 边：边也称为弧，是图的另一个基本部分。边连接两个顶点，以表明它们之间存在关系。边可以是单向的或双向的。如果图中的边都是单向的，称该图为有向图。如果图中的边是双向的，称该图为无向图。
- 权重：边可以被加权以表示从一个顶点到另一个顶点的成本。例如，在将一个城市连接到另一个城市的道路的图表中，边上的权重可以表示两个城市之间的距离。

图 G 由两个集合 V 和 E 组成，可记为：

$$G=(V,E) \tag{8-1}$$

其中，V 是顶点的有穷非空集合，E 是 V 中顶点之间的边的有穷集。图 8.1 中顶点集 V(G)＝{a,b,c,d,e}，关系集 E(G)＝{<a,b>,<a,e>,<b,c>,<c,d>,<d,a>,<d,b>,<e,c>}。

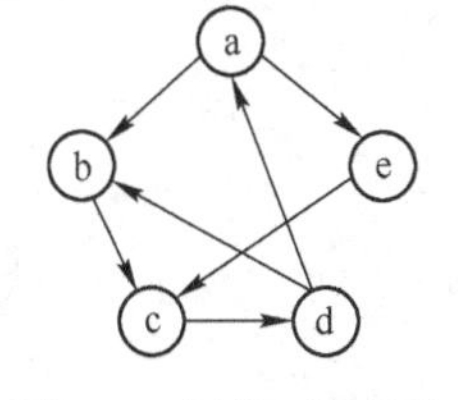

图 8.1　图的逻辑结构

### 8.1.2　NetworkX 库

NetworkX 库是一个用 Python 语言开发的图论与复杂网络建模工具，支持创建简单无向图、有向图和多重图；内置许多标准的图论算法，节点可为任意数据；支持任意的边值维度，内置了常用的图论与复杂网络分析算法，可以方便地进行复杂网络数据分析、仿真建模等工作，功能丰富，简单易用。

要实现 NetworkX 的制图功能，需要安装 Matplotlib 和 NumPy，参见附录 B。

## 8.2 图的存储

图的存储方式有邻接矩阵和邻接表等。

### 8.2.1 邻接矩阵

邻接矩阵（Adjacency Matrix）用一维数组存储图的顶点信息，用矩阵表示图中各顶点之间的邻接关系。邻接矩阵很容易确定顶点间是否相连，但要确定有多少条边，必须按行或按列扫描，时间代价很大，这是邻接矩阵的局限性。

对于 n 个顶点的无向图，其邻接矩阵是一个 n×n 的方阵，定义为：

$$A[i][j]=\begin{cases}1 & <v_i,v_j>\in E\\ 0 & \text{其他}\end{cases} \tag{8-2}$$

【**例 8-1**】以图 8.2 所示的无向图为例，其邻接矩阵如下。

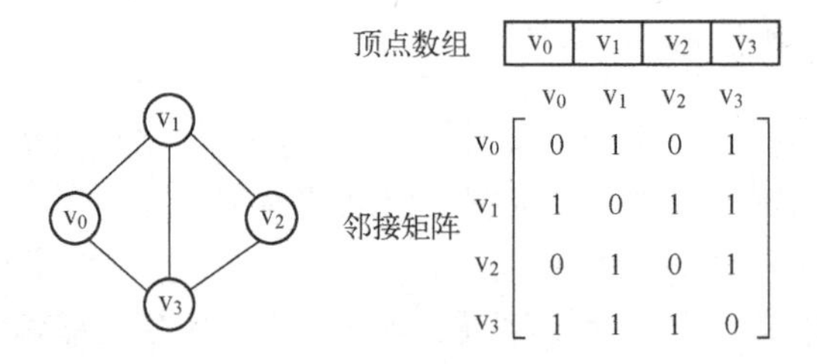


图 8.2　邻接矩阵

对于 n 个顶点的有向图，其邻接矩阵是一个 n×n 的方阵，定义为：

$$A[i][j]=\begin{cases}1 & <v_i,v_j>\in E\\ 0 & i==j\\ \infty & \text{其他}\end{cases} \tag{8-3}$$

【**例 8-2**】以图 8.3 所示的有向图为例，其邻接矩阵如下。

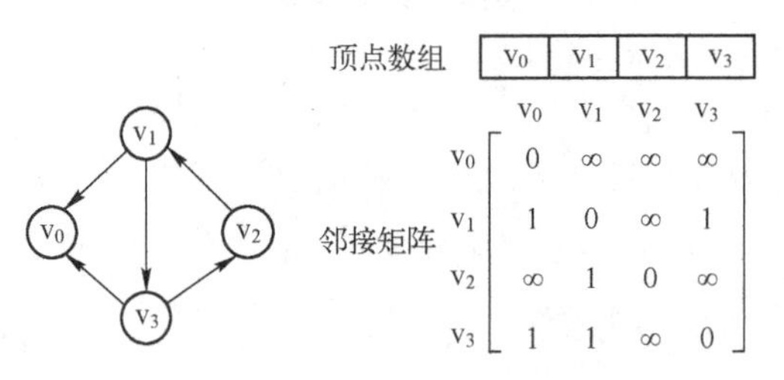


图 8.3　有向图的邻接矩阵

加权图用 $w_{ij}$ 表示边 $<v_i,v_j>$ 的权值。如果边不存在，则在矩阵中赋∞值，其邻接矩阵为：

$$A[i][j]=\begin{cases}w_{ij} & <v_i,v_j>\in E\\ \infty & \text{其他}\end{cases} \tag{8-4}$$

【**例 8-3**】以图 8.4 所示的加权图为例，其邻接矩阵如下。

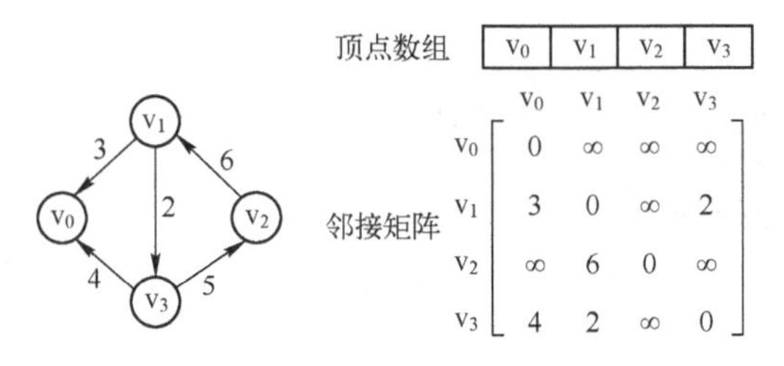


图 8.4　加权有向图的邻接矩阵

邻接矩阵具有以下特点。

- 无向图邻接矩阵是一个对称矩阵。因此，只需存放上（或下）三角元素即可。
- 无向图邻接矩阵的第 i 行（或第 i 列）非零元素（或非∞元素）个数是第 i 个顶点的度。
- 有向图邻接矩阵的第 i 行（或第 i 列）非零元素（或非∞元素）个数是顶点 i 的出度（或入度）。

**【例 8-4】** 图的邻接矩阵举例。

```
import networkx as nx                                   #调用 NetworkX
import matplotlib. pyplot as plt                        #调用 Matplotlib,绘制图
class Graph_Matrix:                                     #邻接矩阵 Adjacency Matrix
    def __init__(self, vertices=[], matrix=[]):
        self. matrix = matrix
        self. edges_dict = {}                           #{(tail, head):weight}
        self. edges_array = []                          #(tail, head, weight)
        self. vertices = vertices
        self. num_edges = 0
        if len(matrix) > 0:                             #创建边的列表
            if len(vertices) != len(matrix):
                raiseIndexError
            self. edges = self. getAllEdges()
            self. num_edges = len(self. edges)
        elif len(vertices) > 0:                         #节点列表
            self. matrix = [[0 for col in range(len(vertices))] for row in range(len(vertices))]
        self. num_vertices = len(self. matrix)
    defisOutRange(self, x):                             #越界
        try:
            if x >= self. num_vertices or x <= 0:
                raise IndexError
        except IndexError:
            print("节点下标出界")
    def isEmpty(self):                                  #是否为空
        if self. num_vertices == 0:
            self. num_vertices = len(self. matrix)
        return self. num_vertices == 0
    def add_vertex(self, key):                          #添加节点
        if key not in self. vertices:
            self. vertices[key] = len(self. vertices) + 1
```

```
        #添加一个节点意味着添加行和列，对每一行都添加一列
        for i in range(self.getVerticesNumbers()):
            self.matrix[i].append(0)
        self.num_vertices += 1
        nRow = [0] * self.num_vertices
        self.matrix.append(nRow)
    defgetVertex(self, key):                    #返回节点
        pass
    def add_edges_from_list(self, edges_list):  #边列表：[(tail, head, weight),()]
        for i in range(len(edges_list)):
            self.add_edge(edges_list[i][0], edges_list[i][1], edges_list[i][2], )
    def add_edge(self, tail, head, cost=0):     #添加边
        if tail not in self.vertices:
            self.add_vertex(tail)
        if head not in self.vertices:
            self.add_vertex(head)
        self.matrix[self.vertices.index(tail)][self.vertices.index(head)] = cost
        self.edges_dict[(tail, head)] = cost
        self.edges_array.append((tail, head, cost))
        self.num_edges = len(self.edges_dict)
    def getEdges(self, V):                      #返回边
        pass
    def getVerticesNumbers(self):               #返回节点数目
        if self.num_vertices == 0:
            self.num_vertices = len(self.matrix)
        return self.num_vertices
    def getAllVertices(self):                   #返回所有的节点
        return self.vertices
    def getAllEdges(self):                      #返回所有的边
        for i in range(len(self.matrix)):
            for j in range(len(self.matrix)):
                if 0 < self.matrix[i][j] < float('inf'):
                    self.edges_dict[self.vertices[i], self.vertices[j]] = self.matrix[i][j]
                    self.edges_array.append([self.vertices[i], self.vertices[j], self.matrix[i][j]])
        return self.edges_array
    def __repr__(self):
        return str(''.join(str(i) for i in self.matrix))
    def to_do_vertex(self, i):
        print('vertex: %s' % (self.vertices[i]))
    def to_do_edge(self, w, k):
        print('edge tail: %s, edge head: %s, weight: %s' % (self.vertices[w], self.vertices[k],
str(self.matrix[w][k])))
def create_undirected_matrix(my_graph):
    nodes = ['a', 'b', 'c', 'd', 'e', 'f', 'g', 'h']
    matrix = [[0, 1, 1, 1, 1, 1, 0, 0],      #a
              [0, 0, 1, 0, 1, 0, 0, 0],      #b
              [0, 0, 0, 1, 0, 0, 0, 0],      #c
```

```
                [0, 0, 0, 0, 1, 0, 0, 0],  #d
                [0, 0, 0, 0, 0, 1, 0, 0],  #e
                [0, 0, 1, 0, 0, 0, 1, 1],  #f
                [0, 0, 0, 0, 0, 1, 0, 1],  #g
                [0, 0, 0, 0, 0, 1, 1, 0]]  #h

    my_graph = Graph_Matrix(nodes, matrix)
    print(my_graph)
    return my_graph
def draw_undircted_graph(my_graph):
    G = nx.Graph()                          #建立一个空的无向图 G
    for node in my_graph.vertices:          #添加节点
        G.add_node(str(node))
    for edge in my_graph.edges:             #添加边
        G.add_edge(str(edge[0]), str(edge[1]))
    print("nodes:", G.nodes())              #输出全部的节点
    print("edges:", G.edges())              #输出全部的边
    print("number of edges:", G.number_of_edges())  #输出边的数量
    nx.draw(G, with_labels=True)
    plt.savefig("undirected_graph.png")
    plt.show()
if __name__=='__main__':
    my_graph = Graph_Matrix()
    create_graph=create_undirected_matrix(my_graph)
    draw_undircted_graph(create_graph)
```

【程序运行结果】

```
[0, 1, 1, 1, 1, 1, 0, 0][0, 0, 1, 0, 1, 0, 0, 0][0, 0, 0, 1, 0, 0, 0, 0][0, 0, 0, 0, 1, 0, 0, 0]
[0, 0, 0, 0, 0, 1, 0, 0][0, 0, 1, 0, 0, 0, 1, 1][0, 0, 0, 0, 0, 1, 0, 1][0, 0, 0, 0, 0, 1, 1, 0]
nodes: ['a', 'b', 'c', 'd', 'e', 'f', 'g', 'h']
edges: [('a', 'b'), ('a', 'c'), ('a', 'd'), ('a', 'e'), ('a', 'f'), ('b', 'c'), ('b', 'e'), ('c', 'd'), ('c
', 'f'), ('d', 'e'), ('e', 'f'), ('f', 'g'), ('f', 'h'), ('g', 'h')]
number of edges: 14
```

程序运行如图 8.5 所示。

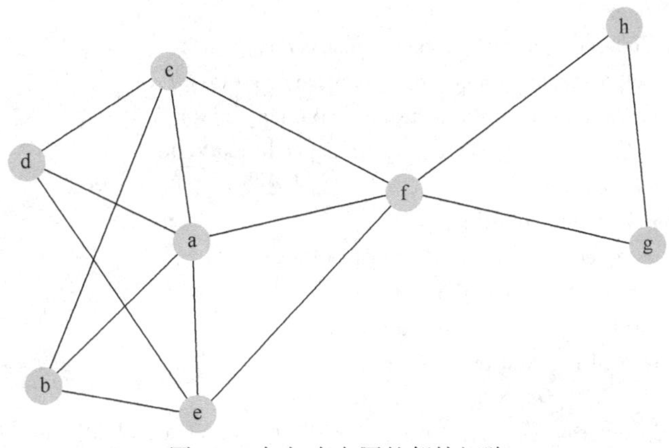


图 8.5 加权有向图的邻接矩阵

## 8.2.2 邻接表

邻接表采用顺序存储与链式存储相结合的方法。对于图 G 中的每个顶点 $v_i$，将所有邻接于 $v_i$的顶点 $v_j$链成一个单链表，这个单链表称为顶点 $v_i$的邻接表，再将所有点的邻接表的表头放到数组中，就构成了图的邻接表。邻接表如图 8.6 所示。

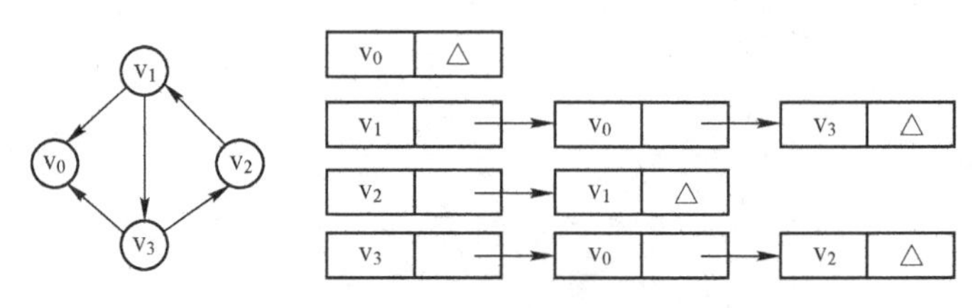


图 8.6 邻接表

【例 8-5】图的邻接表举例。

```
class Vertex:      #顶点类
    def __init__(self,name):
        self.name = name
        self.next = []
class Graph:
    def __init__(self):
        self.vertexList = {}
def addVertex(self,vertex):                  #图中添加一个顶点 Vertex
        if vertex in self.vertexList:
            return
        self.vertexList[vertex] = Vertex(vertex)
def addEdge(self,fromVertex,toVertex):       #添加从顶点 fromVertex 到顶点 toVertex 的边
        if fromVertex == toVertex:
            return
        if fromVertex not in self.vertexList:
            print("vertexList has no ",fromVertex)
            return
        if toVertex not in self.vertexList:
            print("vertexList has no ", toVertex)
            return
        if(toVertex not in self.vertexList[fromVertex].next):
            self.vertexList[fromVertex].next.append(toVertex)
        if(fromVertex not in self.vertexList[toVertex].next):
            self.vertexList[toVertex].next.append(fromVertex)
def removeVertex(self,vertex):               #图中删除一个顶点 Vertex
        if vertex in self.vertexList:
            removed = self.vertexList.pop(vertex)
            removed = removed.name
            for key, vertex in self.vertexList.items():
                if removed in vertex.next:
                    vertex.next.remove(removed)
def removeEdge(self,fromVertex,toVertex): #删除从 fromVertex 到 toVertex 的边
```

```
        if fromVertex not in self. vertexList:
            if fromVertex not in self. vertexList:
                print( "vertexList has no ", fromVertex)
                return
            if toVertex not in self. vertexList:
                print( "vertexList has no ", toVertex)
                return
        if fromVertex in self. vertexList[ toVertex]. next:
            self. vertexList[ fromVertex]. next. remove( toVertex)
            self. vertexList[ toVertex]. next. remove( fromVertex)
if __name__ == "__main__":
G = Graph( )
for i in range( 1,8):
        G. addVertex( i)
for i in range( 1,7):
        G. addEdge( i,i+1)
for i,g in G. vertexList. items( ):
        print( i,g. next)
print( "删除节点 2")
G. removeVertex( 2)
for i,g in G. vertexList. items( ):
        print( i,g. next)
print( "删除节点 4 与节点 3 之间的边")
G. removeEdge( 4,3)
for i,g in G. vertexList. items( ):
        print( i,g. next)
```

【程序运行结果】

```
1 [2]
2 [1, 3]
3 [2, 4]
4 [3, 5]
5 [4, 6]
6 [5, 7]
7 [6]
删除节点 2
1 [ ]
3 [4]
4 [3, 5]
5 [4, 6]
6 [5, 7]
7 [6]
删除节点 4 与节点 3 之间的边
1 [ ]
3 [ ]
4 [5]
5 [4, 6]
```

```
6 [5, 7]
7 [6]
```

## 8.3 图的遍历

从图中某个顶点出发访问图中其余顶点且仅访问一次的过程称为图的遍历。图的遍历有两种方式深度优先遍历和广度优先遍历。

### 8.3.1 深度优先遍历

深度优先遍历类似于树的先根遍历。假设从图中某个顶点 v 出发，访问此顶点，然后依次从 v 未被访问的邻接点出发深度优先遍历图，直至图中所有和 v 有路径相通的顶点都被访问到；若此时图中尚有顶点未被访问，则另选图中一个未曾被访问的顶点作起始点，重复上述过程，直至图中所有顶点都被访问到为止。

**【例 8-6】** 以图 8.7 为例，说明如何进行深度优先遍历。

**【解析】** 假设顶点 abcdefg 是按照顺序存储，从顶点 a 出发，深度优先遍历如图 8.8 所示。

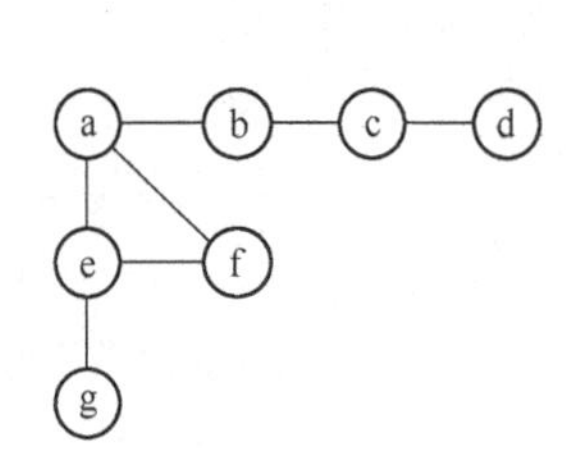


图 8.7　无向图 G

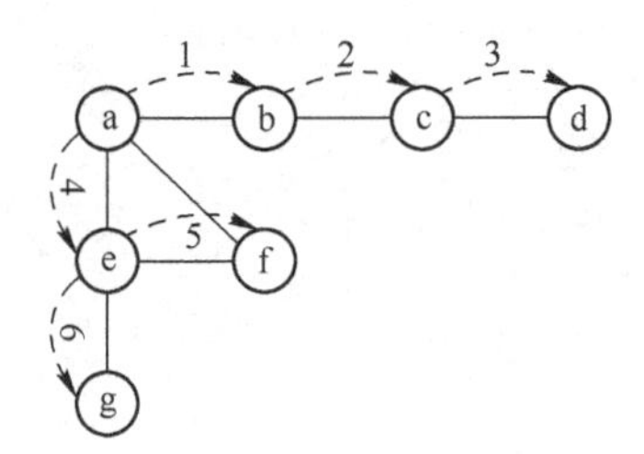


图 8.8　深度优先遍历

深度优先遍历的详细步骤如下所述。

1）访问 a。

2）访问 a 的邻接点 b，接下来应该访问的是 a 的邻接点，即 e、f、b 中的一个。b 在 e 和 f 的前面，因此先访问 b。

3）访问 b 的邻接点 c。

4）访问 c 的邻接点 d。

5）访问 a 的邻接点 e（d 没有未被访问的邻接点，回溯到 c 和 b，也没有未被访问的邻接点，回溯到 a，访问 a 的邻接点 e 和 f 中的一个，e 在 f 前，先访问 e）。

6）访问 e 的邻接点 f（e 有两个未被访问的邻接点 g 和 f，f 在前，先访问 f）。

7）访问 e 的邻接点 g。（f 没有未被访问的邻接点，回溯到 e，访问 e 的另外一个未被访问的另节点 g）。

因此访问顺序是：a→b→c→d→e→f→g。

**【例 8-7】** 针对图 8.9，采用递归深度优先和迭代深度优先两种方式实现深度优先遍历，其邻接矩阵代码表述如下。

```
G = [
    {1, 2, 3},  #0
    {0, 4, 6},  #1
    {0, 3},  #2
    {0, 2, 4},  #3
    {1, 3, 5, 6},  #4
    {4, 7},  #5
    {1, 4},  #6
    {5, }     #7
]
```

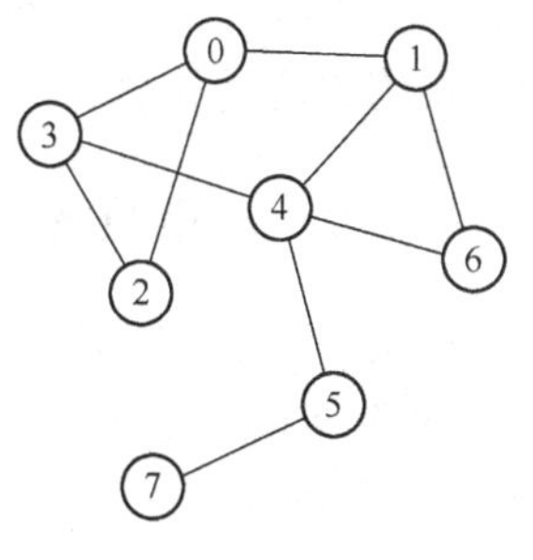

图 8.9 例 8-7 无向图

【递归深度优先代码】

```
from collections import deque
def dfs(G, v, visited=set()):
    print(v," ",end="")
    visited.add(v)  #用来存放已经访问过的顶点
    #G[v] 是这个顶点的相邻的顶点
    for u in G[v]:
      #这一步很重要,否则进入无限循环,只有当这个顶点没有出现在这个集合中才会访问
        if u not in visited:
            dfs(G, u, visited)
print('递归深度优先 dfs')
dfs(G, 0)
```

【程序运行结果】

```
递归深度优先 dfs
0  1  4  3  2  5  7  6
```

【迭代深度优先代码】

```
from collections import deque
def dfs_iter(G, v):
    visited = set()
    s = [v]
    while s:
        u = s.pop()
        if u not in visited:
            print(u," ",end="")
            visited.add(u)
            s.extend(G[u])
print('迭代深度优先 dfs')
dfs_iter(G, 0)
```

【程序运行结果】

```
迭代深度优先 dfs
0  3  4  6  1  5  7  2
```

为了在遍历过程中便于区分顶点是否已被访问，需附设访问标志数组 visited[0:n-1]，

其初值为 False，一旦某个顶点被访问，设置为 True。可以看到，由于第一次选择的节点不同，最终深度优先遍历得到的顺序结果不同。

### 8.3.2 广度优先遍历

广度优先遍历类似于树的层次遍历。假设从图中某顶点 v 出发，在访问了 v 之后依次访问 v 的各个未曾访问过的邻接点，再分别从这些邻接点出发依次访问它们的邻接点，保证"先被访问的顶点的邻接点"先于"后被访问的顶点的邻接点"被访问，直至图中所有已被访问的顶点的邻接点都被访问。若图中尚有顶点未被访问，则另选图中一个未曾被访问的顶点作起始点，重复上述过程，直至图中所有顶点都被访问到为止。

**【例 8-8】** 以图 8.7 为例，说明广度优先遍历的搜索过程。

**【解析】** 假设顶点 abcdefg 按照顺序存储，从顶点 a 开始，广度优先遍历如图 8.10 所示。

广度优先遍历的详细步骤如下所述。

1）访问 a。

2）依次访问 b、e、f（访问 a 的邻接点 b、e、f）。

3）依次访问 c、g（访问 b 的邻接点 c，再访问 e 的邻接点 f）。

4）访问 d（访问 c 的邻接点 d）。

因此访问顺序是：a→b→e→f→c→g→d

**【例 8-9】** 针对图 8.11 进行广度优先遍历，具体实现如下所示。

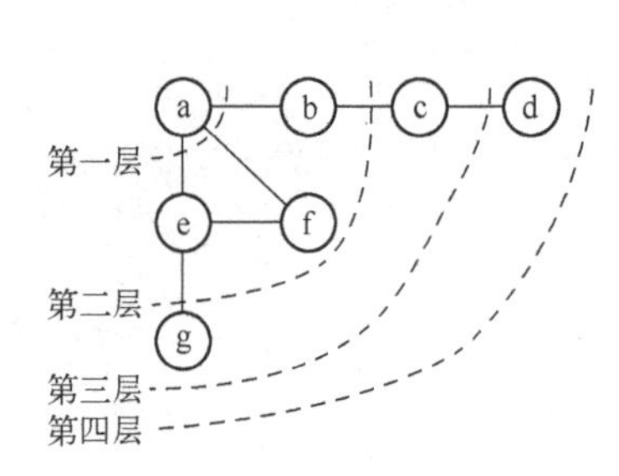


图 8.10 广度优先遍历

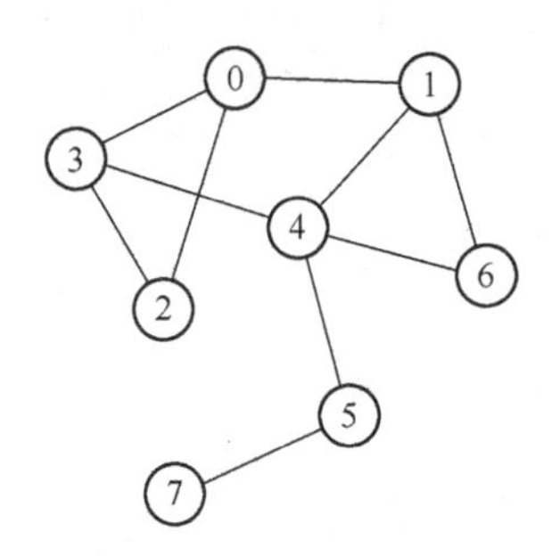


图 8.11 例 8-9 无向图

【代码】

```
from collections import deque
G = [
    {1, 2, 3},  #0
    {0, 4, 6},  #1
    {0, 3},  #2
    {0, 2, 4},  #3
    {1, 3, 5, 6},  #4
    {4, 7},  #5
    {1, 4},  #6
    {5, }      #7
```

```
    ]
    print(G)
    def bfs(G, v):
        q = deque([v])
        #同样需要声明一个集合来存放已经访问过的顶点,也可以用列表
        visited = {v}
        while q:
            u = q.popleft()
            print(u," ",end="")
            for w in G[u]:
                if w not in visited:
                    q.append(w)
                    visited.add(w)
    print('广度优先 bfs')
    bfs(G, 0)
```

【程序运行结果】

```
[{1, 2, 3}, {0, 4, 6}, {0, 3}, {0, 2, 4}, {1, 3, 5, 6}, {4, 7}, {1, 4}, {5}]
广度优先 bfs
0  1  2  3  4  6  5  7
```

## 8.4 最小生成树

图的生成树（Spanning Tree），若一个无向图 G 的生成子图是一棵树，则称之为 G 的生成树。对于有 n 个节点的无向连通图，无论其生成树的形态如何，所有的生成树必然没有回路，而且都有且仅有 n-1 条边。当无向连通图是一个加权图，其所有生成树中必有一棵边的权值总和最小的生成树，称为最小生成树。最小生成树实现算法有克鲁斯卡尔（Kruskal）算法和普里姆（Prim）算法。

### 8.4.1 克鲁斯卡尔（Kruskal）算法

克鲁斯卡尔（Kruskal）算法是一种按照图中边的权值递增的顺序构造最小生成树的方法，其基本思路是：设无向连通图为 G=(V,E)，令 G 的最小生成树为 T=(U,TE)，其初态为 U=V，TE={}，按照边的权值由小到大的顺序，考察 G 的边集 E 中的各条边。若被考察边的两个顶点属于 T 的两个不同的连通分量，则将此边作为最小生成树的边加入到 T 中，同时把两个连通分量连接为一个连通分量；若被考察边的两个顶点属于同一个连通分量，则舍去此边，以免造成回路。以此类推，当 T 中的连通分量个数为 1 时，构成最小生成树。

**【例 8-10】** Kruskal 算法如图 8.12 所示。

将无向连通图图 8.12a 边的权值按由小到大的升序构造最小生成树，过程从图 8.12b～图 8.12f。图 8.12a 共有 6 个节点，最小生成树有 n-1=5 条边。

**【例 8-11】** 用 Kruskal 算法实现图 8.13 的最小生成树。

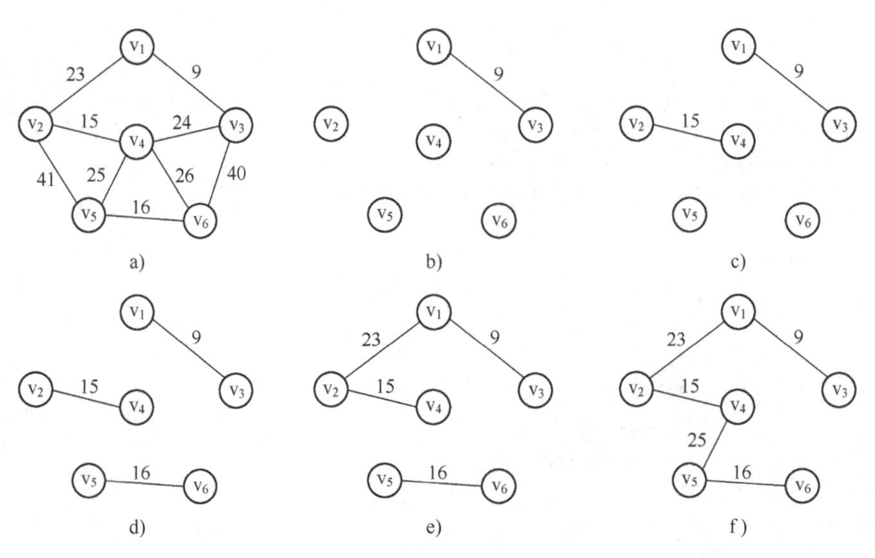


图 8.12　Kruskal 算法示意图

【代码】

图 8.13　例 8-11 无向图

```
#coding=utf-8
class Graph(object):
    def __init__(self, maps):
        self.maps = maps
        self.nodenum = self.get_nodenum()    #节点
        self.edgenum = self.get_edgenum()    #边数
    def get_nodenum(self):
        return len(self.maps)
    def get_edgenum(self):
        count = 0
        for i in range(self.nodenum):
            for j in range(i):
                if self.maps[i][j] > 0 and self.maps[i][j] < 9999:
                    count += 1
        return count
    def kruskal(self):
        res = []
        if self.nodenum <= 0 or self.edgenum < self.nodenum-1:
            return res
        edge_list = []
        for i in range(self.nodenum):
            for j in range(i,self.nodenum):
                if self.maps[i][j] < 9999:
                    edge_list.append([i, j, self.maps[i][j]])#按[begin, end, weight]形式加入
        edge_list.sort(key=lambda a:a[2])    #已经排好序的边集合
        group = [[i] for i in range(self.nodenum)]
        for edge in edge_list:
            for i in range(len(group)):
```

```
                if edge[0] in group[i]:
                    m = i
                if edge[1] in group[i]:
                    n = i
            if m != n:
                res.append(edge)
                group[m] = group[m] + group[n]
                group[n] = []
        return res
max_value = 9999
row0 = [0,7,max_value,max_value,max_value,5]
row1 = [7,0,9,max_value,3,max_value]
row2 = [max_value,9,0,6,max_value,max_value]
row3 = [max_value,max_value,6,0,8,10]
row4 = [max_value,3,max_value,8,0,4]
row5 = [5,max_value,max_value,10,4,0]
maps = [row0, row1, row2,row3, row4, row5]
graph = Graph(maps)
print('邻接矩阵为\n%s'%graph.maps)
print('节点数据为%d,边数为%d\n'%(graph.nodenum, graph.edgenum))
print('------最小生成树 Kruskal 算法------')
print(graph.kruskal())
```

【程序运行结果】

```
邻接矩阵为
[[0, 7, 9999, 9999, 9999, 5],
 [7, 0, 9, 9999, 3, 9999],
 [9999, 9, 0, 6, 9999, 9999],
 [9999, 9999, 6, 0, 8, 10],
[9999, 3, 9999, 8, 0, 4],
[5, 9999, 9999, 10, 4, 0]]
节点数据为 6,边数为 8
------最小生成树 Kruskal 算法------
[[1, 4, 3], [4, 5, 4], [0, 5, 5], [2, 3, 6], [3, 4, 8]]
```

程序运行结果如图 8.14 所示。

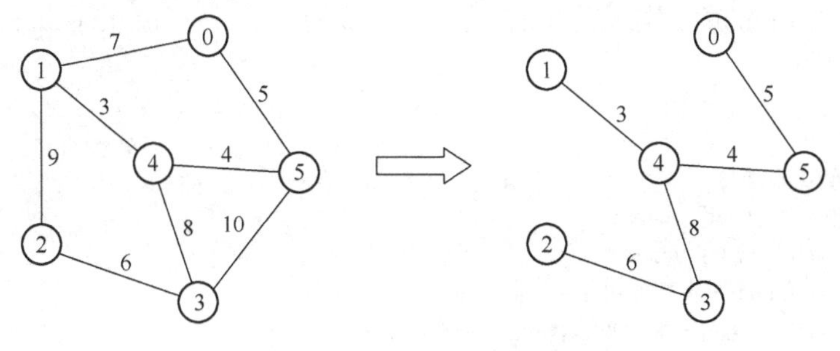


图 8.14　kruskal 算法运行结果图

### 8.4.2 普里姆（Prim）算法

假设图 G=(V,E)中 V 为图中所有顶点的集合，E 为图中所有边的集合。设置两个新集合 U 和 T，其中集合 U 存放 G 的最小生成树的顶点，集合 T 存放 G 的最小生成树的边。令集合 U 的初值为 U={$v_1$}（假设构造最小生成树时，从顶点 $v_1$ 出发），集合 T 的初值为 T={}。从所有 u∈U，v∈V-U 的边中，选取具有最小权值的边(u,v)，将顶点 v 加入集合 U 中，将边(u,v)加入集合 T 中，如此不断重复，直到 U=V 时，最小生成树构造完毕，这时集合 T 中包含了最小生成树的所有边。Prim 算法如图 8.15 所示。

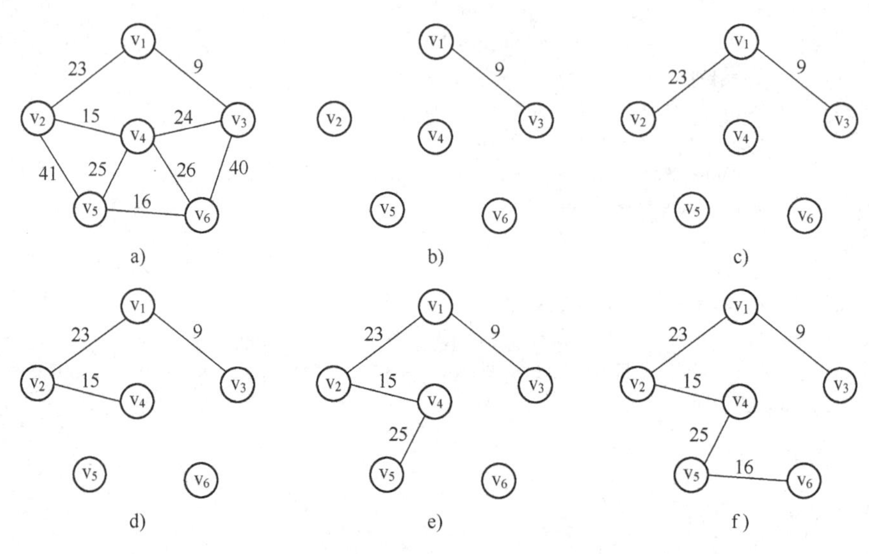

图 8.15　Prim 算法示意图

Prim 算法可用下述过程描述。

1）算法从 U={$v_1$}($v_1$∈V)，T={}开始。

2）在所有 u∈U，v∈V-U 的边(u,v)∈E 中找一条代价最小的边(u,v)。

3）(u,v)并入集合 T，同时 v 并入 U。

4）重复 2)和 3)，直到 U=V 为止。此时 T 中必有 n-1 条边，则(V,T)为 N 的最小生成树。

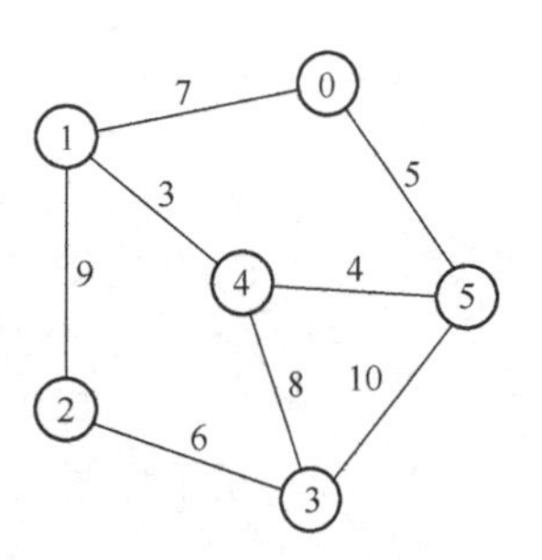

图 8.16　例 8-11 无向图

**【例 8-12】** 用 Prim 算法实现图 8.16 的最小生成树。

**【代码】**

```
#coding=utf-8
class Graph(object):
    def __init__(self, maps):
        self.maps = maps
        self.nodenum = self.get_nodenum()
        self.edgenum = self.get_edgenum()
    def get_nodenum(self):
        return len(self.maps)
```

```
    def get_edgenum(self):
        count = 0
        for i in range(self.nodenum):
            for j in range(i):
                if self.maps[i][j] > 0 and self.maps[i][j] < 9999:
                    count += 1
        return count
    def prim(self):
        res = []
        if self.nodenum <= 0 or self.edgenum < self.nodenum-1:
            return res
        res = []
        seleted_node = [0]
        candidate_node = [i for i in range(1, self.nodenum)]
        while len(candidate_node) > 0:
            begin, end, minweight = 0, 0, 9999
            for i in seleted_node:
                for j in candidate_node:
                    if self.maps[i][j] < minweight:
                        minweight = self.maps[i][j]
                        begin = i
                        end = j
            res.append([begin, end, minweight])
            seleted_node.append(end)
            candidate_node.remove(end)
        return res
max_value = 9999
row0 = [0,7,max_value,max_value,max_value,5]
row1 = [7,0,9,max_value,3,max_value]
row2 = [max_value,9,0,6,max_value,max_value]
row3 = [max_value,max_value,6,0,8,10]
row4 = [max_value,3,max_value,8,0,4]
row5 = [5,max_value,max_value,10,4,0]
maps = [row0, row1, row2,row3, row4, row5]
graph = Graph(maps)
print('邻接矩阵为\n%s'%graph.maps)
print('节点数据为%d,边数为%d\n'%(graph.nodenum, graph.edgenum))
print('------最小生成树 Prim 算法')
print(graph.prim())
```

【程序运行结果】

```
邻接矩阵为
[[0, 7, 9999, 9999, 9999, 5],
 [7, 0, 9, 9999, 3, 9999],
 [9999, 9, 0, 6, 9999, 9999],
 [9999, 9999, 6, 0, 8, 10],
[9999, 3, 9999, 8, 0, 4],
```

```
[5, 9999, 9999, 10, 4, 0]]
节点数据为 6,边数为 8
------最小生成树 Prim 算法
[[0, 5, 5], [5, 4, 4], [4, 1, 3], [4, 3, 8], [3, 2, 6]]
```

程序运行结果如图 8.17 所示。

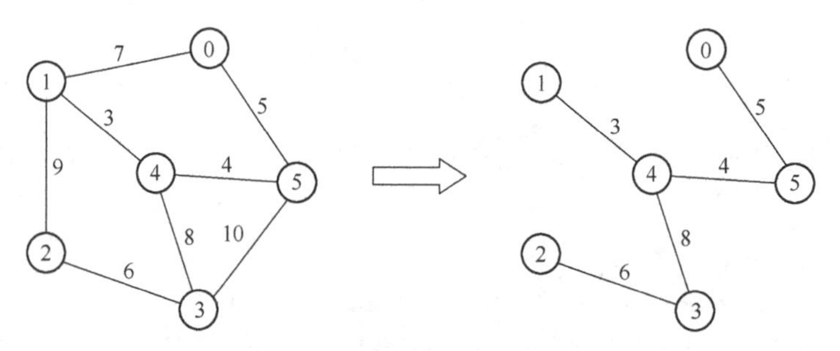


图 8.17　Prim 算法运行结果图

## 8.5　最短路径

最短路径问题是图的应用中典型的问题。下面介绍两种最短路径算法：迪杰斯特拉（Dijkstra）算法和弗洛伊德（Floyd）算法。迪杰斯特拉（Dijkstra）算法用于解决从一个源点到其他点的最短路径问题。弗洛伊德（Floyd）算法用于解决每一对顶点之间的最短路径问题。

### 8.5.1　迪杰斯特拉（Dijkstra）算法

Dijkstra 是著名的荷兰计算机科学家，他提出了著名的“goto 语句有害论”、信号量和 PV 原语，设计了第一个 Algol 60 编译器等，荣获 1972 年的图灵奖。Dijkstra 算法用于解决单源最短路径问题，其描述如下：给定带权有向图 G=(V,E)，如图 8.18a 所示，每条边的权是非负实数。给定 V 中的一个顶点，称为源（顶点 1）。计算从源到其他所有各顶点的最短路径长度（路径长度指路径上各边权之和）。

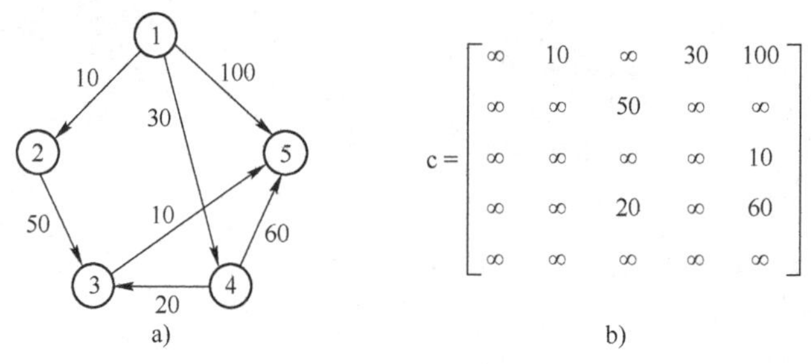


图 8.18　单源最短路径问题

基于贪心策略的 Dijkstra 算法的基本思想是：设置顶点集合 S 并不断地做贪心选择来扩充这个集合。一个顶点属于集合 S 当且仅当从源到该顶点的最短路径长度已知。初始时，S 中仅含有源。设 u 是 G 的某一个顶点，把从源到 u 且中间只经过 S 中顶点的路径称为从源到 u 的特殊路径，并用数组 dist 记录当前每个顶点所对应的最短特殊路径长度。Dijkstra 算法每次从 V-S（顶点集合 V 减去集合 S）中取出具有最短特殊路径长度的顶点 u，将 u 添加到 S 中，同时对数组 dist 进行必要的修改。一旦 S 包含了 V 中所有顶点，dist 就记录了从源到所有其他顶点之间的最短路径长度。假定图 8.18 中的顶点 1 为源，计算顶点 1 到顶点 5 之间的路径，可能有如下几种，显然最短路径长度为 60，如表 8.1 所示。

**表 8.1　Dijkstra 算法计算示例**

| 起点（源） | 终　点 | 路　径 | 路径长度 |
|---|---|---|---|
| 1 | 5 | 1→5 | 100 |
| | | 1→4→5 | 30+60=90 |
| | | 1→2→3→5 | 10+50+10=70 |
| | | 1→4→3→5 | 30+20+10=60 |

算法从顶点集合 S={v}开始（v 是源），将剩下的 n-1 个顶点采用贪心选择法逐步添加到 S 中（扩展 n-1 次），从而求出源到其他各个顶点之间的最短距离和最短路径。

1）数组 s 表示某个顶点是否已加入集合 S，如 s[u]=true；表示顶点 u 已加入集合 S。

2）初始化 dist 数组。

3）初始化集合 S，即 S={v}(dist[v]=0;s[v]=true;)。

4）将剩下的 n-1 个顶点采用贪心选择法逐步添加到 S 中（扩展 n-1 次）。

① **贪心选择法**：依次处理 n 个顶点，将不属于集合 S(!s[j])而且源到该顶点的距离(dist[j])为最小的顶点 u 作为集合 S 中的点加入(s[u] =true;如果 dist[x]<dist[y]，意味着顶点 x 比顶点 y 先加入集合 S)。

② **因为 u 的加入，必须调整源到每个顶点 j 的距离 dist[j]**，源 v 到顶点 j 有可能没有直接连接，但因为 u 的加入实现了间接连接（如源 1 到顶点 3；初始时 1 和 3 之间无连接，当 u=2 时，1 和 3 之间建立了间接连接）；或者因为 u 的加入，源到顶点 j 出现了更短的新路径（源 1 到顶点 5；初始时 1 和 5 之间的距离为 100，当 u = 4 时，1 和 5 之间出现了更短的路径 1→4→5，其距离为 90），如表 8.2 所示。

**表 8.2　Dijkstra 算法的迭代过程**

| 迭　代 | S | u | dist[2] | dist[3] | dist[4] | dist[5] |
|---|---|---|---|---|---|---|
| 初始 | {1} | - | 10 | maxint | 30 | 100 |
| 1 | {1,2} | 2 | 10 | 60 | 30 | 100 |
| 2 | {1,2,4} | 4 | 10 | 50 | 30 | 90 |
| 3 | {1,2,4,3} | 3 | 10 | 50 | 30 | 60 |
| 4 | {1,2,4,3,5} | 5 | 10 | 50 | 30 | 60 |

**【例 8-13】** 以图 8.19 中的带权图 G 为例，实现 Dijkstra 算法。

**【解析】** 以顶点 d 为源点，Dijkstra 算法执行过程如图 8.20 所示。

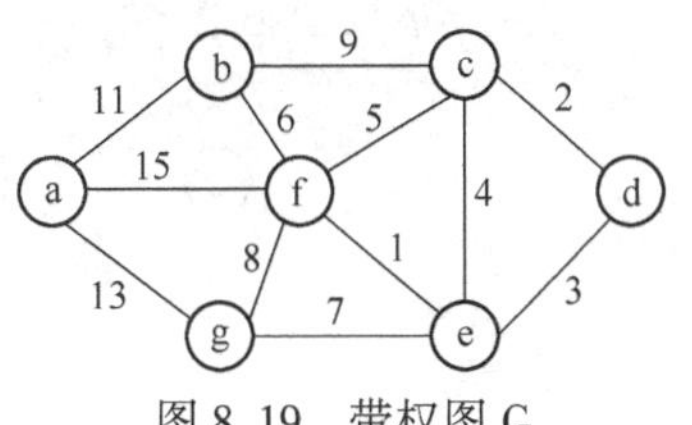


图 8.19　带权图 G

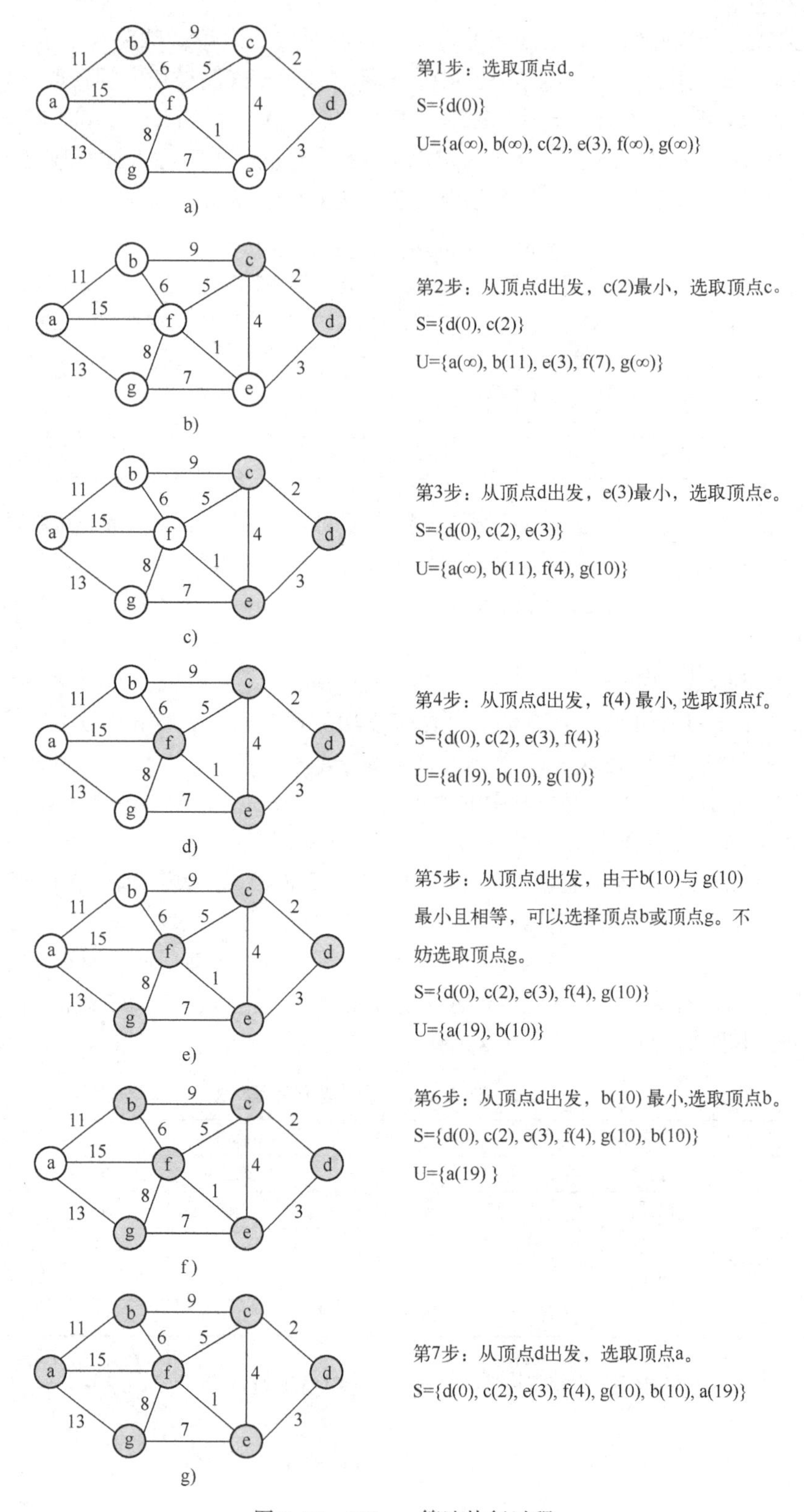

第1步：选取顶点d。
S={d(0)}
U={a(∞), b(∞), c(2), e(3), f(∞), g(∞)}
a)
第2步：从顶点d出发，c(2)最小，选取顶点c。
S={d(0), c(2)}
U={a(∞), b(11), e(3), f(7), g(∞)}
b)
第3步：从顶点d出发，e(3)最小，选取顶点e。
S={d(0), c(2), e(3)}
U={a(∞), b(11), f(4), g(10)}
c)
第4步：从顶点d出发，f(4) 最小, 选取顶点f。
S={d(0), c(2), e(3), f(4)}
U={a(19), b(10), g(10)}
d)
第5步：从顶点d出发，由于b(10)与 g(10)最小且相等，可以选择顶点b或顶点g。不妨选取顶点g。
S={d(0), c(2), e(3), f(4), g(10)}
U={a(19), b(10)}
e)
第6步：从顶点d出发，b(10) 最小,选取顶点b。
S={d(0), c(2), e(3), f(4), g(10), b(10)}
U={a(19) }
f )
第7步：从顶点d出发，选取顶点a。
S={d(0), c(2), e(3), f(4), g(10), b(10), a(19)}
g)


图 8. 20　Dijkstra 算法执行过程

【**例 8-14**】以顶点 0 为源点，用 Dijkstra 算法实现图 8.21 的最短路径。

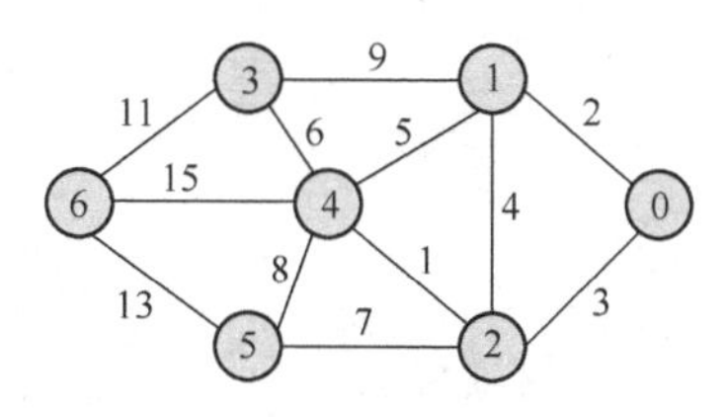


图 8.21 例 8-14 的无向图

【代码】

```
#Dijkstra 算法实现,图和路由的源点作为函数的输入,最短路径作为输出
MAX_value = 99999
def dijkstra(graph,src):
    #判断图是否为空,如果为空直接退出
    if graph is None:
        return None
    nodes = [i for i in range(len(graph))]              #获取图中所有节点
    visited=[]                                          #表示已经路由到最短路径的节点集合
    if src in nodes:
        visited.append(src)
        nodes.remove(src)
    else:
        return None
    distance={src:0}                                    #记录源节点到各个节点的距离
    for i in nodes:
        distance[i]=graph[src][i]                       #初始化
    print("最初每个节点到顶点 0 的距离(节点号:距离)")
    print(distance)
    path={src:{src:[]}}                                 #记录源节点到每个节点的路径
    k=pre=src
    while nodes:
        mid_distance=float('inf')
        for v in visited:
            for d in nodes:
                new_distance = graph[src][v]+graph[v][d]
                if new_distance < mid_distance:
                    mid_distance=new_distance
                    graph[src][d]=new_distance    #进行距离更新
                    k=d
                    pre=v
        distance[k]=mid_distance                        #最短路径
        path[src][k]=[i for i in path[src][pre]]
        path[src][k].append(k)
        #更新两个节点集合
        visited.append(k)
        nodes.remove(k)
```

```
            print("输出节点的添加过程([添加节点],[剩余节点])")
            print(visited,nodes)                    #输出节点的添加过程
        return distance,path
if __name__ == '__main__':
    graph_list = [[0,2,3, MAX_value,MAX_value,MAX_value,MAX_value],
                  [2,0,4,9,5,MAX_value,MAX_value],
                  [3,4,0,MAX_value,1,7,MAX_value],
                  [MAX_value,9,MAX_value, 0, 6, MAX_value,11],
                  [MAX_value,5,1,6,0,8,15],
                  [MAX_value,MAX_value,7,MAX_value,8,0,13],
                  [MAX_value,MAX_value,MAX_value,11,15,13,0]]

    distance,path= dijkstra(graph_list, 0)        #查找从源点0开始带其他节点的最短路径
    print("运行结果:每个节点到顶点0的距离(节点号:距离)")
    print(distance,"\n")
    print("运行结果:每个节点到顶点0的经过节点路径(节点号:[经过节点号])")
    print(path,"\n")
```

【程序运行结果】

```
最初每个节点到顶点0的距离(节点号:距离)
{0: 0, 1: 2, 2: 3, 3: 99999, 4: 99999, 5: 99999, 6: 99999}
输出节点的添加过程([添加节点],[剩余节点])
[0, 1] [2, 3, 4, 5, 6]
输出节点的添加过程([添加节点],[剩余节点])
[0, 1, 2] [3, 4, 5, 6]
输出节点的添加过程([添加节点],[剩余节点])
[0, 1, 2, 4] [3, 5, 6]
输出节点的添加过程([添加节点],[剩余节点])
[0, 1, 2, 4, 5] [3, 6]
输出节点的添加过程([添加节点],[剩余节点])
[0, 1, 2, 4, 5, 3] [6]
输出节点的添加过程([添加节点],[剩余节点])
[0, 1, 2, 4, 5, 3, 6] []
运行结果:每个节点到顶点0的距离(节点号:距离)
{0: 0, 1: 2, 2: 3, 3: 10, 4: 4, 5: 10, 6: 19}
运行结果:每个节点到顶点0的经过节点路径(节点号:[经过节点号])
{0: {0: [], 1: [1], 2: [2], 4: [2, 4], 5: [2, 5], 3: [2, 4, 3], 6: [2, 4, 6]}}
```

### 8.5.2 弗洛伊德（Floyd）算法

弗洛伊德算法以1978年图灵奖获得者、斯坦福大学计算机科学系教授罗伯特·弗洛伊德的名字命名，又称为插点法，用于求解加权图中多源点的任意两点之间的最短路径。弗洛伊德算法的基本思想是：以计算 $v_i$ 到 $v_j$ 的最短路径为例，如果从 $v_i$ 到 $v_j$ 有边，则从 $v_i$ 到 $v_j$ 存在一条长度为 $w_{ij}$ 的路径，但该路径不一定最短，假如在此路径上增加一个节点 $v_0$，如果 $(v_i,v_0,v_j)$ 存在，且 $(v_i,v_j)$ 大于 $(v_i,v_0,v_j)$ 的路径长度，则 $(v_i,v_0,v_j)$ 为 $v_i$ 到 $v_j$ 间的最短路径；假如再增加一个顶点 $v_1$，如果 $(v_i,v_0,v_1,v_j)$ 小于 $(v_i,v_0,v_j)$，则 $(v_i,v_0,v_1,v_j)$ 为 $v_i$ 到 $v_j$ 的最

短路径；以此类推，经过 n 次比较，便可获得从 $v_i$到 $v_j$的最短路径。

**【例 8-15】** Floyd 算法步骤如图 8.22 所示。

第1步：初始化矩阵。

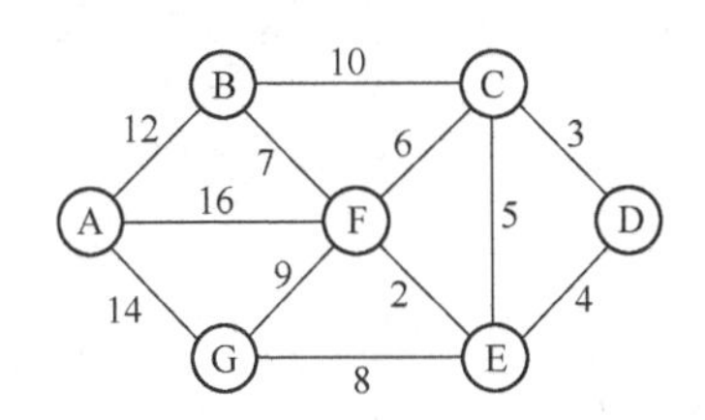


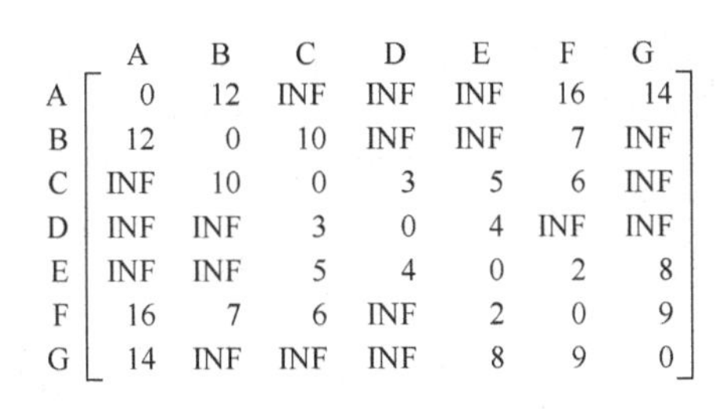

| | A | B | C | D | E | F | G |
|---|---|---|---|---|---|---|---|
| A | 0 | 12 | INF | INF | INF | 16 | 14 |
| B | 12 | 0 | 10 | INF | INF | 7 | INF |
| C | INF | 10 | 0 | 3 | 5 | 6 | INF |
| D | INF | INF | 3 | 0 | 4 | INF | INF |
| E | INF | INF | 5 | 4 | 0 | 2 | 8 |
| F | 16 | 7 | 6 | INF | 2 | 0 | 9 |
| G | 14 | INF | INF | INF | 8 | 9 | 0 |

第2步：以顶点A为中介点，更新矩阵。

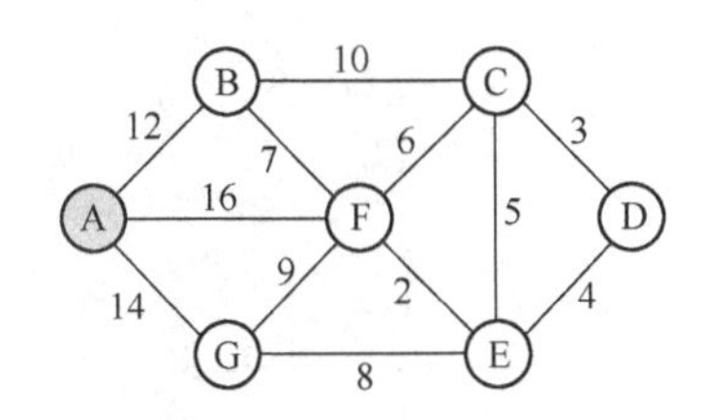


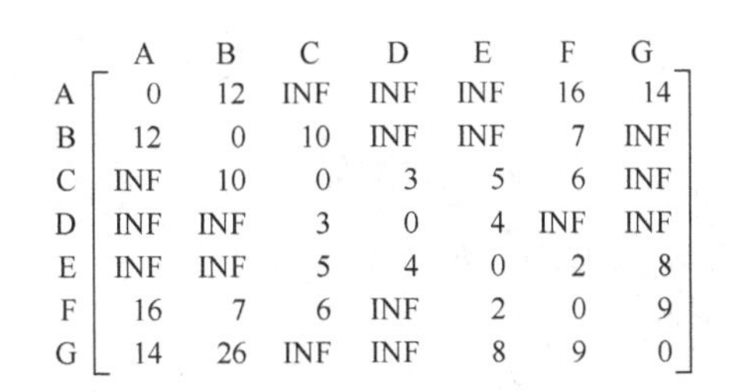

| | A | B | C | D | E | F | G |
|---|---|---|---|---|---|---|---|
| A | 0 | 12 | INF | INF | INF | 16 | 14 |
| B | 12 | 0 | 10 | INF | INF | 7 | INF |
| C | INF | 10 | 0 | 3 | 5 | 6 | INF |
| D | INF | INF | 3 | 0 | 4 | INF | INF |
| E | INF | INF | 5 | 4 | 0 | 2 | 8 |
| F | 16 | 7 | 6 | INF | 2 | 0 | 9 |
| G | 14 | 26 | INF | INF | 8 | 9 | 0 |

第3步：以顶点B为中介点，更新矩阵。

| | A | B | C | D | E | F | G |
|---|---|---|---|---|---|---|---|
| A | 0 | 12 | 22 | INF | INF | 16 | 14 |
| B | 12 | 0 | 10 | INF | INF | 7 | 26 |
| C | INF | 10 | 0 | 3 | 5 | 6 | 36 |
| D | INF | INF | 3 | 0 | 4 | INF | INF |
| E | INF | INF | 5 | 4 | 0 | 2 | 8 |
| F | 16 | 7 | 6 | INF | 2 | 0 | 9 |
| G | 14 | 26 | 36 | INF | 8 | 9 | 0 |

第4步：以顶点C为中介点，更新矩阵。

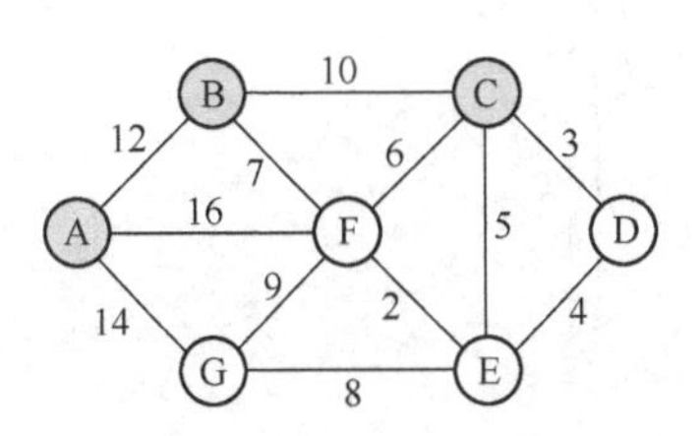


| | A | B | C | D | E | F | G |
|---|---|---|---|---|---|---|---|
| A | 0 | 12 | 22 | 25 | 27 | 16 | 14 |
| B | 12 | 0 | 10 | 13 | 15 | 7 | 26 |
| C | 22 | 10 | 0 | 3 | 5 | 6 | 36 |
| D | 25 | 13 | 3 | 0 | 4 | 9 | 39 |
| E | 27 | 15 | 5 | 4 | 0 | 2 | 8 |
| F | 16 | 7 | 6 | 9 | 2 | 0 | 9 |
| G | 14 | 26 | 36 | 39 | 8 | 9 | 0 |

第5步：以顶点D为中介点，更新矩阵。

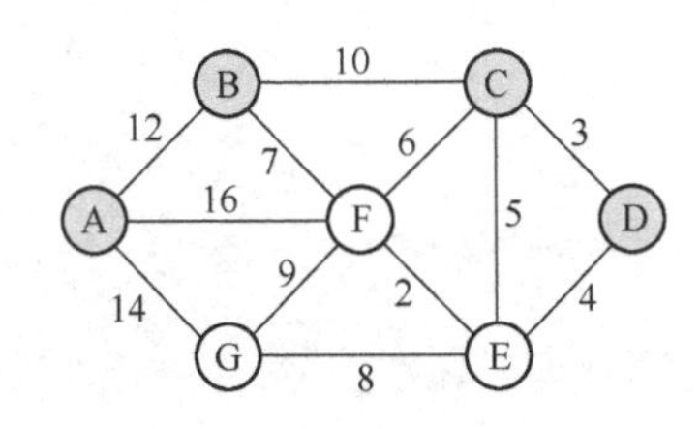


| | A | B | C | D | E | F | G |
|---|---|---|---|---|---|---|---|
| A | 0 | 12 | 22 | 25 | 27 | 16 | 14 |
| B | 12 | 0 | 10 | 13 | 15 | 7 | 26 |
| C | 22 | 10 | 0 | 3 | 5 | 6 | 36 |
| D | 25 | 13 | 3 | 0 | 4 | 9 | 39 |
| E | 27 | 15 | 5 | 4 | 0 | 2 | 8 |
| F | 16 | 7 | 6 | 9 | 2 | 0 | 9 |
| G | 14 | 26 | 36 | 39 | 8 | 9 | 0 |

图 8.22 Floyd 算法运行步骤图

第6步：以顶点E为中介点，更新矩阵。

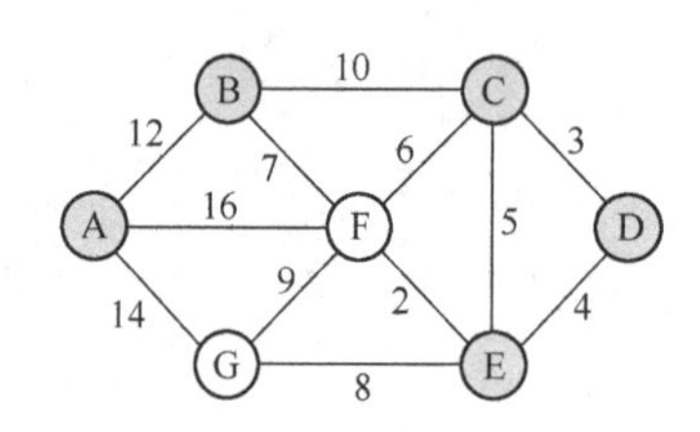


| | A | B | C | D | E | F | G |
|---|---|---|---|---|---|---|---|
| A | 0 | 12 | 22 | 25 | 27 | 16 | 14 |
| B | 12 | 0 | 10 | 13 | 15 | 7 | 23 |
| C | 22 | 10 | 0 | 3 | 5 | 6 | 13 |
| D | 25 | 13 | 3 | 0 | 4 | 6 | 12 |
| E | 27 | 15 | 5 | 4 | 0 | 2 | 8 |
| F | 16 | 7 | 6 | 6 | 2 | 0 | 9 |
| G | 14 | 23 | 13 | 12 | 8 | 9 | 0 |

第7步：以顶点F为中介点，更新矩阵。

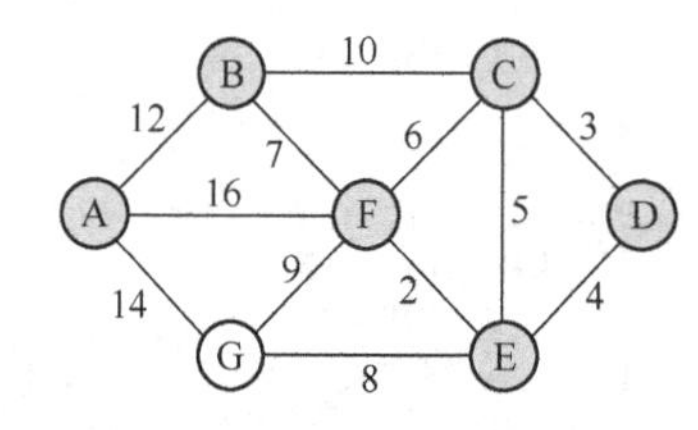


| | A | B | C | D | E | F | G |
|---|---|---|---|---|---|---|---|
| A | 0 | 12 | 22 | 22 | 18 | 16 | 14 |
| B | 12 | 0 | 10 | 13 | 9 | 7 | 16 |
| C | 22 | 10 | 0 | 3 | 5 | 6 | 13 |
| D | 22 | 13 | 3 | 0 | 4 | 6 | 12 |
| E | 18 | 9 | 5 | 4 | 0 | 2 | 8 |
| F | 16 | 7 | 6 | 6 | 2 | 0 | 9 |
| G | 14 | 16 | 13 | 12 | 8 | 9 | 0 |

第8步：以顶点G为中介点，更新矩阵。

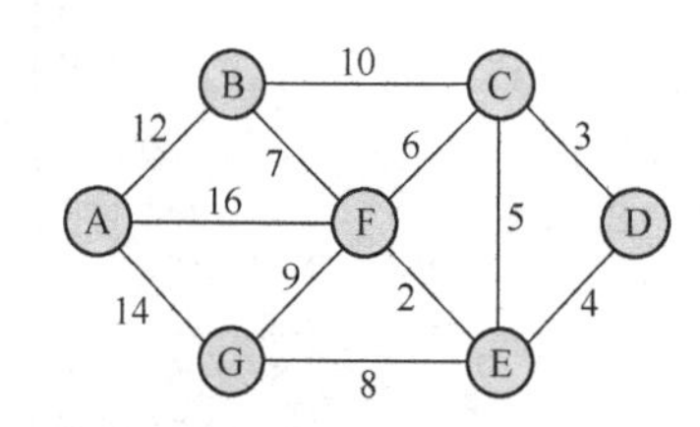


| | A | B | C | D | E | F | G |
|---|---|---|---|---|---|---|---|
| A | 0 | 12 | 22 | 22 | 18 | 16 | 14 |
| B | 12 | 0 | 10 | 13 | 9 | 7 | 16 |
| C | 22 | 10 | 0 | 3 | 5 | 6 | 13 |
| D | 22 | 13 | 3 | 0 | 4 | 6 | 12 |
| E | 18 | 9 | 5 | 4 | 0 | 2 | 8 |
| F | 16 | 7 | 6 | 6 | 2 | 0 | 9 |
| G | 14 | 16 | 13 | 12 | 8 | 9 | 0 |

图 8.22　Floyd 算法运行步骤图（续）

**【例 8-16】**针对图 8.23，采用 Floyd 算法求最短路径。

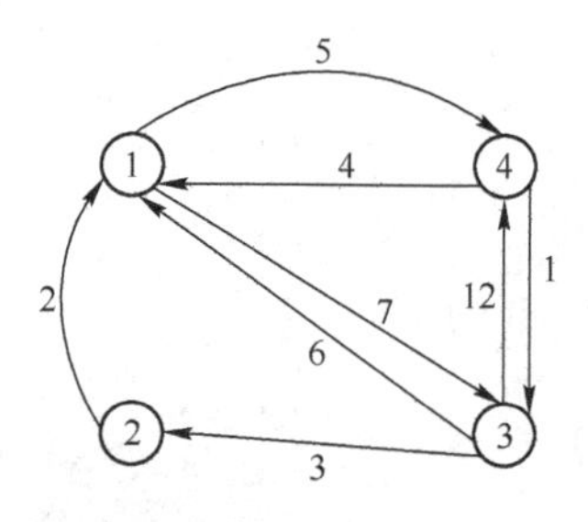


图 8.23　例 8-16 的有向图

**【代码】**

```
import numpy as np
N = 4
MAX_value = 999999
edge = np.mat([[0,2,6,4],[ MAX_value,0,3, MAX_value],[7, MAX_value,0,1],[5, MAX_
value,12,0]])
A = edge[:]
path = np.zeros((N,N))
```

```
def Floyd():
    for i in range(N):
        for j in range(N):
            if(edge[i,j] != M and edge[i,j] != 0):
                path[i][j] = i
    print('init:')
    print(A)
    for a in range(N):
        for b in range(N):
            for c in range(N):
                if(A[b,a]+A[a,c]<A[b,c]):
                    A[b,c] = A[b,a] + A[a,c]
                    path[b][c] = path[a][c]

    print('result:')
    print(A)

if __name__ == "__main__":
    Floyd()
```

【程序运行结果】

```
init:
[[   0      2      6    4]
[999999   0      3   999999]
[   7   999999   0    1]
[   5   999999   12    0]]
result:
[[ 0  2  5  4]
[ 9  0  3  4]
[ 6  8  0  1]
[ 5  7 10  0]]
```

# 8.6 实例

## 8.6.1 旅游路线

**【例 8-17】** 某城市有 6 个旅游景点，景点之间的路线花费如图 8.24 所示，请求出一条花费最小的路径。

**【解析】** 这是一个最小生成树问题。采用 Kruskal 算法求解，过程如表 8.3 所示，运行结果如图 8.25 所示，费用为 cost=9。

**表 8.3 Kruskal 算法求解过程**

| -1 | 1 | 1 | 3 | 4 | 5 | 10 | 10 | 10 |
|---|---|---|---|---|---|---|---|---|
| (1,3) | (6,4) | (6,5) | (2,3) | (1,2) | (2,4) | (4,5) | (6,2) | (6,3) |
| √ | √ | √ | √ | × | √ |  |  |  |

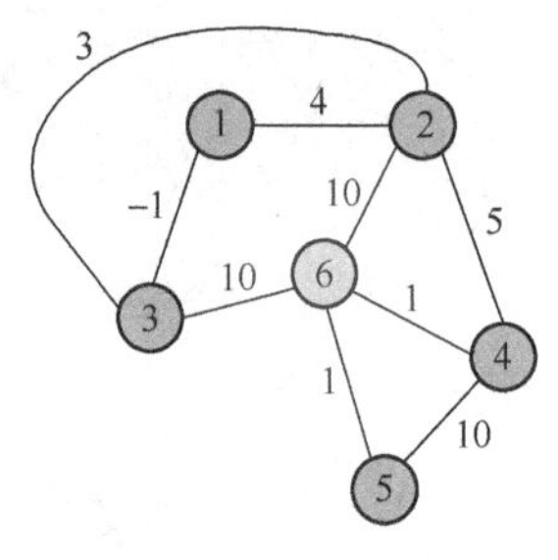


图 8.24　例 8-17 的有向图

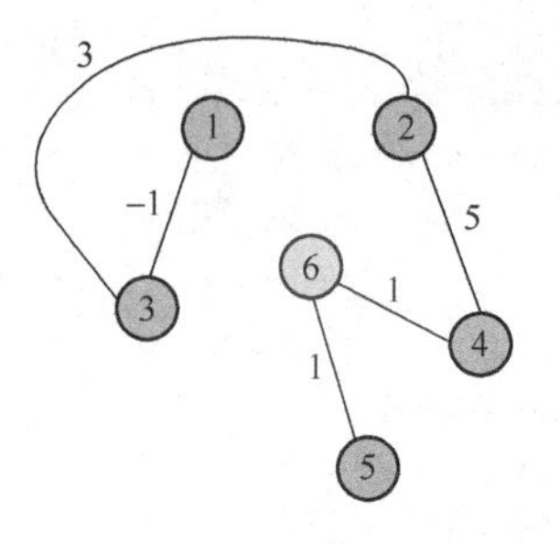


图 8.25　程序运行结果

## 8.6.2　单词搜索

**【例 8-18】** 给定一个二维网格和一个单词，找出该单词是否存在于网格中。单词必须按照字母顺序，通过相邻的单元格内的字母构成，其中“相邻”单元格是那些水平相邻或垂直相邻的单元格。同一个单元格内的字母不允许重复使用。

示例如下。

```
board =[
  ['A','B','C','E'],
  ['S','F','C','S'],
  ['A','D','E','E']
]
```

- 给定 word = "ABCCED", 返回 true。
- 给定 word = "ABCB", 返回 false。
- 给定 word = "SEE", 返回 true。

**【解析】** 利用深度搜索的思想，从每一个点出发进行探索，看指定 word 是否出现。

**【代码】**

```
class Solution():
    def exist(self, board, word):
        if not board:
            return False
        #搜索可能的起始位置
        for i in range(len(board)):
            for j in range(len(board[0])):
                if self.dfs(board,word,i,j):
                    return True
        return False
    def dfs(self,board,word,i,j):
        #dfs 终止条件
        if len(word) == 0:
            return True
        #边界终止条件
        if i < 0 or i >= len(board) or j < 0 or j >= len(board[0]) or board[i][j] != word[0]:
            return False
        #不能搜索到之前的位置,设该位置为 None
```

```
            tmp,board[i][j] = board[i][j],None
            #向上、下、左、右 4 个方向搜索
            res = self.dfs(board,word[1:],i-1,j) or self.dfs(board,word[1:],i+1,j) or self.dfs
(board,word[1:],i,j-1) or self.dfs(board,word[1:],i,j+1)
            board[i][j] = tmp
            return res
if __name__ == '__main__':
    li=[['A', 'B', 'C', 'E'], ['S', 'F', 'C', 'S'], ['A', 'D', 'E', 'E']]
word='ABCB'
s=Solution()
t=s.exist(li,word)
print(t)
```

【程序运行结果】

```
False
```

## 8.7 习题

**一、填空题**

1. 已知一个图的邻接矩阵表示，计算第 i 个结点的入度的方法为（　　）。

2. n 个顶点的连通图至少有（　　）条边。

3. 在一个有向图中，所有顶点的入度之和为弧总数的（　　）倍。

4. 采用邻接表存储的图的深度优先遍历算法类似于二叉树的（　　）。

**二、简答题**

1. 请给出图 8.26 的邻接表，并利用 Kruskal 算法手工构造该图的最小成生树。

2. 如图 8.27 所示的有向图，写出使用 Dijkstra 算法求顶点 2 到其他各个顶点的最短路径时，算法的动态执行情况，并计算最短路径。

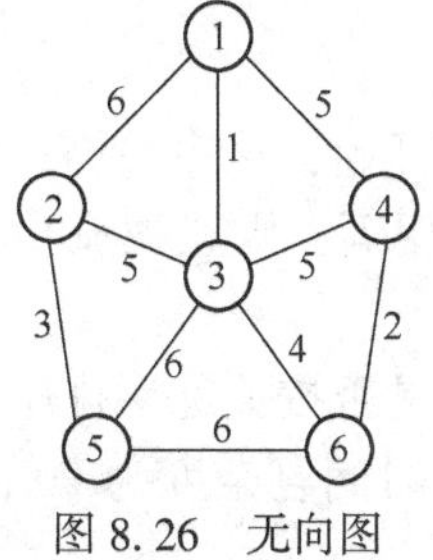

图 8.26　无向图

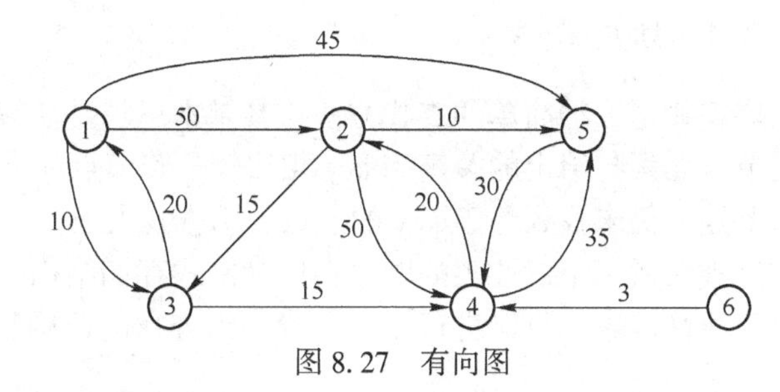

图 8.27　有向图

3. 如图 8.28 所示的有向图，要求如下。

1）写出该图的一个拓扑有序序列，要求优先输出序号小的顶点。

2）使用 Dijkstra 算法求顶点 1 到其他各个顶点的最短路径，写出算法执行过程中各步的状态。

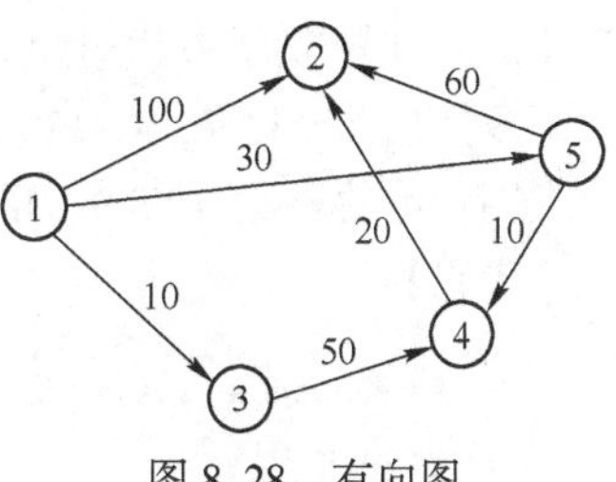

图 8.28　有向图

# 第9章　查　　找

查找是应用最广泛的数据处理方法。本章首先详细介绍了顺序查找、二分查找与分块查找等查找的方法。然后介绍了二叉查找树和平衡二叉树。最后介绍了哈希表及 Python 语言提供的查找算法。

## 9.1　查找算法

查找（Searching），也称检索，根据给定的某个值在查找表中确定等于给定值的数据元素。在查找过程中，一次查找的长度是需要比较的关键字次数，而平均查找长度（Average Search Length，ASL）则是所有查找过程中进行关键字比较次数的平均值，即 ASL = $\sum$ 查找概率×比较次数（一般为等概率 1/n）。

查找表按照操作方式可分为静态查找表和动态查找表，具体如下所述。

- 静态查找表（Static Search Table）：只做查找操作的查找表，查询某个特定的数据元素是否在表中，及其相关属性。
- 动态查找表（Dynamic Search Table）：在查找中同时进行插入或删除等操作。

## 9.2　基于线性表查找

基于线性表的查找方法大致可分为顺序查找、二分查找与分块查找等几种类型。

### 9.2.1　顺序查找

顺序查找是一种简单的查找方法，其基本思想是从表的一端开始，顺序扫描，依次将扫描到的节点元素与给定的关键字 key 相比较，若节点元素与 key 相等，则查找成功；若扫描完所有节点，仍未找到等于 key 的节点，则查找失败。

顺序查找适用于线性表的顺序存储和链式存储结构，与节点是否按关键字排序无关。其中，对于线性链表，只能进行顺序查找。当查找的范围很大时，时间复杂度为 O(n)，效率低，不宜采用。

**【例 9-1】** 顺序查找举例。

序列(1, 2, 5, 7, 8, 11, 14, 20)的顺序查找过程如图 9.1 所示，其中图 9.1a 是成功查找关键字 14 的过程，图 9.1b 是未找到关键字 15 的过程。

【代码】

```
def sequential_search(lis, item):
    pos=0
```

```
    found = False
    while pos < len(lis) and  not found:
        if lis[pos] == item:
            found = True
        else:
            pos = pos+1
    return(found)
if __name__ == '__main__':
    testlist = [1, 2, 5, 7, 8, 11, 14, 20]
    result = sequential_search(testlist, 14)
    print(result)
    result = sequential_search(testlist, 15)
    print(result)
```

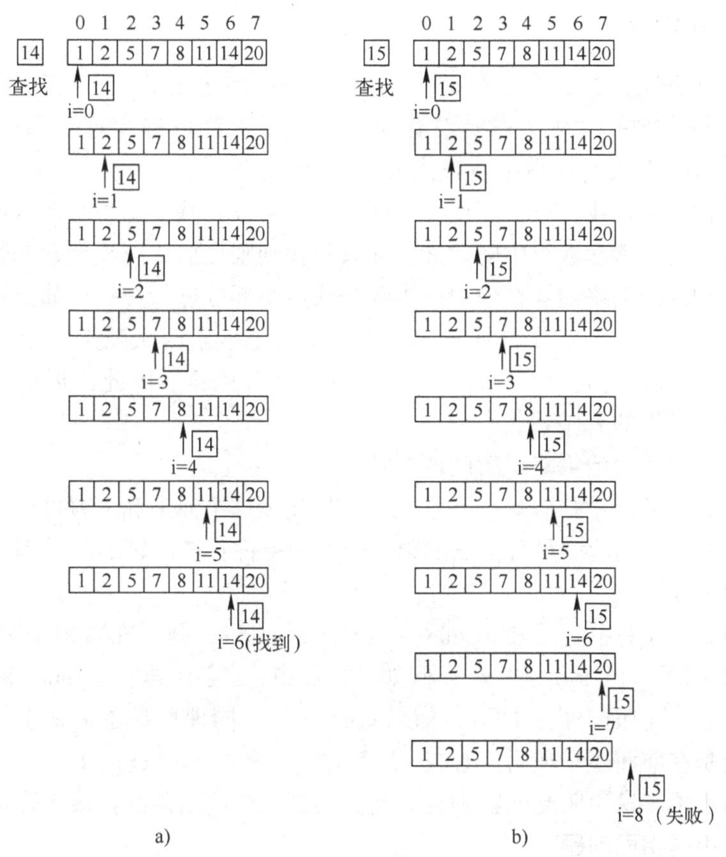


图 9.1　顺序查找

a）查找成功　b）查找失败

例 9-1 中给出了确定的 8 个数进行排序。如果想随机得到 n 个整数，并且整数大小在[0,100)范围内，可以使用 random 库。

【代码】

```
import random
data = list(range(100))                    #每个数的取值区间为[0,100)
```

```
data = random.choices(data, k=10)                    #个数 10
print(data)
```

【程序运行结果】

```
[33, 31, 63, 43, 38, 78, 15, 64, 59, 68]
```

random. choices 是对一个序列进行重复采样，得到的数组存在重复数据，如果不希望存在重复数据，可以用 random. sample( ) 函数进行无重复采样。

【代码】

```
data = random.sample(data, k=10)
print(data)
```

### 9.2.2 二分查找

在已排好序（升序）的 n 个元素 a[0…n-1]中找一特定元素 x，最直接简单的方法是顺序搜索，逐个比较。但是，顺序查找没有利用 n 个元素已排好序这个条件。而二分查找(Binary Search）是一种在有序数组中查找某一特定元素的算法。

二分查找又称折半查找，充分利用元素间次序关系，其基本思想是把数组分为大致相同的两半，比较待查找元素和数组中间元素。如果没找到则根据待查找元素和数组中间元素的大小关系，按照相同的策略继续在数组前半部分或后半部分进行查找。如此反复，直到查找到或查找不到。二分查找的优点是比较次数少，每次把搜索区域减少一半，时间复杂度为 O(logn)。其缺点是要求待查表为有序表，且插入、删除困难。因此，折半查找方法适用于不经常变动而查找频繁的有序列表。

二分查找具有使用分治策略求解问题的特征。

- 如果 n=1，即数组中只有一个元素，则只要比较这个元素和 x 就可以确定 x 是否在数组中。因此这个问题满足分治法的第一个适用条件：**该问题的规模缩小到一定的程度就可以容易地解决**。
- 比较 x 和数组 a 的中间元素 a[mid]。若 x=a[mid]，则 x 在数组中的位置就是 mid；如果 x<a[mid]，由于 a 是升序，假如 x 在 a 中，x 必然排在 a[mid]的前面，所以只要在 a[mid]的前面查找 x 即可；如果 x>a[mid]，同理只要在 a[mid]的后面查找 x 即可。无论是在前面还是在后面查找 x，其方法都和在 a 中查找 x 一样，只不过是查找的规模缩小了。这说明此问题满足分治法的第二个适用条件：**该问题可以分解为若干个规模较小的相同问题**。
- 待求解的问题是从数组中找到 x。在各个子数组中，无论能否找到 x，显然其结果可以合并得到最终解。所以满足分治法的第三个适用条件：**分解出的子问题的解可以合并为原问题的解**。
- 很显然此问题分解出的子问题相互独立，即在 a[mid]的前面或后面查找 x 是独立的子问题，因此满足分治法的第四个适用条件：**分解出的各个子问题是相互独立的**。

**【例 9-2】** 二分查找举例。

序列(1, 2, 5, 7, 8, 11, 14, 20)的折半查找过程如图 9.2 所示，其中图 9.2a 是成功查找关键字 14 的过程，图 9. 2b 是未找到关键字 15 的过程。

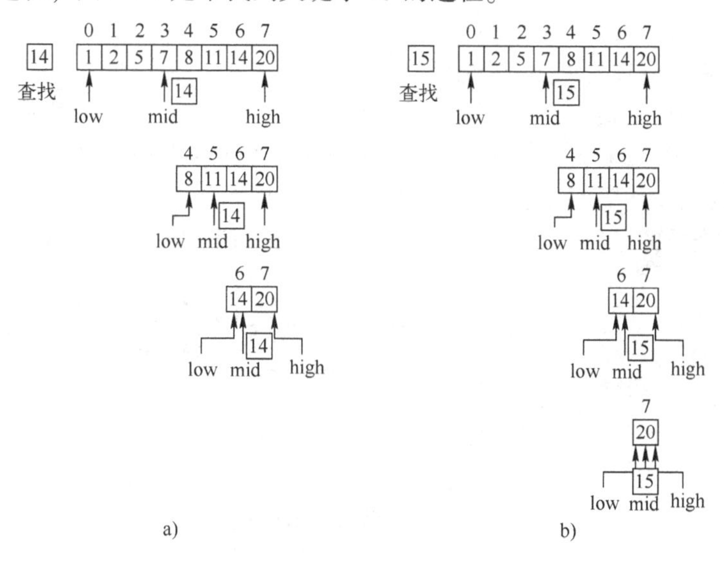


图 9. 2　二分查找

a）搜索成功　b）搜索失败

【代码】

```
def binarysearch(a, num):
    length = len(a)
    low = 0                                          #最小数下标
    high = length - 1                                #最大数的下标
    while low <= high:
        mid = int(low + ((high - low) / 2))          #取中间值
        if a[mid] < num:
            low = mid + 1                            #如果中间值比目标值小,则在 mid 右半边
        elif a[mid] > num:
            high = mid - 1                           #如果中间值比目标值大,则在 mid 左半边找
        else:
            return mid                               #查找到,位置是 mid+1
    return -1                                        #没查到
if __name__ == '__main__':
    b = [1, 2, 5, 7, 8, 11, 14, 20]
    print(b)
    a = binarysearch(b, 14)
    print(a)
    c = binarysearch(b, 15)
    print(c)
```

## 9. 2. 3　分块查找

分块查找又称索引顺序查找，是顺序查找和二分查找的结合，性能介于顺序查找和折半查找之间，但无须像二分查找那样需要表中数据有序。分块查找的算法思想是：将 n 个数据元素划分为 m 块(m≤n)，每一块中的节点不必有序，但块与块之间必须按块有序；即第 1

块中任一元素的关键字都必须小于第 2 块中任一元素的关键字；第 2 块中任一元素又都必须小于第 3 块中的任一元素，以此类推。

分块查找的算法流程具体如下所述。

1）先选取各块中的最大关键字构成一个索引表。

2）对索引表进行二分查找或顺序查找，以确定待查记录在哪一块中。

3）对已确定的块用顺序法进行查找。

可见，分块查找的过程是一个逐步缩小搜索空间的过程。分块查找如图 9.3 所示。

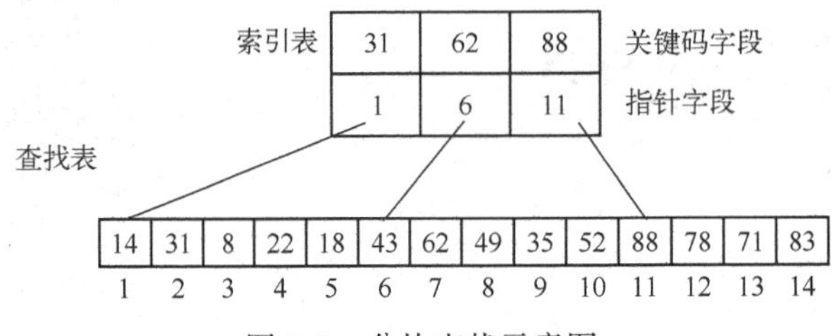


图 9.3　分块查找示意图

【代码】

```
#基本原理如下。
#1)将序列分为 m 块,块内部无序、外部有序。
#2)选取各块最大元素构成索引,对索引进行二分查找,找到所在的块。
#3)在确定块中用顺序查找。

import random
Range = 20
Length = 9
flag = 0
pos = -1
tabNum = 3
tabPos = -1

list = random.sample(range(Range),Length)
goal = random.randint(0,Range)
print('search ',goal,', in list:')

#子表建立,选择序列前 m 个元素排序后建立索引,根据索引建立子表
list_index = []                                    #使用二维列表表示多个子序列
for i in range(tabNum):                            #在列表中添加 m 个列表
    list_index.append([])
#向第 1-m 子列表添加原序列的前 m-1 个元素作为索引,留出第一个子列表盛放最大索引
for i in range(1,tabNum):
    list_index[i].append(list[i-1]) #会出现最大值在第二个子列表中,第一子列表为空的情况
for i in range(1,tabNum-1):                        #将添加元素的子列表中的元素降序排列
    for j in range(1,tabNum-i):
        if list_index[j]<list_index[j+1]:
            list_index[j],list_index[j+1] = list_index[j+1],list_index[j]
#将其余元素添加到各子列表,比索引大则放到前一个子列表中,其余放入最后一个索引中
```

```
for i in range(tabNum-1,Length):
    for j in range(1,tabNum):
        if list[i]>list_index[j][0]:
            list_index[j-1].append(list[i])
            break
    else:
        list_index[tabNum-1].append(list[i])
if len(list_index[0]) > 1:                #提取第一个子列表的最大值作为索引
    for i in range(len(list_index[0])-1,0,-1):
        if list_index[0][i]>list_index[0][i-1]:
            list_index[0][i],list_index[0][i-1]  =  list_index[0][i-1],list_index[0][i]
print(list_index)                         #显示构造的子列表

for i in range(tabNum-1,-1,-1):           #将给定元素与各子列表进行比较,确定给定元素位置
    if len(list_index[i]) != 0 and goal<list_index[i][0]:
        for j in range(len(list_index[i])):
            if list_index[i][j] == goal:
                tabPos = i+1
                pos = j+1
                flag = 1
if flag:
    print("find in ",tabPos,"list ",pos,"th place")
else:
    print("not found")
```

【程序运行结果】

```
search  13 , in list:
[[19, 13, 17, 10, 8, 15, 16], [6], [5]]
find in  1 list  2 th place

search  12 , in list:
[[], [16, 8, 11, 15, 13, 7], [2, 1, 0]]
not found
```

基于线性表的查找方法（顺序查找、二分查找与分块查找）总结如表 9.1 所示。

**表 9.1　基于线性表的查找方法**

| | 顺序查找 | 折半查找 | 分块查找 |
|---|---|---|---|
| 表的结构 | 有序、无序 | 有序 | 表间有序 |
| 表的存储 | 顺序、链式 | 顺序 | 顺序、链式 |

# 9.3　二叉排序树

## 9.3.1　二叉排序树的特性

二叉排序树（Binary Sort Tree），又称二叉搜索树或二叉查找树，具有如下特性。

- 若它的左子树不空，则左子树上所有节点的值均小于根节点的值。
- 若它的右子树不空，则右子树上所有节点的值均大于根节点的值。
- 它的左、右子树也都分别是二叉排序树。

一个无序序列可以通过构造一棵二叉排序树而得到一个有序序列。二叉排序树如图 9.4 所示，其中序遍历为：10、20、23、25、30、35、40、48。

二叉排序树具有如下特点。

- 中序遍历二叉排序树可得到关键字有序序列。
- 在构造二叉排序树时，每次插入的新节点都是新的叶子节点，则进行插入时，不必移动其他节点。
- 二叉排序树拥有类似于二分查找的特性，采用链表作存储结构。

图 9.5 不是二叉排序树，这是因为节点 66 大于根节点 50，应出现在根节点 50 的右子树。

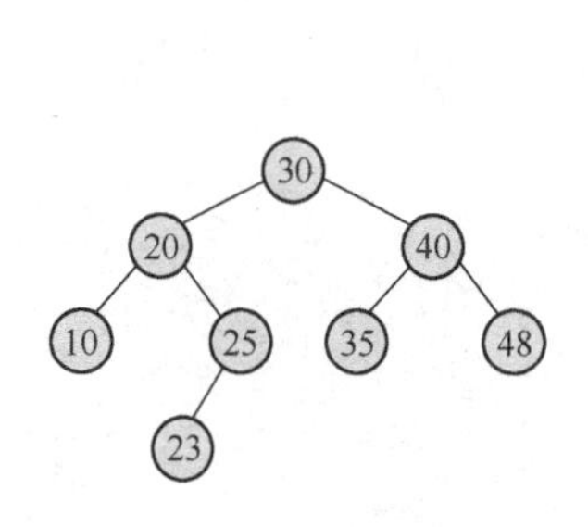


图 9.4　二叉排序树

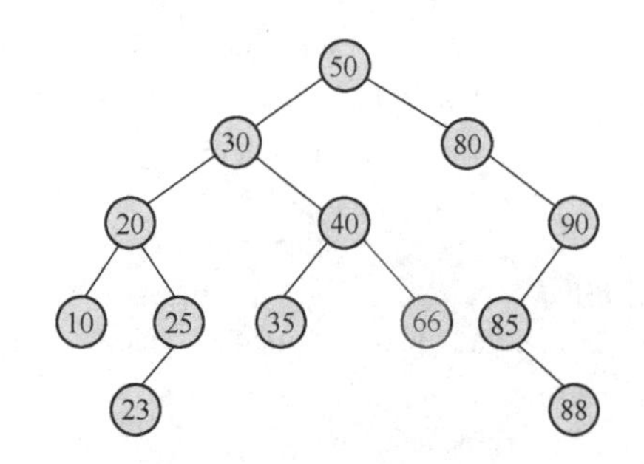


图 9.5　不是二叉排序树

二叉排序树是动态查找法，若二叉排序树为空，则查找不成功。具体步骤如下所述。

1）若给定值等于根节点的关键字，则查找成功。

2）若给定值小于根节点的关键字，则继续在左子树上进行查找。

3）若给定值大于根节点的关键字，则继续在右子树上进行查找。

**【例 9-3】** 二叉排序树查找过程。

如图 9.6 所示，在二叉排序树[50,30,80,20,40,90,35,85,32,88]中，假设查找关键字 35，从根节点 50 出发，由于 35 比 50 小，走左子树；35 比 30 大，走右子树；35 比 40 小，走左子树；35 等于 35，查找成功。假设查找关键字 92。从根节点出发，92 比 50 大，走右子树；92 比 80 大，走右子树；92 比 90 大，走右子树；无右子树，指向空树，查找不成功。

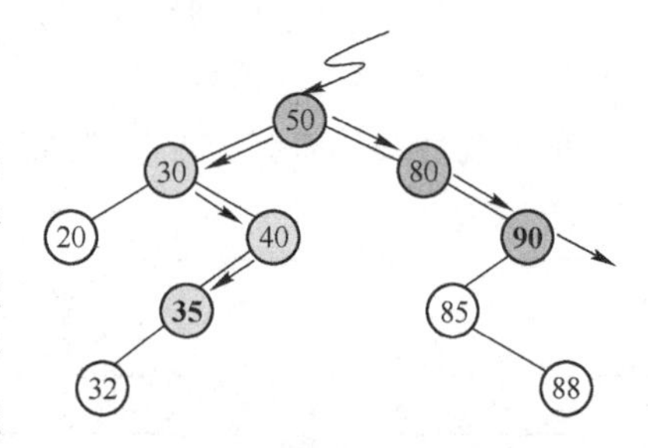


图 9.6　二叉排序树查找过程

从上述查找过程可见，二叉排序树在查找过程中，生成了一条查找路径：从根节点出发，沿着左分支或右分支逐层向下，直至关键字等于给定值的节点，说明查找成功。若指向空树为止，说明查找不成功。

### 9.3.2 二叉排序树的操作

二叉排序树具有查找、插入和删除等操作，具体如下所述。

1）查找：对比节点的值和关键字，相等则表明找到；关键字小于节点，则去左子树查找；关键字大于节点，则去右子树查找，如此递归下去。

2）插入：根据动态查找表的定义，插入操作在查找不成功时才进行。

- 若二叉排序树为空树，则新插入的节点是新的根节点。
- 若二叉排序树非空，则新插入的节点是新的叶子节点，且插入的位置由查找过程得到。从根节点开始逐个与关键字进行对比，关键字小于当前节点，则寻找左子树；关键字大于当前节点，则寻找右子树，子树为空的情况就将新的节点链接。

3）删除：和插入相反，删除在查找成功之后进行，并且要求在删除二叉排序树上某个节点之后，仍然保持二叉排序树的特性。可分 3 种情况讨论。

- 如果要删除的节点是叶子，直接删除。如图 9.7 所示，被删关键字是 20、32 和 88，其双亲节点中相应指针域的值改为“空”。

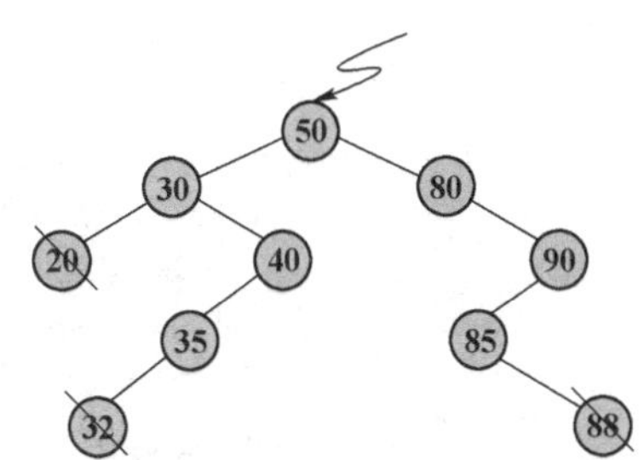


图 9.7 删除的节点是叶子

- 如果要删除的节点只有左子树或只有右子树，则删除节点后，将子树链接到父节点。如图 9.8 所示，被删关键字是 40，其双亲节点的相应指针域的值改为“指向被删除节点的左子树或右子树”。

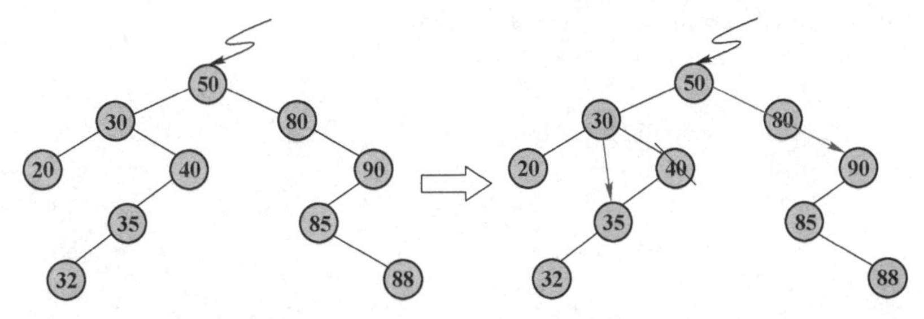


图 9.8 节点只有左子树或只有右子树

- 如果要删除的节点同时有左右子树，则可以将二叉排序树进行中序遍历，取将要被删除的节点的前驱或者后继替代这个被删除的节点的位置。如图 9.9 所示，被删关键字是 50，以其前驱替代之，然后再删除该前驱节点。即找到 50 的左子树的最大结点 40，将 50 替换为 40，然后删除 40。

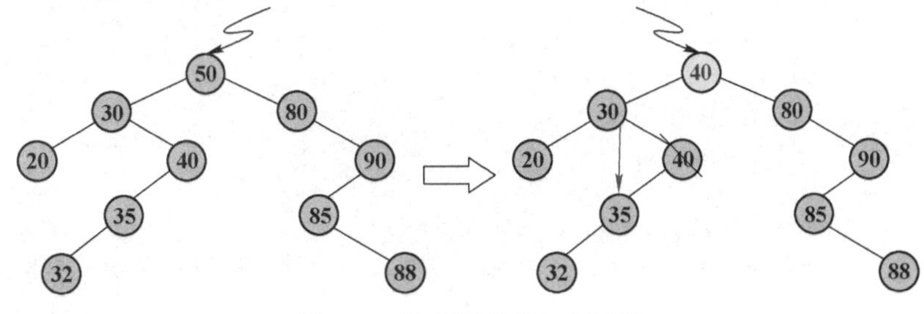


图 9.9 节点同时有左右子树

【代码】

```
class BSTNode:
    def __init__(self, data, left=None, right=None):
        self.data = data              #节点储存的数据
        self.left = left              #节点左子树
        self.right = right            #节点右子树
class BinarySortTree:
    def __init__(self):
        self._root = None
    def is_empty(self):
        return self._root is None
    def search(self, key):
        bt = self._root
        while bt:
            entry = bt.data
            if key < entry:
                bt = bt.left
            elif key > entry:
                bt = bt.right
            else:
                return entry
        return None

    def insert(self, key):            #插入操作
        bt = self._root
        if not bt:
            self._root = BSTNode(key)
            return
        while True:
            entry = bt.data
            if key < entry:
                if bt.left is None:
                    bt.left = BSTNode(key)
                    return
                bt = bt.left
            elif key > entry:
                if bt.right is None:
                    bt.right = BSTNode(key)
                    return
                bt = bt.right
            else:
                bt.data = key
                return

    def delete(self, key):            #删除操作
      p, q = None, self._root         #维持 p 为 q 的父节点,用于后面的链接操作
```

```
        if not q:
            print("空树!")
            return
        while q and q.data != key:
            p = q
            if key < q.data:
                q = q.left
            else:
                q = q.right
            if not q:                    #当树中没有关键码 key 时,结束退出。
                return
        #上面已经找到了要删除的节点,用 q 引用。而 p 则是 q 的父节点或者 None(q 为根节点时)
        if not q.left:
            if p is None:
                self._root = q.right
            elif q is p.left:
                p.left = q.right
            else:
                p.right = q.right
            return
        #查找节点 q 的左子树的最右节点,将 q 的右子树链接为该节点的右子树
        r = q.left
        while r.right:
            r = r.right
        r.right = q.right
        if p is None:
            self._root = q.left
        elif p.left is q:
            p.left = q.left
        else:
            p.right = q.left

    def __iter__(self):
        #实现二叉树的中序遍历,展示二叉排序树. 使用 Python 列表作为一个栈。
        stack = []
        node = self._root
        while node or stack:
            while node:
                stack.append(node)
                node = node.left
            node = stack.pop()
            yield node.data
            node = node.right

if __name__ == '__main__':
    lis = [62, 58, 88, 48, 73, 99, 35, 51, 93, 29, 37, 49, 56, 36, 50]
    print("排序前:")
```

```
    for i in lis:
        print(i, end=" ")
    bs_tree = BinarySortTree()
    print()
    print("排序后:")
    for i in range(len(lis)):
        bs_tree.insert(lis[i])
    for i in bs_tree:
        print(i, end=" ")
    print()
    print("插入 55 后:")
    bs_tree.insert(55)
    for i in bs_tree:
        print(i, end=" ")
    print()
    print("删除 58 后:")
    bs_tree.delete(58)
    for i in bs_tree:
        print(i, end=" ")
    print()
    print("查找 4:")
    print(bs_tree.search(4))
    print("查找 55:")
    print(bs_tree.search(55))
```

【程序运行结果】

```
排序前:
62 58 88 48 73 99 35 51 93 29 37 49 56 36 50
排序后:
29 35 36 37 48 49 50 51 56 58 62 73 88 93 99
插入 55 后:
29 35 36 37 48 49 50 51 55 56 58 62 73 88 93 99
删除 58 后:
29 35 36 37 48 49 50 51 55 56 62 73 88 93 99
查找 4:
None
查找 55:
55
```

## 9.4 平衡二叉树

**【例 9-4】** 引例。

序列 lis={62,88,58,47,35,73,51,99,37,93}，构造如图 9.10a 所示的二叉排序树。若序列 lis 为升序{35,37,47,51,58,62,73,88,93,99}，构造二叉排序树如图 9.10b 所示。查找节点 99，图 9.10a 只需两次比较，而图 9.10b 需要比较 10 次，二者差异很大。

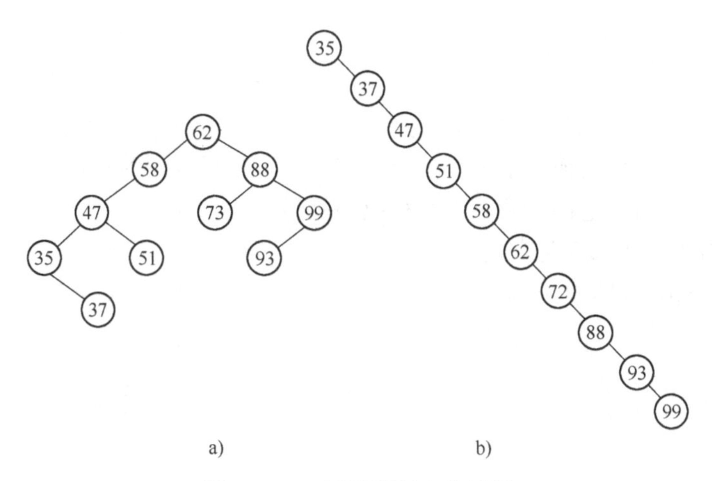


图 9.10　二叉排序树查找过程

二叉排序树的查找效率取决于二叉树的形态，而二叉排序树的形态与生成树时节点的插入次序有关。如何构造如图 9.10a 所示的形态匀称的二叉排序树呢？这与平衡二叉树有关。

## 9.4.1　平衡因子

平衡二叉树（Balanced Binary Tree）又称为 AVL 树，由苏联数学家 Adelse-Velskil 和 Landis 在 1962 年提出。平衡二叉树具有如下特点。

- 平衡二叉树是二叉排序树。
- 根节点的平衡因子绝对值不超过 1。
- 其左子树和右子树都是平衡二叉树。

平衡因子（Balance Factor）是指二叉树上节点的左子树高度与右子树高度之差，对于平衡二叉树上所有节点的平衡因子只可能是-1、0 和 1，如果其中任意一个节点的平衡因子不在这 3 个值之内，该二叉树就不是平衡二叉树，如图 9.11 所示。

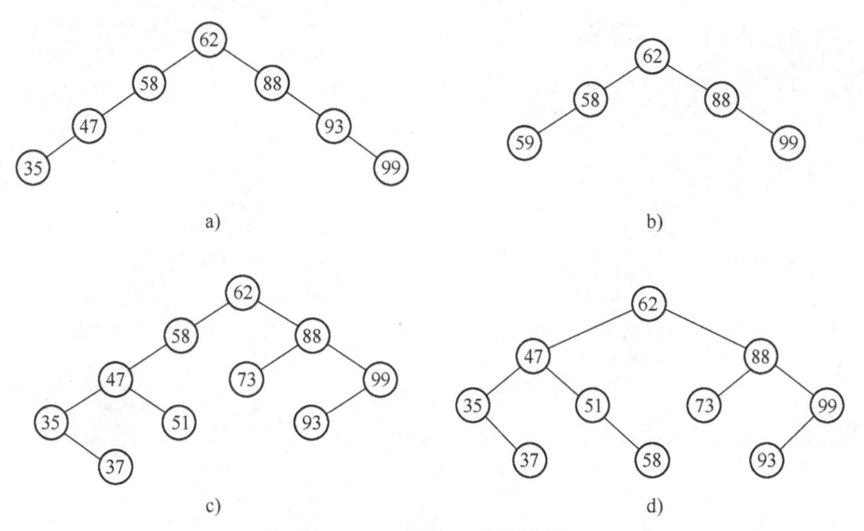


图 9.11　平衡二叉树举例

a）不是平衡二叉树　b）不是平衡二叉树　c）不是平衡二叉树　d）平衡二叉树

### 9.4.2 构建平衡二叉树

平衡二叉树的构建思想是：每当插入一个新节点时，先检查是否破坏了二叉树的平衡性，若破坏了平衡性，找出最小不平衡子树，在保持二叉排序树特性的前提下，调整最小不平衡子树中各节点之间的连接关系，进行相应的旋转，成为新的平衡子树。

**【例 9-5】** 构建平衡二叉树举例。

由[1,2,3,4,5,6,7,10,9,8]构建平衡二叉树过程如图 9.12 的 a~p 所示。

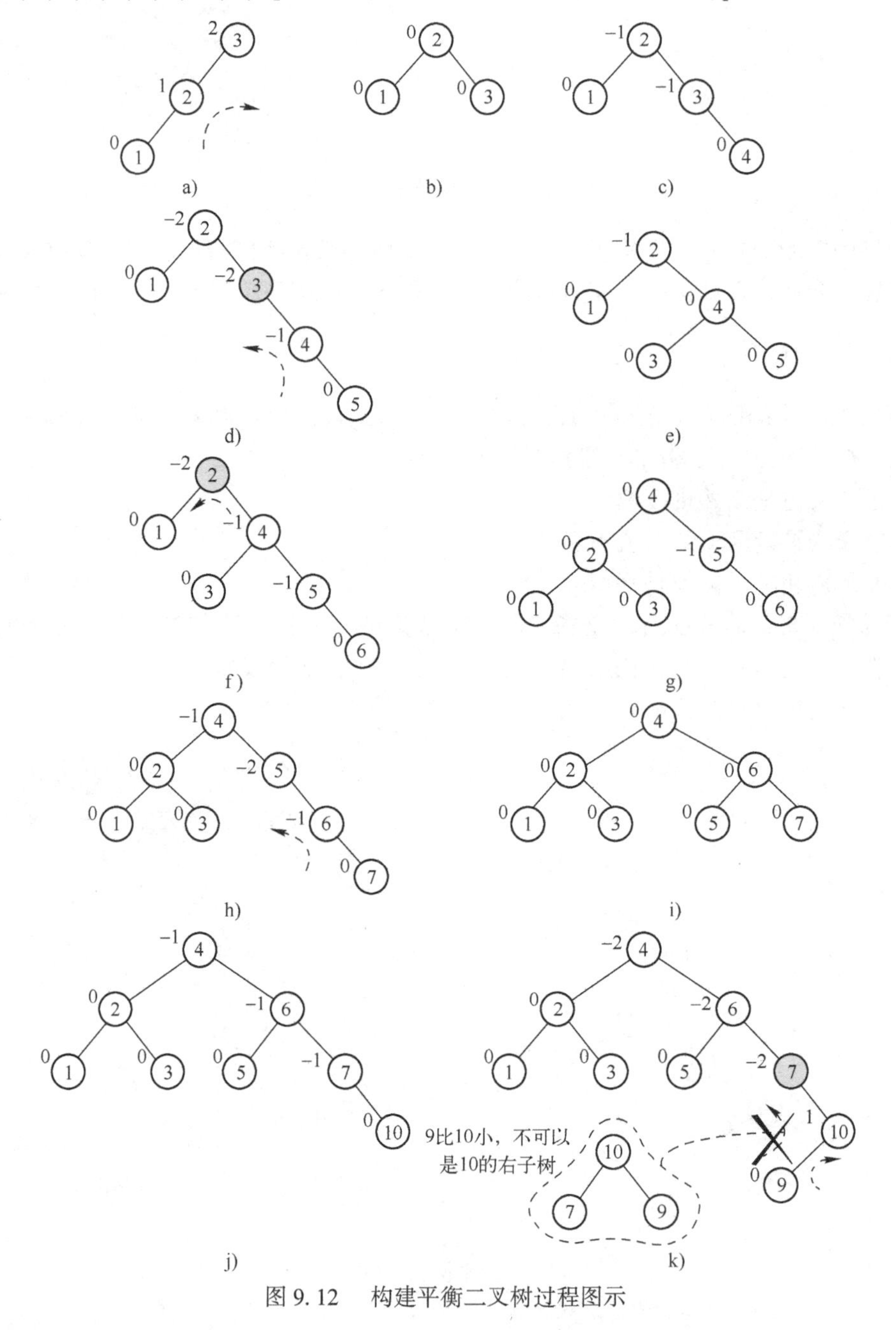


图 9.12 构建平衡二叉树过程图示

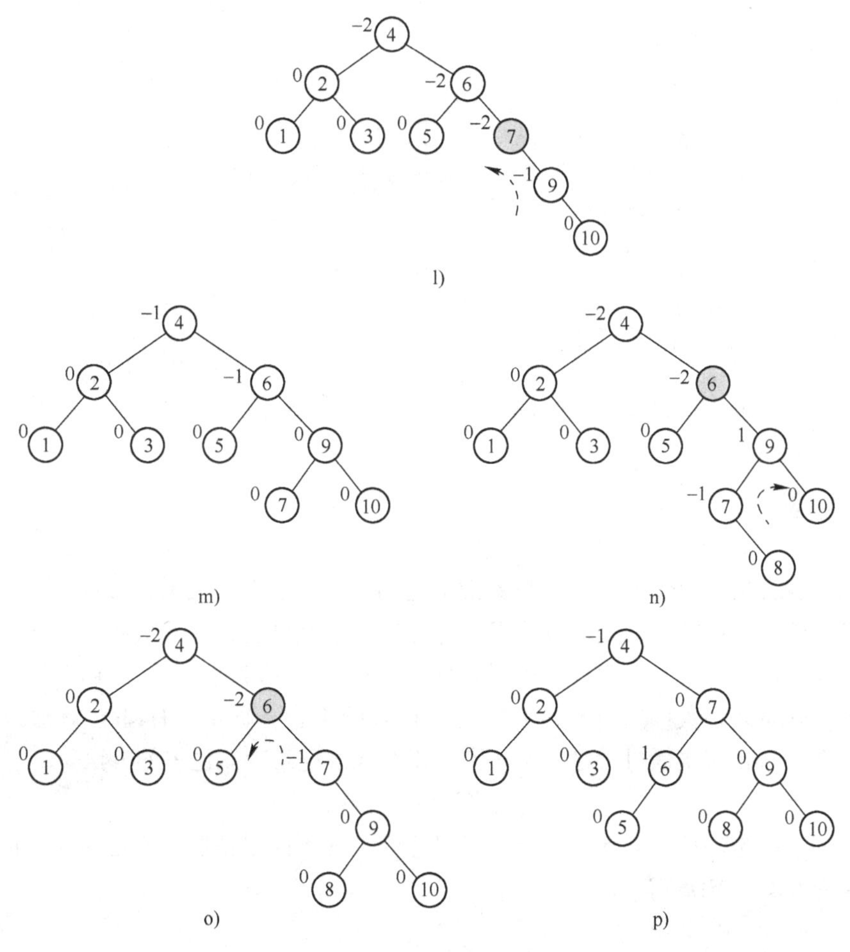


图 9.12　构建平衡二叉树过程图示（续）

【代码】

```
#在计算二叉树的最大深度的基础上,判断是否满足平衡二叉树的条件。
class TreeNode:
    def __init__(self, x):
        self.val = x
        self.left = None
        self.right = None

class Solution(object):
    def isBalanced(self, root):
        if not root:
            return True
        if self.depth(root)==-1:      #选择-1 作为返回和判断条件
            return False
        else:
            return True
```

```
def depth(self, root):
    if not root:
        return 0
    left = self.depth(root.left)
    if left==-1:                    #选择-1 作为返回和判断条件
        return -1
    right = self.depth(root.right)
    if right==-1:
        return -1
    if left>right+1 or right>left+1:
        return -1
    return max(left+1, right+1)
```

## 9.5 哈希表

前面的查找方法，由于元素位置与关键值之间不存在确定的关系，查找时，需要进行一系列对关键值的查找比较，即查找算法是建立在比较的基础上，查找效率由每次比较缩小的查找范围决定。而哈希表是在关键值和元素位置间建立一一对应的关系，由关键值确定对应的元素位置。哈希表是数据经过哈希算法之后得到的集合，哈希（Hash）算法也称为散列算法、杂凑算法，是直接通过关键字 key 确定要查找的记录存储位置的方法。

$$存储位置 = f(key) \tag{9-1}$$

这种散列变换是一种单向运算，具有不可逆性，即不能根据散列值还原输入信息。常见的哈希算法有 SM3、MD5 等。

## 9.6 哈希算法

要实现哈希算法，可使用 Python 内置的哈希函数及 hashlib 等模块。

### 9.6.1 哈希函数

哈希函数通常可有直接定址法、除留余数法和随机数法等方法。

**1. 直接定址法**

哈希函数为关键字的线性函数：

$$f(key)=key \quad 或者 \quad f(key)=a\times key+b \tag{9-2}$$

**2. 除留余数法**

除留余数法是最为常见的方法之一。对于表长为 m 的数据集合，散列公式为：

$$f(key)=key \bmod p(p\leqslant m) \tag{9-3}$$

mod 是取模（求余数），该方法最关键的是对于 p 的选择，当数据量较大时，易产生冲突，一般选择接近 m 的质数。

**【例 9-6】** 除留余数法举例。

11 个关键字的集合为{18,27,1,20,22,6,10,13,41,15,25}，选取关键字与元素位置间的函数为 f (key) = key % 11。

【代码】

```
def my_hash(x):
    return (x % 11)
print(my_hash(13))                    #输出结果:2
print(my_hash(27))                    #输出结果:5
```

运行结果如表 9.2 所示。

**表 9.2　哈希表**

| 0 | 1 | 2 | 3 | 4 | 5 | 6 | 7 | 8 | 9 | 10 |
|---|---|---|---|---|---|---|---|---|---|---|
| 22 | 1 | 13 | 25 | 15 | 27 | 6 | 18 | 41 | 20 | 10 |

**3. 随机数法**

选择一个随机数，取关键字的随机函数值为它的散列地址。

$$f(key)=random(key) \tag{9-4}$$

根据不同的数据特性采用不同的散列方法，需要考虑计算散列地址所需的时间、关键字的长度、散列表的大小、关键字的分布情况和记录查找的频率等问题。

### 9.6.2　Python 内置方法

（1）hash()函数

Python 内置哈希函数 hash()，返回一个对象的哈希值。

**【例 9-7】** hash()函数示例。

【代码】

```
print(hash(1))
print(hash(1.0))                #相同的数值,不同类型,哈希值是一样的
print(hash("abc"))
print(hash("hello world"))
```

（2）hashlib 模块

hashlib 提供了常见的摘要算法，如 MD5，SHA1 等。

**【例 9-8】** hashlib 模块示例。

```
import hashlib
md5 = hashlib.md5()              #应用 MD5 算法
data = "hello world"
md5.update(data.encode('utf-8'))
print(md5.hexdigest())
```

## 9.7　解决冲突的方法

冲突是指两个关键字 key1 和 key2 不相等，但是 f(key1)= f(key2)。因此，解决冲突的

实际含义是为产生冲突的地址寻找下一个哈希地址。一般有开放定址法、链地址法等解决方法。

### 9.7.1 开放定址法

开放定址法就是一旦发生了冲突，就去寻找下一个空的散列地址，只要散列表足够大，空的散列地址总能找到，并将记录存入。公式为：

$$fi(key)=(f(key)+d_i)\ \mathrm{MOD}\ m\ (d_i=1,2,3,\cdots,m-1) \tag{9-5}$$

这种寻找下一个空的散列地址的方式（$d_i$是线性增长的）称为线性探测法。

**【例 9-9】** 开放定址法举例。

关键字集合为{12,67,56,16,25,37,22,29,15,47,48,34}，表长为 12。

$$用散列函数\ f(key)=key\ mod\ 12 \tag{9-6}$$

当计算前 5 个数{12,67,56,16,25}时，都是没有冲突的散列地址，直接存入表 9.3。

**表 9.3　开放定址法求散列地址 1**

| 下标 | 0 | 1 | 2 | 3 | 4 | 5 | 6 | 7 | 8 | 9 | 10 | 11 |
|---|---|---|---|---|---|---|---|---|---|---|---|---|
| 关键字 | 12 | 25 | | | 16 | | | 67 | 56 | | | |

计算 key=37 时，发现 f(37)=1，与关键字 25 所在位置冲突。利用公式 f(37)=(f(37)+1) mod 12=2。于是将 37 存入下标为 2 的位置，如表 9.4 所示。

**表 9.4　开放定址法求散列地址 2**

| 下标 | 0 | 1 | 2 | 3 | 4 | 5 | 6 | 7 | 8 | 9 | 10 | 11 |
|---|---|---|---|---|---|---|---|---|---|---|---|---|
| 关键字 | 12 | 25 | 37 | | 16 | | | 67 | 56 | | | |

接下来 22、29、15、47 都没有冲突，如表 9.5 所示。

**表 9.5　开放定址法求散列地址 3**

| 下标 | 0 | 1 | 2 | 3 | 4 | 5 | 6 | 7 | 8 | 9 | 10 | 11 |
|---|---|---|---|---|---|---|---|---|---|---|---|---|
| 关键字 | 12 | 25 | 37 | 15 | 16 | 29 | | 67 | 56 | | 22 | 47 |

计算 key=48，发现 f(48) = 0，与关键字 12 所在位置冲突。利用式（9-5），f(48) = (f(48)+1) mod 12=1，与关键字 25 所在位置冲突。再次利用式（9-5），f(48) = (f(48)+2) mod 12=2，与关键字 37 所在位置冲突。……，直到利用式（9-5），f(48) = (f(48)+6) mod 12=6，没有冲突，将 48 存入下标为 6 的位置，如表 9.6 所示。

**表 9.6　开放定址法求散列地址 4**

| 下标 | 0 | 1 | 2 | 3 | 4 | 5 | 6 | 7 | 8 | 9 | 10 | 11 |
|---|---|---|---|---|---|---|---|---|---|---|---|---|
| 关键字 | 12 | 25 | 37 | 15 | 16 | 29 | 48 | 67 | 56 |  | 22 | 47 |

继续计算 key=34，发现 f(34)=10，与关键字 22 所在位置冲突，利用式（9-3），f(34)=(f(34)+1) mod 12=11……发现关键字 22 之后没有空位置，而前面却有一个空位置。

改进式（9-5）中 $d_i$的取值方式为$d_i=1^2, -1^2, 2^2, -2^2, \cdots$，从而可以双向寻找到可能的空位置。这种增加平方运算的目的是为了不让关键字积聚在某一块，称为二次探测法。二次探测法的公式为：

$$fi(key)=(f(key)+d_i)\ MOD\ m\ (d_i=1^2,-1^2,2^2,-2^2,\cdots) \tag{9-7}$$

【代码】

```
class HashTable:
    def __init__(self, size):
        self.elem = [None for i in range(size)]          #使用 list 保存哈希表
        self.count = size                                #最大表长
    def hash(self, key):
        return key % self.count                          #散列函数采用除留余数法
    def insert_hash(self, key):                          """插入关键字到哈希表内"""
        address = self.hash(key)                         #求散列地址
        while self.elem[address]:                        #当前位置已经有数据了,发生冲突
            address = (address+1) % self.count           #线性探测下一地址是否可用
        self.elem[address] = key                         #没有冲突则直接保存
        def search_hash(self, key):                      """查找关键字,返回布尔值"""
        star = address = self.hash(key)
        while self.elem[address] != key:
            address = (address + 1) % self.count
            if not self.elem[address] or address == star:  #说明没找到或者循环开始
                return False
        return True

if __name__ == '__main__':
    list_a = [12, 67, 56, 16, 25, 37, 22, 29, 15, 47, 48, 34]
    print(list_a)
    hash_table = HashTable(12)                            #表长为 12
    for i in list_a:
        hash_table.insert_hash(i)
    print("构造哈希表")
    for i in hash_table.elem:
        if i:
            print((i, hash_table.elem.index(i)), end=" ")
    print("\n")
    print("查找 15 结果是:",hash_table.search_hash(15))
        print("查找 33 结果是:",hash_table.search_hash(33))
```

【程序运行结果】

```
[12, 67, 56, 16, 25, 37, 22, 29, 15, 47, 48, 34]
构造哈希表
(12, 0) (25, 1) (37, 2) (15, 3) (16, 4) (29, 5) (48, 6) (67, 7) (56, 8) (34, 9) (22, 10)
(47, 11)
查找 15 结果是：True
查找 33 结果是：False
```

### 9.7.2 链地址法

链接地址法的思路是将哈希值相同的元素构成一个同义词的单链表，并将单链表的头指针存放在哈希表的第 i 个单元中，查找、插入和删除主要在同义词链表中进行。链表法适用于经常进行插入和删除的情况。

**【例 9-10】** 链地址法举例。

设哈希表地址为 HT[0..6]，关键字的集合为 key = {19,01,23,14,55,68,11,82,36}，哈希函数使用除留余数法，如表 9.7 所示。

**表 9.7 哈希函数**

| key | 19 | 01 | 23 | 14 | 55 | 68 | 11 | 82 | 36 |
|---|---|---|---|---|---|---|---|---|---|
| K% 7 | 5 | 1 | 2 | 0 | 6 | 5 | 4 | 5 | 1 |

由于 key=01 和 key=36 通过计算后的索引值都为 1，产生冲突，将 01 和 36 所在的节点链接在同一链表中，解决哈希冲突问题，如图 9.13 所示。

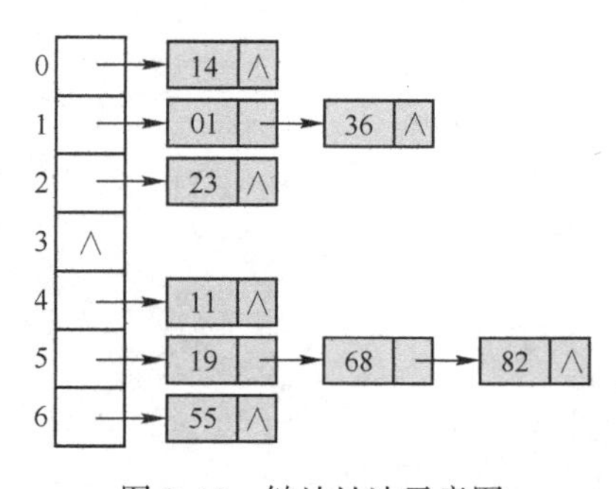


图 9.13 链地址法示意图

## 9.8 Python 自身查找算法

关于查找算法，Python 语言提供如下方式。

(1) in 运算符

功能：在指定的序列中找到值返回 True，否则返回 False。

(2) not in 运算符

功能：在指定的序列中没有找到值返回 True，否则返回 False。

```
>>> 'a' not in 'bcd'
    True
>>> 3 not in [1,2,3,4]
    False
```

（3） min()

功能：求出序列中最小值。

```
>>> l1=[1,5,9]
>> min(l1)
1
```

（4） max()

功能：求出序列中最大值。

```
>>> l1=[1,5,9]
>>> max(l1)
9
```

## 9.9 实例

### 9.9.1 查找最大值或最小值

**【例 9-11】**求序列中的最大值或最小值。

**【解析】**采用“打擂台”算法：声明变量 iMax，用于存储暂时最大值。第一个数为暂时最大值，将其依次与余下的数进行比较，如果余下的数中存在比 iMax 还大的数，更新 iMax，直到整个序列比较完毕。求最小值的方法与求最大值类似。

**【代码】**

```
def max(alist):                        #求最大值
    pos=0
    iMax=alist[0]                      #假设第一个值为当前最大值
    while pos<len(alist):              #在列表中循环
        if alist[pos]>iMax:            #如果列表当前值大于最大值 iMax
            iMax = alist[pos]          #当前值为最大值 iMax
        pos=pos+1                      #下一个位置
    return iMax
def min(alist):                        #求最小值
    pos=0
    iMin=alist[0]
    while pos<len(alist):
        if alist[pos]<iMin:
            iMin = alist[pos]
        pos=pos+1
    return iMin
```

```
def main():
    testlist=[2,6,7,3,4,5,6,66,77,45,32]
    print(testlist)
    print("最大值=",max(testlist))
    print("最小值=",min(testlist))
if __name__=='__main__':
    main()
```

【程序运行结果】

```
[2, 6, 7, 3, 4, 5, 6, 66, 77, 45, 32]
最大值= 77
最小值= 2
```

### 9.9.2 二分查找法递归实现

【例 9-12】二分查找法递归实现。

针对有序的序列，二分查找法每次能够排除一半的数据，查找的效率非常高。

【代码】

```
def binary_search(alist,item):                    #递归二分查找法
    if len(alist)==0:
        return False
    else:
        midpoint = len(alist)//2
        if alist[midpoint] == item:               #查找成功
            return True
        else:
            if item<alist[midpoint]:              #中间位置的值大于查找的关键字
                return binary_search(alist[:midpoint],item)
            else:
                return binary_search(alist[midpoint+1:],item)
li=[0,1,2,8,13,33,64,78]
print(binary_search(li,8))
print(binary_search(li,77))
```

### 9.9.3 查找出现次数最多的整数

【例 9-13】查找出现次数最多的整数。

在一组整数中把出现次数最多的整数输出。例如，在[100,150,150,200,250]中输出为 150。

【代码】

```
def max_list(lt):
    temp = 0
    for i in lt:
        if lt.count(i) > temp:
            max_str = i
```

```
            temp = lt.count(i)
    return max_str

n = [100,150,150,200,250]
print(max_list(n))
```

## 9.10 习题

1. 二分查找法的存储结构有什么特点？

2. 顺序查找法适合于什么样存储结构的线性表？

3. 设有一个长度为100的已排好序的表，用二分查找法进行查找，若查找不成功，至少比较多少次？

4. 对于关键字集合{87,25,310,08,27,132,68,95,187,123,70,63,47}，使用哈希函数H(key)=key Mod 11将其中的元素依次散列到哈希表HT[11]中，并采用链地址法解决冲突，画出最终的哈希表，并计算在等概论情况下查找成功时平均查找长度。

5. 若对具有n个元素的有序表和无序表分别进行顺序查找，试在下述两种情况下分别讨论两者在等概率时的平均查找长度。

1）查找不成功，即表中无关键字等于给定值K的记录。

2）查找成功，即表中有关键字等于给定值K的记录。

6. 设有序表为(a,b,c,d,e,f,g,h,i,j,k,p,q)，请分别画出对给定值b和g进行二分查找的过程。

7. 设哈希表地址为HT[0..10]，关键字的集合为key={24,38,23,70,56,53,43,64,36}，哈希函数使用除留余数法，求哈希表。

8. 关键字集合为{47,7,29,11,16,92,22,8,3}，表长为11。选取哈希函数f(key)=key mod 11，用线性探测法处理冲突，构造哈希表，并求其查找成功时的平均查找长度。

# 第10章　排　　序

排序是应用较为广泛的数据处理方法。本章详细介绍了各类排序方法。其中，插入排序包括直接插入排序、折半插入排序和希尔排序；交换排序包括冒泡排序和快速排序；选择排序包括简单选择排序和堆排序等。最后从时间性能、空间性能和稳定性能等方面对排序方法进行了总结。

## 10.1　排序概述

排序使得一串记录按照关键字的大小递增或递减排列，如用百度引擎搜索网页，搜索结果就是排序后的结果。在这种搜索中各个网页就是记录，按照某种算法计算网页和用户检索要求之间的相关度就是关键字，搜索结果按照相关度对网页进行排列，如图10.1所示。京东商城可以根据用户的浏览记录向用户推荐商品，如图10.2所示，这也是排序算法处理的结果。

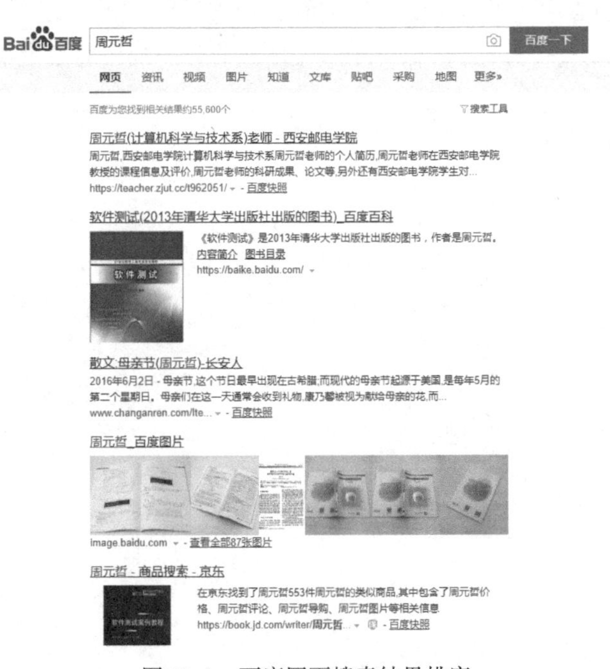


图10.1　百度网页搜索结果排序

排序的过程是一个逐步减小记录的无序序列区，而逐步扩大记录的有序序列区的过程，如图10.3所示。

排序方法大致可分为插入排序、交换排序、选择排序和归并排序等几种类型，如图10.4所示。

图 10.2　京东商城商品推荐结果排序

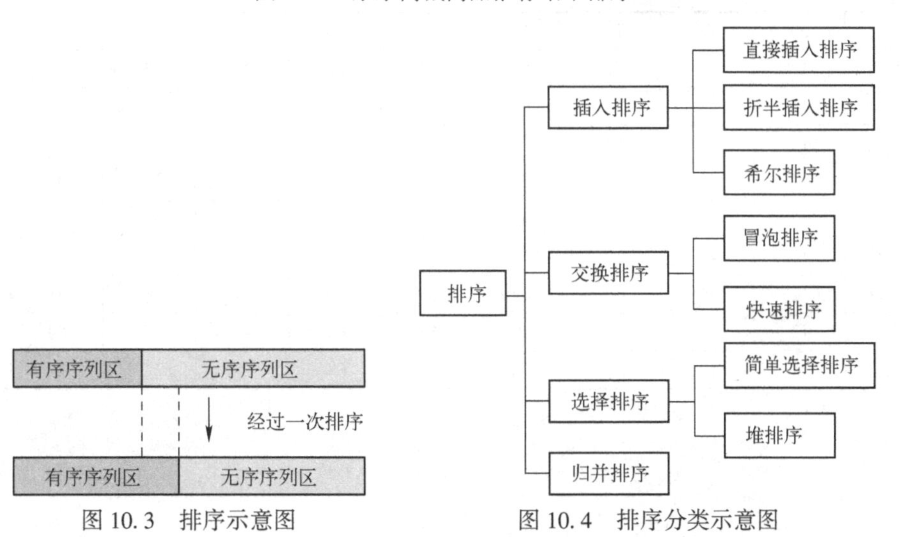


图 10.3　排序示意图

图 10.4　排序分类示意图

## 10.2　插入排序

插入排序是一种最简单、直观的排序算法，将无序子序列中的一个或几个记录插入到有序序列中，从而减少无序子序列，增加有序子序列的长度。插入排序又可细分为直接插入排序、折半插入排序和希尔排序。

### 10.2.1　直接插入排序

直接插入排序的工作原理是通过构建有序序列，对于未排序数据，在已排序序列中从后向前扫描，找到相应位置并插入。针对给定序列 a[0…n-1]，直接插入排序算法如下所述。

1）初始时，a[0]自成 1 个有序区，无序区为 a[1..n-1]。

2）第 2 个元素与列表中左侧的第 1 个元素比较，如果 a[0]>a[1]，则交换位置，结果是左侧已排序的两个元素。

3）以此类推，将 a[i]并入前面已排序的子序列 a[0…i-1]中形成 a[0…i]的有序区间。

4）进行 n-1 轮比较和交换后，列表中的所有元素均按递增顺序排序。

直接插入排序每次将一个待排序的记录按其关键字大小插入到已排序的子序列中，直到全部记录插入完成为止。在理想情况下，最初的序列处于排序状态，循环仅需比较一次；在最差的情况下，列表处于逆序状态。插入排序法的时间复杂度为 $O(n^2)$。

**【例 10-1】** 序列 a=[59,12,77,64,72,69,46,89,31,9]采用直接插入排序的过程如

表 10.1 所示。

第 1 轮：a[1]的值 12 小于 a[0]的值 59，则交换 a[1]和 a[0]的位置，完成第 1 轮比较。

第 2 轮：a[2]的值 77 大于 a[0]的值 12 和 a[1]的值 59，不用交换，完成第 2 轮比较。

第 3 轮：a[3]的值 64 大于 a[0]的值 12 和 a[1]的值 59，不用交换。a[3]的值 64 小于 a[2]的值 77，则交换 a[3]和 a[2]的位置，完成第 3 轮比较。

依此类推，实现整个序列的升序，见表 10.1。

**表 10.1　直接插入排序示例**

| 原始数组 | 59 | 12 | 77 | 64 | 72 | 69 | 46 | 89 | 31 | 9 |
|---|---|---|---|---|---|---|---|---|---|---|
| 第 1 轮比较 | **12** | 59 | 77 | 64 | 72 | 69 | 46 | 89 | 31 | 9 |
| 第 2 轮比较 | 12 | 59 | 77 | 64 | 72 | 69 | 46 | 89 | 31 | 9 |
| 第 3 轮比较 | 12 | 59 | **64** | 77 | 72 | 69 | 46 | 89 | 31 | 9 |
| 第 4 轮比较 | 12 | 59 | 64 | **72** | 77 | 69 | 46 | 89 | 31 | 9 |
| 第 5 轮比较 | 12 | 59 | 64 | **69** | 72 | 77 | 46 | 89 | 31 | 9 |
| 第 6 轮比较 | 12 | **46** | 59 | 64 | 69 | 72 | 77 | 89 | 31 | 9 |
| 第 7 轮比较 | 12 | 46 | 59 | 64 | 69 | 72 | 77 | 89 | 31 | 9 |
| 第 8 轮比较 | 12 | **31** | 46 | 59 | 64 | 69 | 72 | 77 | 89 | 9 |
| 第 9 轮比较 | **9** | 12 | 31 | 46 | 59 | 64 | 69 | 72 | 77 | 89 |

【代码】

```
def insertionSort(arr):
    for i in range(1, len(arr)):
        key = arr[i]
        j = i-1
        while j >=0 and key < arr[j] :
                arr[j+1] = arr[j]
                j -= 1
        arr[j+1] = key


arr = [59,12,77,64,72,69,46,89,31,9]
print('before:',arr)
insertionSort(arr)
print ("after:")
for i in range(len(arr)):
    print ("%d    "%arr[i],end='')
```

【程序运行结果】

```
before: [59, 12, 77, 64, 72, 69, 46, 89, 31, 9]
after:
9  12  31  46  59  64  69  72  77  89
```

### 10.2.2　折半插入排序

折半插入排序是对插入排序算法的一种改进。由于直接插入排序算法中前半部分为已排序的序列，因此不再需要按顺序依次寻找插入点。折半插入排序比直接插入排序大量减少关键字的比较次数，但插入时记录移动次数不变。因此，折半插入排序的时间复杂度仍然为 $O(n^2)$。

折半插入排序算法如下所述。

1）将有序区域首元素位置设为 low，末元素位置设为 high。

2）将待插入元素 k 与 a[m]比较，其中 m=(low+high)/2 表示中间位置。如果 k<a[m]，则选择 a[low]到 a[m-1]为新的插入区域（即 high=m-1）；否则，选择 a[m+1]到 a[high]为新的插入区域（即 low=m+1）；

3）重复执行直至 low>high；将 high+1 作为插入位置，此位置后所有元素后移一位，并将新元素插入 a[high+1]。

【代码】

```
def binary_sort(a):
    for i in range(0, len(a)):
        index = a[i]
        low = 0
        hight = i - 1
        while low <= hight:
            mid = (low + hight) // 2
            if index > a[mid]:
                low = mid + 1
            else:
                hight = mid - 1
        for j in range(i, low, -1):
            a[j] = a[j - 1]
        a[low] = index

li=[59,12,77,64,72,69,46,89,31,9]
print('before: ',li)
binary_sort(li)
print('after: ',li)
```

【程序运行结果】

```
before: [59, 12, 77, 64, 72, 69, 46, 89, 31, 9]
after: [9, 12, 31, 46, 59, 64, 69, 72, 77, 89]
```

### 10.2.3 希尔排序

希尔排序（Shell Sort）是插入排序的另一个改进，也称缩小增量排序。由于直接插入排序每次只能将数据移动一位，效率较低，为此，希尔排序采用大跨步间隔比较方式让记录跳跃式接近它的排序位置，通过把记录按下标的一定增量分组，对每组使用直接插入排序算法排序；随着增量逐渐减少，每组包含的关键词越来越多，当增量减至 1 时，算法终止。

直接插入法排序是两重循环，而希尔排序是三重循环，最外层循环，控制增量，并逐步减小增量的值。中间层循环从下标为 gap 的元素开始比较，逐个跨组处理。最内层循环是对组内的元素进行插入法排序。

希尔排序的算法思想如下所述。

1）取一个正整数 $d_1(d_1<n)$ 作为步长，把全部记录分成 $d_1$ 组，所有距离为 $d_1$ 倍数的记录看作一组，然后在各组内进行插入排序。

2）取更小的步长 $d_2(d_2<d_1)$，重复上述分组和排序操作，直到取 $d_i=1(i\geq1)$ 为止，即所有记录成为一个组。

3）最后对这个组进行插入排序。

步长的选法一般为 $d_1$ 为 n/2，$d_2$ 为 $d_1/2$，$d_3$ 为 $d_2/2$，…，$d_i=1$。

**【例 10-2】**给定序列[11,9,84,32,92,26,58,91,35,27,46,28,75,29,37,12]，步长设为 $d_1=5$、$d_2=3$、$d_3=1$，希尔排序过程如下。

第 1 轮以步长 $d_1=5$ 开始分组，分组情况如下（每列代表一组）。

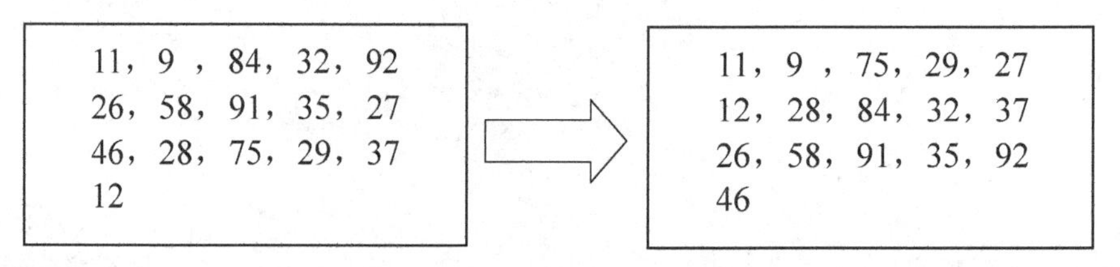


排序结果为[11,9,75,29,27,12,28,84,32,37,26,58,91,35,92,46]。

第 2 轮以步长 $d_2=3$ 进行分组。

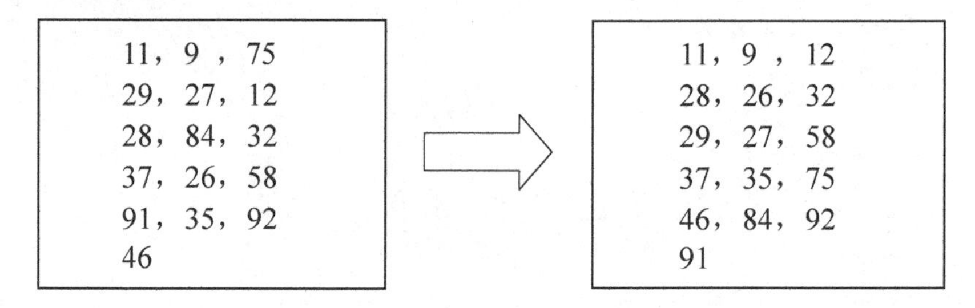


排序结果为[11,9,12,28,26,32,29,27,58,37,35,75,46,84,92,91]。

第 3 轮以步长 $d_3=1$ 进行分组，此时就是简单的插入排序，最终排序结果为。

[9,11,12,26,27,28,29,32,35,37,46,58,75,84,92,91]

【代码】

```
def shell_sort(alist):
    n=len(alist)
    gap=n//2
    while gap>0:
        for i in range(gap,n):
            j=i
            while j>=gap and alist[j-gap]>alist[j]:
                alist[j-gap],alist[j]=alist[j],alist[j-gap]
                j-=gap
```

```
        gap =gap//2
li=[11,9,84,32,92,26,58,91,35,27,46,28,75,29,37,12]
print('before: ',li)
shell_sort(li)
print('after: ',li)
```

【程序运行结果】

```
before: [11, 9, 84, 32, 92, 26, 58, 91, 35, 27, 46, 28, 75, 29, 37, 12]
after: [9, 11, 12, 26, 27, 28, 29, 32, 35, 37, 46, 58, 75, 84, 91, 92]
```

## 10.3 交换排序

交换排序是通过排序表中两个记录关键码的比较，若与排序要求相逆，则将两者进行交换，直至没有反序的记录为止。交换排序的特点是：排序码值较小的记录向序列的一端移动，排序码值较大的记录向序列的另一端移动。交换排序可分为冒泡排序和快速排序等。

### 10.3.1 冒泡排序

冒泡排序的基本思想是：比较相邻的两个关键字，如果是逆序，进行交换，直到没有逆序元素为止。由于大的元素会经由交换慢慢浮到序列顶端，故称之为冒泡排序。

冒泡排序算法的基本步骤如下所述。

1）比较相邻两个位置的数据，如果前面的数据大于后面的数据，则将两个数据交换。

2）对数组的第0个数据到第n-1个数据两两比较，进行一次遍历后，最大的一个数据就移到数组第n-1个数据的位置。第一轮比较完成。

3）依此类推，进行n-1轮比较后，列表中的所有元素按递增顺序排序。

冒泡排序如图10.5所示。最初的序列为[54,26,93,17,77,31,44,55,20]，实现升序。a[0]的值为54，大于a[1]的值26，则交换a[0]和a[1]的位置。a[1]的值为54，小于a[2]的值93，不是逆序，不交换，依此类推，序列中最大的数值93移到序列的最末位置，完成了第1轮比较。

【代码】

```
def bubble_sort(alist):
    for j in range(len(alist)-1,0,-1):                  #外循环
        for i in range(j):                               #内循环
            if alist[i]>alist[i+1]:
                alist[i],alist[i+1]=alist[i+1],alist[i]
li=[54,26,93,17,77,31,44,55,20]
print('before: ',li)
bubble_sort(li)
print('after: ',li)
```

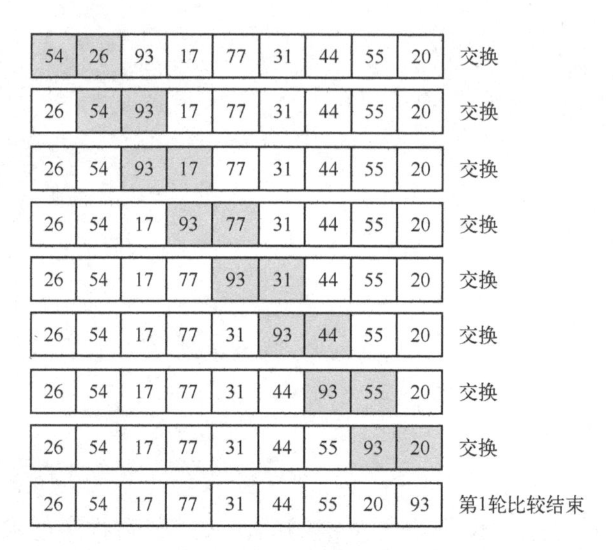


图 10.5　冒泡排序示意图

【程序运行结果】

```
before: [54, 26, 93, 17, 77, 31, 44, 55, 20]
after: [17, 20, 26, 31, 44, 54, 55, 77, 93]
```

### 10.3.2　快速排序

快速排序采用分而治之的算法思想，是在冒泡排序基础上的递归分治法。快速排序又称划分交换排序（partition-exchange sort），针对数组 a[p:r]，其实现步骤如下。

1）**分解**：以 a[p]为基准元素将 a[p:r]分成 3 段：a[p:q-1]、a[q]和 a[q+1:r]。满足条件 a[p:q-1]中任何一个元素小于或等于 a[q]，a[q+1:r]中任何一个元素大于或等于 a[q]。下标 q 在划分过程中确定。

2）**递归求解**：通过递归调用快速排序算法分别对 a[p:q-1]和 a[q+1:r]进行排序。

3）**合并**：对 a[p:q-1]和 a[q+1:r]的排序在各自的范围内进行，因此排序后不需任何运算，整个数组 a[p:r]即完成排序。

算法的关键是实现以基准元素 a[p]对子数组 a[p:r]进行划分，将小于基准元素的元素放在原数组的左半部分，大于基准元素的元素放在原数组的右半部分。

**【例 10-3】** 对 a=[48,36,61,99,81,14,30]进行快速排序。

选定基准值 key=a[0]=48 作为分界点，初始状态：i=0，j=6，key=a[0]=48，如图 10.6 所示。

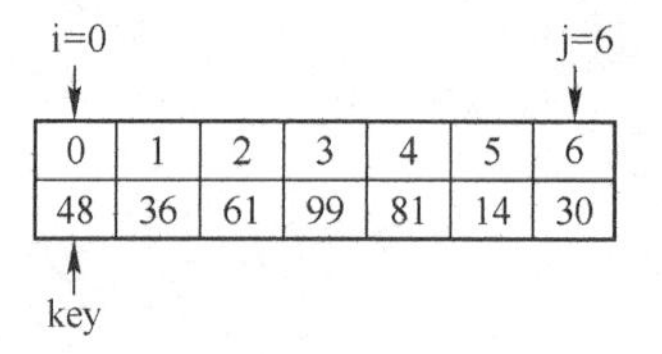


图 10.6　初始状态

第 1 次交换：从右向左找到 a[j]小于 key 的值 j=6，a[j]=30；从左向右找到 a[i]大于 key 的值 i=2，a[i]=61；将 a[j]和 a[i]进行交换，如图 10.7 所示。

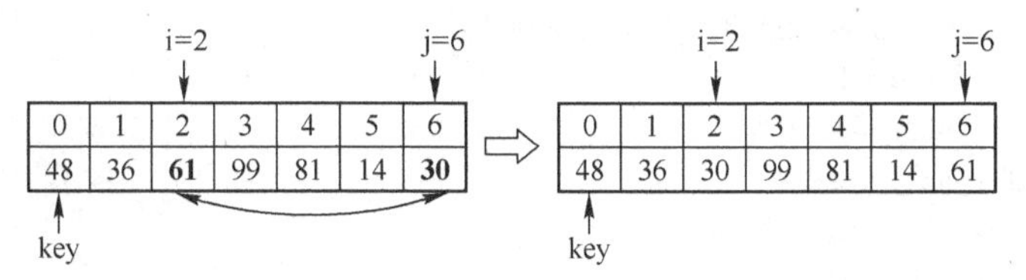


图 10.7　第一次交换

第 2 次交换：从右向左找到 a[j]小于 key 的值 j=5，a[j]=14；从左向右找到 a[i]大于 key 的值 i=3，a[i]=99；将 a[j]和 a[i]进行交换，如图 10.8 所示。

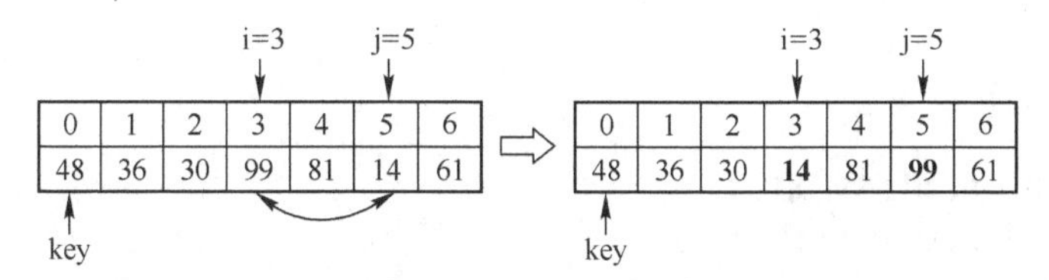


图 10.8　第二次交换

第 3 次交换：从右向左找到 a[j]小于 key 的值 j=3，此时 i=j=3，第一轮交换结束，将基准数 48 和 14 进行交换，如图 10.9 所示。

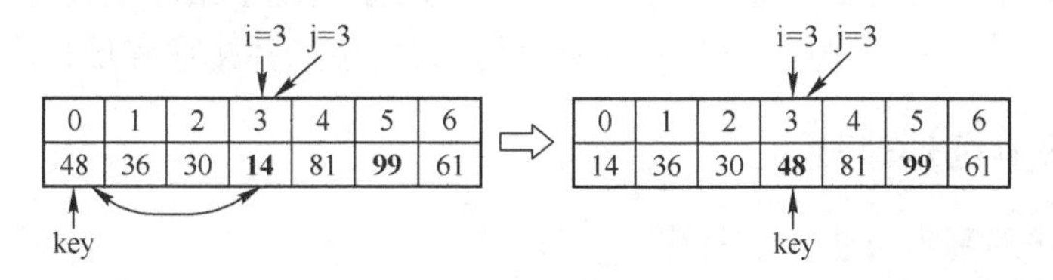


图 10.9　第三次交换

以 48 作为分界点，48 左边的数都小于或等于 48，48 右边的数都大于或等于 48。左边的序列是“14，36，30”。此时 14 左边没有数据，只有右边有数据，且都比 14 大，说明 14 已经归位。接下来需要处理 14 右边的序列“36，30”，处理完毕的序列为“30，36”，到此 30 已经归位。36 左边已排序，右边序列“36”只有一个数，也不需要进行任何处理，最后得到的左边序列为 14，30，36。右边序列为 81，99，61 依此类推，排序为：61，81，99。到此，排序结束得到的最终序列为：14，30，36，48，61，81，99。

【代码】

```
def quick_sort(alist ,start,end):
    if start>=end:
        return
    mid =alist[start]
    low=start
    high =end
    while low < high:
        while low<high and alist[high]>=mid:
```

```
                high -= 1
            alist[low] = alist[high]
            while low<high and alist[low]<mid:
                low += 1
            alist[high] = alist[low]
            alist[low] = mid
        quick_sort(alist ,start,low-1)
        quick_sort(alist ,low+1,end)

li=[48,36,61,99,81,14,30]
print('before:',li)
quick_sort(li,0,len(li)-1)
print('after:',li)
```

【程序运行结果】

```
before: [48, 36, 61, 99, 81, 14, 30]
after: [14, 30, 36, 48, 61, 81, 99]
```

## 10.4 选择排序

选择排序的基本思想是从记录的无序子序列中选择关键字最小（最大）的记录，加入到有序子序列中，最终完成排序。选择排序又可分为简单选择排序和堆排序。

### 10.4.1 简单选择排序

简单选择排序的基本思想如下所述。

1）从序列 a[0,..,n-1]中选出最小的数（通过“打擂台”算法实现），将其与序列第 1 个位置上的元素进行交换，使得第 1 个数组位置上的元素最小。

2）除去序列第 1 个位置上的元素，从剩下的 n-1 个元素中，按步骤 1 选出剩下的元素中的最小值，将其与第 2 个位置上的元素交换，从而使得第 2 个位置上的元素为次小。

3）依此类推，进行 n-1 轮选择和交换后，完成从小到大的排序。

**【例 10-4】**给定序列[5,2,1,8,3,4,6,7]，简单选择排序的过程如下所述。

第 1 次交换：当 i=0 时，a[i]=5，min=2，a[min]=1，交换 a[min]与 a[i]的值，如图 10.10 所示。

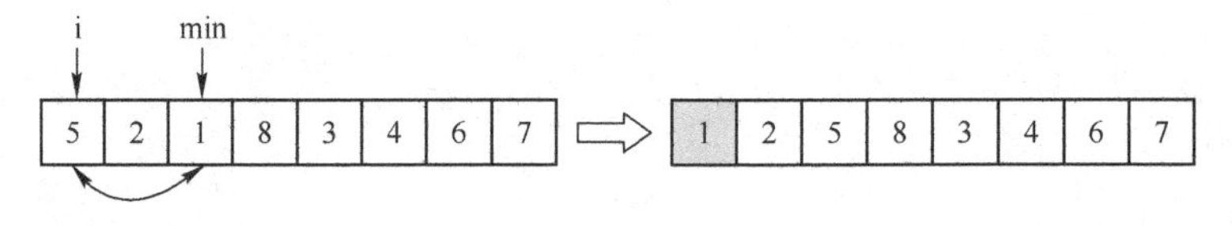


图 10.10 第 1 次交换

第 2 次交换：当 i=1 时，a[i]=2，min=1，a[min]=2，a[min]与 a[i]的值相等，不需要交换，如图 10.11 所示。

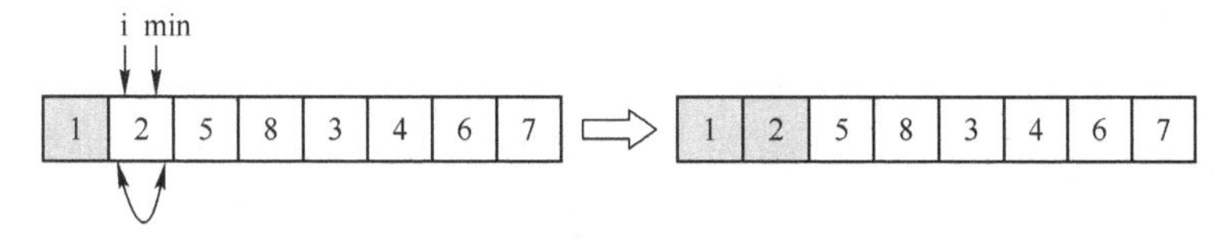


图 10.11　第 2 次交换

第 3 次交换：当 i=2 时，a[i]=5，min=4，a[min]=3，交换 a[min]与 a[i]的值，如图 10.12 所示。

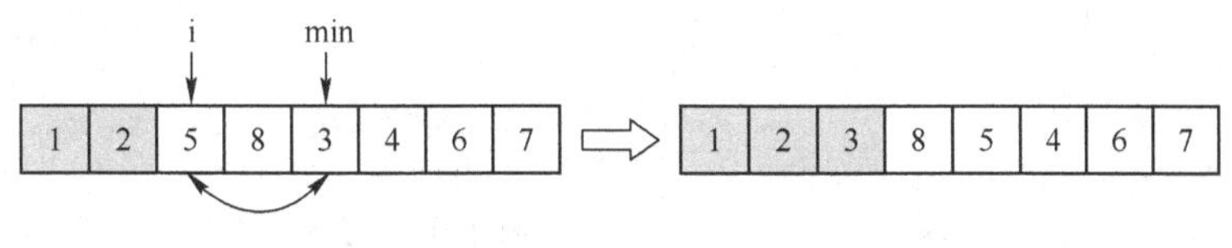


图 10.12　第 3 次交换

第 4 次交换：当 i=3 时，a[i]=8，min=5，a[min]=4，交换 a[min]与 a[i]的值，如图 10.13 所示。

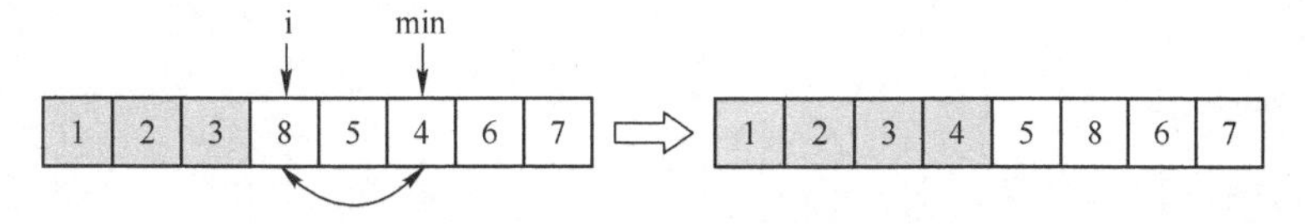


图 10.13　第 4 次交换

第 5 次交换：当 i=4 时，a[i]=5，min=4，a[min]=5，a[min]与 a[i]的值相等，不需要交换，如图 10.14 所示。

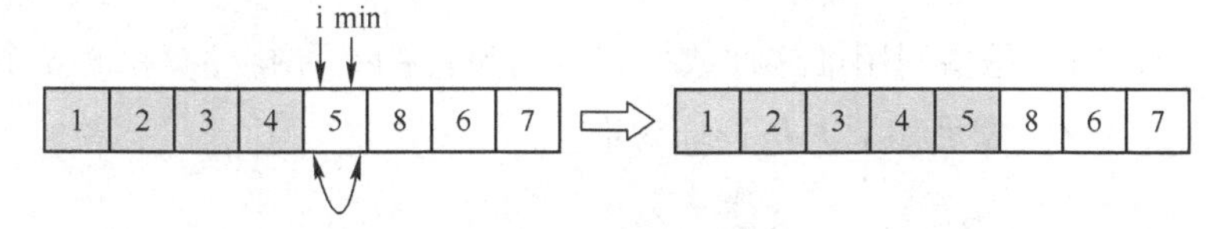


图 10.14　第 5 次交换

第 6 次交换：当 i=5 时，a[i]=8，min=6，a[min]=6，交换 a[min]与 a[i]的值，如图 10.15 所示。

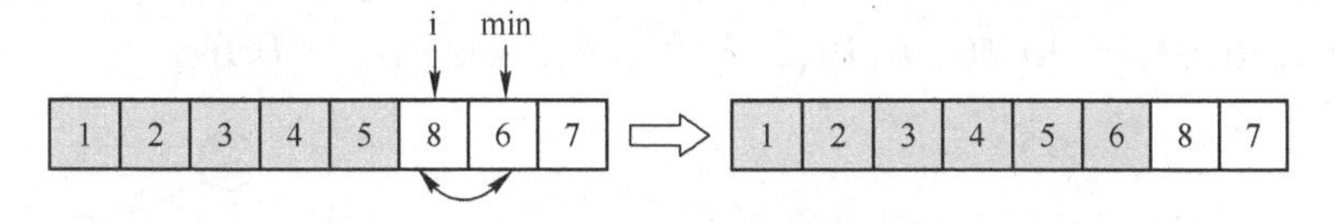


图 10.15　第 6 次交换

第 7 次交换：当 i=6 时，a[i]=8，min=7，a[min]=7，交换 a[min]与 a[i]的值，如图 10.16 所示。

排序完成，最终结果为：[1,2,3,4,5,6,7,8]。

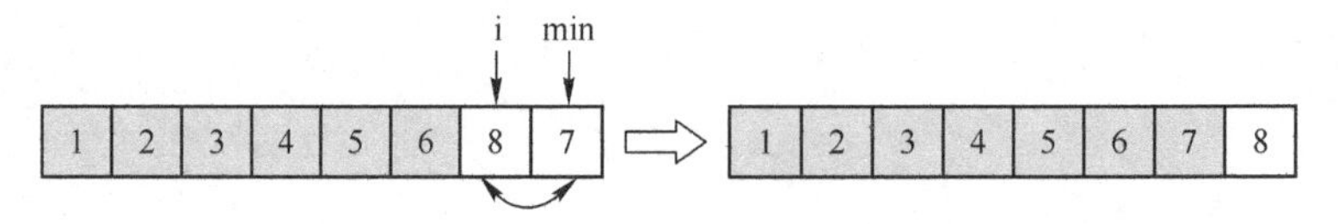


图 10.16　第 7 次交换

【代码】

```
def selection_sort(alist):
    n=len(alist)
    for i in range(0,n):
        min = i                          #将当前下标定义为最小值下标
        for j in range(i+1,n):
            if alist[j]<alist[min]:      #如果有小于当前最小值的关键字
                min = j                  #将此关键字的下标赋值给 min_index
        if  i ! = min:                   #i 不是最小数时,将 i 和最小数交换
alist[i],alist[min]=alist[min],alist[i]
li=[5,2,1,8,3,4,6,7]
print('before:',li)
selection_sort(li)
print('after:',li)
```

【程序运行结果】

```
before: [5, 2, 1, 8, 3, 4, 6, 7]
after: [1, 2, 3, 4, 5, 6, 7, 8]
```

## 10.4.2　堆排序

堆排序（Heapsort）是指利用堆这种数据结构所设计的一种排序算法。n 个元素的序列 $(k_1,k_2,...,k_n)$ 当且仅当满足如下关系，称为堆。

$$\begin{cases} k_i \leqslant k_{2i} \\ k_i \leqslant k_{2i+i} \end{cases} \text{或} \begin{cases} k_i \geqslant k_{2i} \\ k_i \geqslant k_{2i+1} \end{cases} \left( i=1,2,\cdots,\left\lfloor \frac{n}{2} \right\rfloor \right) \tag{10-1}$$

由堆的定义可以看出，堆是一种特殊的完全二叉树，分为大根堆和小根堆。小根堆中最小元素出现在堆顶，根节点的值小于或等于其孩子节点。大根堆是指最大元素出现在根顶，根节点的值大于或等于孩子节点。序列[2,5,8,16,30,16,20,45,60]是小根堆，如图 10.17 所示。序列[90,50,80,16,30,60,70,10,2]是大根堆，如图 10.18 所示。

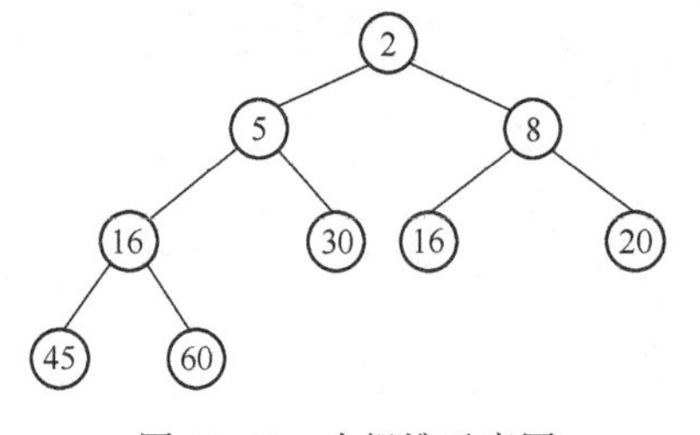


图 10.17　小根堆示意图

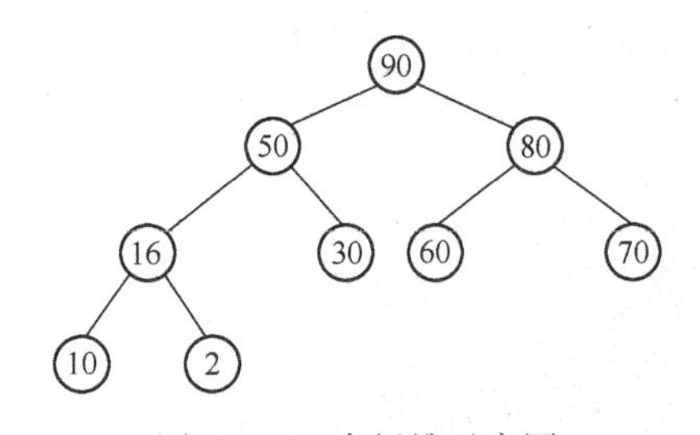


图 10.18　大根堆示意图

堆排序的算法思想如下：将 n 个元素的序列作为一棵顺序存储的二叉树，调整为堆，将堆顶元素输出，得到 n 个元素中的最小（最大）元素。对剩下 n-1 个元素重新调整为堆，输出堆顶元素。依此类推，完成排序。

堆排序需解决如下两个问题。

问题 1：如何将 n 个待排序的元素建成堆。

问题 2：输出堆顶元素后，怎样调整剩余 n-1 个元素，使其成为新堆。

1）对初始序列建堆的过程就是一个反复进行筛选的过程。

① n 个节点的完全二叉树，从第$\lfloor n/2 \rfloor$个节点开始筛选，使得该子树成为堆。

② 依次向前对各节点为根的子树进行筛选，使之成为堆，直到根节点。

【问题 1 示例】序列 a=[49,38,65,97,76,13,27,49]建成最小堆，建堆过程如图 10.19 所示。序列 a 共 8 个节点，筛选从第$\lfloor n/2 \rfloor$=4 个节点 97 为根的子树开始建堆，如图 10.19a~图 10.19b 的过程所示。依次向前，第 3 个节点 65 为根建成堆，如图 10.19b~图 10.19c 的过程所示。第 2 个节点 38 为根建成堆，如图 10.19c~图 10.19d 的过程所示。第 1 个节点 49 为根建成堆，如图 10.19d~图 10.19e 的过程所示。

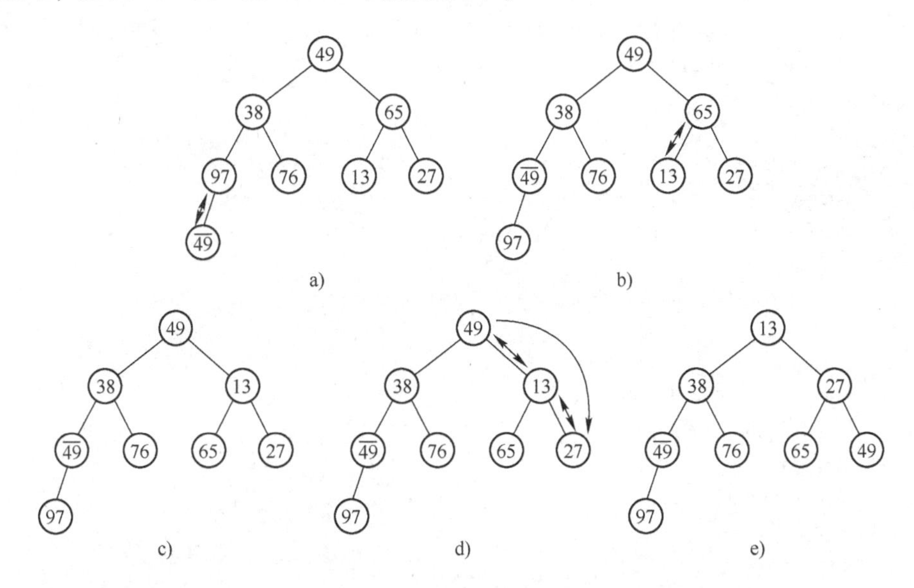


图 10.19　自堆顶到叶子的调整过程

a）无序序列　b）97 被筛选之后的状态　c）65 被筛选之后的状态

d）38 被筛选之后的状态　e）49 被筛选之后建成的堆

2）输出堆顶元素后，对剩余 n-1 个元素重新建成堆的调整过程。

从根节点到叶子节点的调整过程称为筛选，调整小根堆的步骤如下所述。

① 有 n 个元素的堆，输出堆顶元素。将堆底元素送入堆顶，堆被破坏。

② 将根节点与左、右子树中较小的元素进行交换。

③ 左、右子树堆被破坏，重复步骤 2。

④ 对不满足堆性质的子树进行上述交换操作，直到叶子节点，堆被建成。

【问题 2 示例】序列[11,35,25,87,46,31,52,97]构建的最小堆，取出堆顶元素 11 后，自堆顶到叶子的调整过程，如图 10.20 所示。

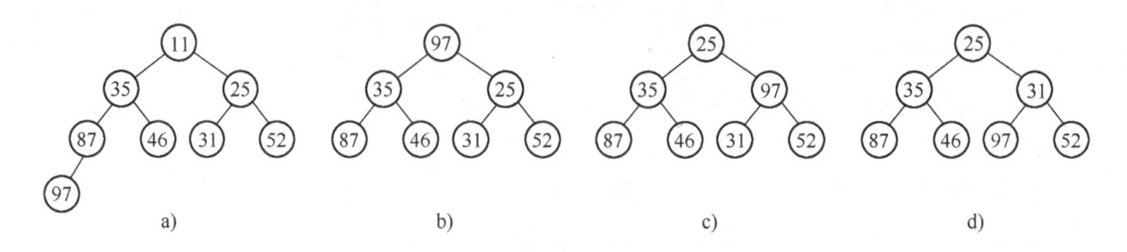


图 10.20　自堆顶到叶子的调整过程

a）输出栈顶 11，将栈底 97 送入栈顶　b）堆被破坏，根节点与右子树交换

c）右子树不满足堆，其根与左子树交换　d）堆已完成

【堆排序代码 1】

```
def buildMaxHeap(arr):
    import math
    for i in range(math.floor(len(arr)/2),-1,-1):
        heapify(arr,i)
def heapify(arr, i):
    left = 2 * i+1
    right = 2 * i+2
    largest = i
    if left < arrLen and arr[left] > arr[largest]:
        largest = left
    if right < arrLen and arr[right] > arr[largest]:
        largest = right
    if largest != i:
        swap(arr, i, largest)
        heapify(arr, largest)
def swap(arr, i, j):
    arr[i], arr[j] = arr[j], arr[i]
def heapSort(arr):
    global arrLen
    arrLen = len(arr)
    buildMaxHeap(arr)
    for i in range(len(arr)-1,0,-1):
        swap(arr,0,i)
        arrLen -=1
        heapify(arr, 0)
    return arr

L = [50, 16, 30, 10, 60,  90,  2, 80, 70]
print(heapSort(L))
```

【堆排序代码 2】采用 collections 库的 deque 实现，见附录 C。

```
from collections import deque
def swap_param(L, i, j):                          #把堆顶元素和堆末尾的元素交换
    L[i], L[j] = L[j], L[i]
    return L
def heap_adjust(L, start, end):                   #heap_ adjust 函数用于调整为大根堆
    temp = L[start]
    i = start
    j = 2 * i
    while j <= end:                               #代表在调整完整棵树前一直进行循环
        if (j < end) and (L[j] < L[j + 1]):       #保证 j 取到较大子树的坐标
            j += 1
        if temp < L[j]:
            #如果子树的根节点小于子树的值，就把根节点和较大子树的值进行交换
            L[i] = L[j]
            i = j
            j = 2 * i
        else:
            break
    L[i] = temp
def heap_sort(L):                                 #heap_sort 函数用于构造大根堆
    L_length = len(L) - 1                         #引入一个辅助空间
    first_sort_count = L_length // 2
    for i in range(first_sort_count):             #把序列调整为一个大根堆
        heap_adjust(L, first_sort_count - i, L_length)
    for i in range(L_length - 1):
        L = swap_param(L, 1, L_length - i)
#把堆顶元素和堆末尾的元素交换(引入的一个辅助空间,序列长度减 1)
        heap_adjust(L, 1, L_length - i - 1)       #把剩下的元素调整为一个大根堆
    return [L[i] for i in range(1, len(L))]
def main():
    L = deque([50, 16, 30, 10, 60,  90,  2, 80, 70])
    L.appendleft(0)
    print(heap_sort(L))
if __name__ == '__main__':
    main()
```

**【解析】**

对于序列 deque([50, 16, 30, 10, 60, 90, 2, 80, 70])，辅助变量 first_sort_count 的值从第⌊n/2⌋个节点为根的子树开始，位置顺序是 4→3→2→1，就是 10→30→16→50 的调整，如图 10.21 所示。

代码讲解如下。

- heap_sort 函数调用 heap_adjust(L, first_sort_count - i, L_length)函数，参数值为 L=[0, 50, 16, 30, 10, 60, 90, 2, 80, 70]，start=4，end=9，如图 10.22 所示。
- temp = L[start]就是 temp=L[4]=10,i=start，i 此时为 4，树节点为 j = 2 * i，是第 4 个节点的左子树坐标。
- while j <= end：循环条件 j <= end 代表在调整完整棵树树之前一直进行循环。

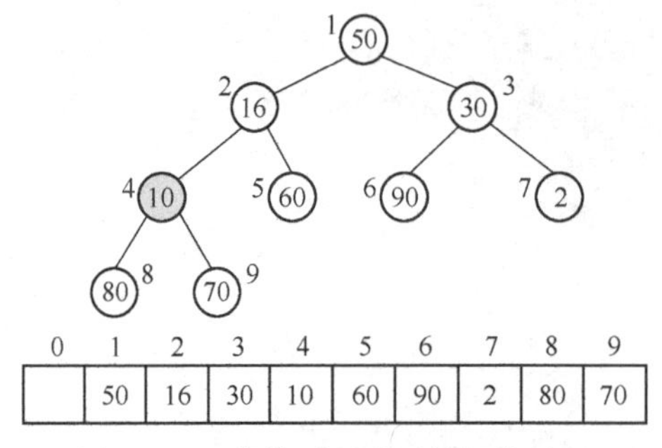

图 10.21　自堆顶到叶子的调整过程

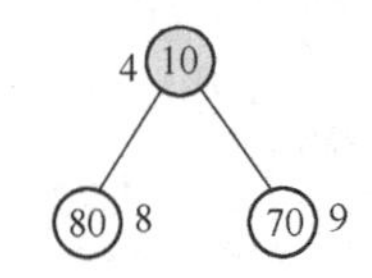

图 10.22　局部二叉树

- if (j < end) and (L[j] < L[j + 1])是要保证 j 取到较大子树的坐标，由于左子树的值 80 大于右子树的值 70，if 条件为假，不执行。
- if temp < L[j]：如果根节点小于子树的值，就把根节点和较大的子树的值进行交换，temp<L[j]：10<80，所以执行 if 内的语句 L[i] = L[j]执行后 L[i]为 80，i = j 执行后 i=8，j = 2 * i，执行后 j 为 16，此时不满足循环条件，退出循环，然后执行 L[i] = temp，执行后 L[i] = 10。
- heap_adjust 函数实现每个子树的根节点和较大的子节点进行值交换，经过 4 次调整后，这棵树就变成了一个大根堆，此时序列如图 10.23 所示：

| 0 | 1 | 2 | 3 | 4 | 5 | 6 | 7 | 8 | 9 |
| --- | --- | --- | --- | --- | --- | --- | --- | --- | --- |
|  | 90 | 80 | 50 | 70 | 60 | 30 | 2 | 10 | 16 |

图 10.23　大根堆

- L = swap_param(L, 1, L_length - i)交换第一个节点和最后一个节点的值（因为引入了一个辅助空间，所以序列长度减 1），此时序列变成了[16, 80, 50, 70, 60, 30, 2, 10, 90]。
- heap_adjust(L, 1, L_length - i - 1)用于对[16, 80, 50, 70, 60, 30, 2, 10]进行调整，由于之前已经把序列调整为了大根堆，所以此时循环条件变为从堆顶进行小范围调整即可以。调整后堆变为如图 10.24 和图 10.25 所示。

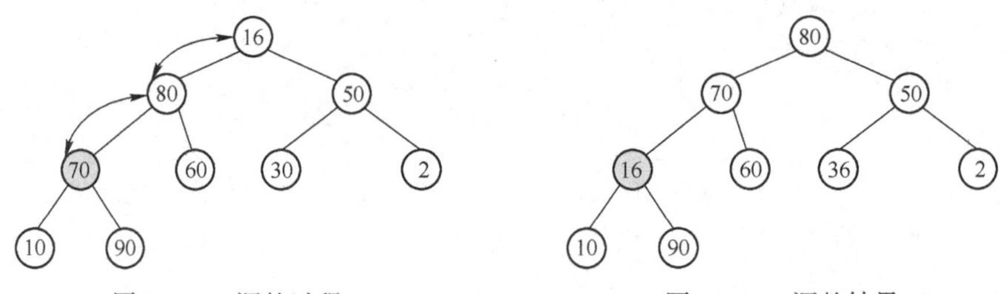

图 10.24　调整过程　　　　图 10.25　调整结果

至此，完成了一次堆排序[80, 70, 50, 16, 60, 30, 2, 10, 90]。继续交换 10 和 80，进行堆调整，直到遍历完整个序列为止。

【堆排序代码 3】采用 heapq 模块实现，见附录 C。

```
import heapq
def heapsort(iterable):
```

```
    h = [ ]
    for value in iterable:
        heapq.heappush(h, value)
    return [heapq.heappop(h) for i in range(len(h))]
if __name__ == '__main__':
    li=[50, 16, 30, 10, 60, 90, 2, 80, 70]
    print("before:",li)
    h=heapsort(li)
    print("after:",h)
```

【程序运行结果】

```
before:[50, 16, 30, 10, 60, 90, 2, 80, 70]
after: [2, 10, 16, 30, 50, 60, 70, 80, 90]
```

## 10.5 归并排序

归并排序法基于分治法思想，首先递归地分解序列，再合并序列。其算法步骤如下所述。

1）申请空间，使其大小为两个已经排序序列之和，用来于存放合并后的序列。

2）设定两个指针，最初位置分别为两个已经排序序列的起始位置。

3）比较两个指针所指向的元素，选择相对小的元素放入到合并空间，并移动指针到下一位置。

4）重复3)直到某一指针达到序列尾。

5）将另一序列剩下的所有元素直接复制到合并序列尾。

**【例10-5】** 归并排序举例。

归并排序过程如图10.26所示。序列[9, 4, 6, 2, 1,7]首先被分解为两组[9, 4, 6]和[2, 1,7]。然后[9, 4, 6]又被分解为[9, 4]和[6]，[6]不再被分解，排序完成。[9, 4]被分解为[9]和[4]，排序完成。开始归并[9]和[4]，获得[4,9]，继续归并[4,9]与[6]获得[4,6,9]，左半段排序完成，同样的过程可获得右半段的结果[1,2,7]。最后归并[4,6,9]与[1,2,7]获得整个排序为[1,2,4,6,7,9]。

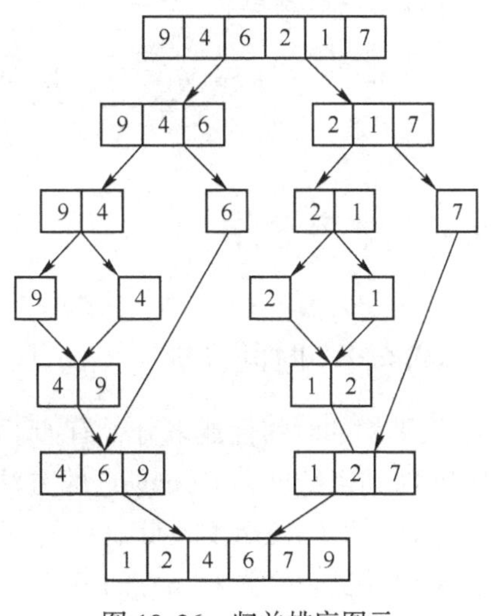

图10.26 归并排序图示

【代码】

```
def merge(left,right):
    i,j=0,0
    result=[]
    while i<len(left) and j<len(right):
```

```
            if left[i]<right[j]:
                result.append(left[i])
                i +=1
            else:
                result.append(right[j])
                j +=1
        result.extend(left[i:])
        result.extend(right[j:])
        return result
    def merge_sort(alist):
        if len(alist)<=1:
            return alist
        mid = len(alist)//2
        left =merge_sort(alist[:mid])
        right =merge_sort(alist[mid:])
        return merge(left,right)
    def main():
    li=[9,4,6,2,1,7]
    print("befroe:",li)
    print("after:",merge_sort(li))
    if __name__=='__main__':
    main()
```

【程序运行结果】

```
befroe: [9, 4, 6, 2, 1, 7]
after: [1, 2, 4, 6, 7, 9]
```

## 10.6 排序总结

### 10.6.1 时间性能

按平均的时间性能来分，有如下排序方法。

- 时间复杂度为 O(nlogn) 的方法有：快速排序、堆排序和归并排序，其中快速排序方法的时间复杂度最低。
- 时间复杂度为 $O(n^2)$ 的有：直接插入排序、起泡排序和简单选择排序，其中直接插入排序方法的时间复杂度最低。

待排记录是否有序，对排序方法影响不同。其中，快速排序的时间性能会蜕化为 $O(n^2)$，而简单选择排序、堆排序和归并排序等，时间性能不受影响。

### 10.6.2 空间性能

空间性能指的是排序过程中所需的辅助空间大小，排序方法如下所示。

- 直接插入排序、冒泡排序、简单选择排序和堆排序的空间复杂度为 O(1)。
- 快速排序的空间复杂度为 O(logn)，为栈所需的辅助空间。

- 归并排序的空间复杂度为 O(n)，所需辅助空间最多。

### 10.6.3 稳定性能

排序的稳定性能是指对于两个相等关键字的记录排序之前和之后的相对位置，如果在排序之前和排序之后相对位置没有改变，则认为这种排序方法的稳定性好。反之，如果相对位置发生改变，认为这种排序不稳定。例如，排序前(56、34、**47**、23、66、18、82、47)；排序后(18、23、34、47、**47**、56、66、82)称之为不稳定。

- 稳定的排序算法：冒泡排序、插入排序、归并排序。
- 不是稳定的排序算法：简单选择排序、快速排序、希尔排序、堆排序。

各种常用排序算法如表 10.2 所示。

**表 10.2 各种常用排序算法**

| 类　别 | 排序方法 | 时间复杂度 | | | 空间复杂度 | 稳定性 |
|---|---|---|---|---|---|---|
| | | 平均情况 | 最好情况 | 最坏情况 | 辅助存储 | |
| 插入排序 | 直接插入 | $O(n^2)$ | $O(n)$ | $O(n^2)$ | $O(1)$ | 稳定 |
| | 希尔排序 | $O(n^{1.3})$ | $O(n)$ | $O(n^2)$ | $O(1)$ | 不稳定 |
| 选择排序 | 简单选择 | $O(n^2)$ | $O(n^2)$ | $O(n^2)$ | $O(1)$ | 不稳定 |
| | 堆排序 | $O(n\log_2 n)$ | $O(n\log_2 n)$ | $O(n\log_2 n)$ | $O(1)$ | 不稳定 |
| 交换排序 | 冒泡选择 | $O(n^2)$ | $O(n)$ | $O(n^2)$ | $O(1)$ | 稳定 |
| | 快速排序 | $O(n\log_2 n)$ | $O(n\log_2 n)$ | $O(n^2)$ | $O(n\log_2 n)$ | 不稳定 |
| 归并排序 | | $O(n\log_2 n)$ | $O(n\log_2 n)$ | $O(n\log_2 n)$ | $O(n)$ | 稳定 |

### 10.6.4 排序算法的选择准则

排序算法的选择一般需要考虑的因素有以下 4 点。

- 待排序元素个数 n 的大小。
- 记录本身数据量的大小，也就是记录中除关键字外的其他信息量的大小。
- 关键字的结构及其分布情况。
- 对排序稳定性的要求。
  - 当排序元素个数 n 较大，快速排序、堆排序或归并排序效果较好。其中，快速排序被认为是目前基于比较的内部排序中最好的方法，当待排序的关键字随机分布，快速排序的平均时间最短。
  - 当排序元素个数 n 较小，可以采用直接插入或简单选择排序。
  - 一般不使用或不直接使用传统的冒泡排序。

## 10.7 Python 自身排序算法

关于排序，Python 提供了 sorted()、sort()和 reverse()方法。

### 10.7.1 sorted()

sorted()的功能：对列表进行排序，默认是按照升序排序。该方法不会改变原列表的顺序。

```
>>> a_list=[80, 48, 35, 95, 98, 65, 99, 95, 18, 71]
>>> sorted(a_list)
[18, 35, 48, 65, 71, 80, 95, 95, 98, 99]
>>>a_list
[80, 48, 35, 95, 98, 65, 99, 95, 18, 71]
降序排序：在 sorted()函数的列表参数后面增加一个 reverse 参数,其值等于 True 表示降序排序,等于 Flase 表示升序排序。
>>> a_list=[80, 48, 35, 95, 98, 65, 99, 95, 18, 71]
>>> sorted(a_list,reverse=True)
[99, 98, 95, 95, 80, 71, 65, 48, 35, 18]
>>> sorted(a_list,reverse=False)
[18, 35, 48, 65, 71, 80, 95, 95, 98, 99]
```

### 10.7.2 list.sort()

sort()的功能：对列表进行排序，排序后的新列表会覆盖原列表，默认为升序排序。

```
>>> a_list=[80, 48, 35, 95, 98, 65, 99, 95, 18, 71]
>>> a_list.sort()
>>> a_list
[18, 35, 48, 65, 71, 80, 95, 95, 98, 99]
降序排序：在 sort()方法中增加一个 reverse 参数
>>> a_list=[80, 48, 35, 95, 98, 65, 99, 95, 18, 71]
>>> a_list.sort(reverse=True)
>>> a_list
[99, 98, 95, 95, 80, 71, 65, 48, 35, 18]
>>> a_list.sort(reverse=False)
>>> a_list
[18, 35, 48, 65, 71, 80, 95, 95, 98, 99]
```

### 10.7.3 list.reverse()

reverse()的功能：对列表中的元素进行翻转存放，不会对原列表进行排序。

```
>>> a_list=[80, 48, 35, 95, 98, 65, 99, 95, 18, 71]
>>> a_list.reverse()
>>> a_list
[71, 18, 95, 99, 65, 98, 95, 35, 48, 80]
```

## 10.8 实例

### 10.8.1 有序序列插入元素

**【例 10-6】**实现有序序列中插入一个值，保持序列有序不变。

【解析】

假设有序序列为[1, 2, 7, 8, 49]，插入6，升序输出[1, 2, 6,7, 8,49]。将6追加到序列的尾部，从有序序列的头开始，只要发现序列中的元素大于最末尾的元素，就相互交换元素，执行过程如表10.3所示。

**表10.3 有序序列插入元素示意**

| 原始序列 | 1 | 2 | 7 | 8 | 49 | |
|---|---|---|---|---|---|---|
| 追加元素到尾部 | 1 | 2 | 7 | 8 | 49 | 6 |
| 第1轮交换 | 1 | 2 | **6** | 8 | 49 | 7 |
| 第2轮交换 | 1 | 2 | 6 | **7** | 49 | 8 |
| 第3轮交换 | 1 | 2 | 6 | 7 | **8** | 49 |

【代码】

```
lis=[1, 2, 7, 8, 49]
print("before:",lis)
n=int(input('insert a number: '))
lis.append(n)
for i in range(len(lis)-1):
    if lis[i]>=n:
        for j in range(i,len(lis)):
            lis[j],lis[-1]=lis[-1],lis[j]
        break
print("after:",lis)
```

【程序运行结果】

```
before: [1, 2, 7, 8, 49]
insert a number: 6
after: [1, 2, 6, 7, 8, 49]
```

### 10.8.2 求解第二大整数

**【例10-7】**读入一组整数（不超过20个），当用户输入0时，表示输入结束。从这组整数中把第二大的整数找出来。

说明如下。

- 0表示输入结束，它本身并不计入这组整数中。
- 在这组整数中，既有正数，也有负数。
- 这组整数的个数不少于2个。

输入格式如下。

输入只有一行，包括若干个整数，中间用空格隔开，最后一个整数为0。

输出格式如下。

输出第二大的整数。

样例输入如下。

```
58 -12 7 0
```

样例输出如下。

```
7
```

**【解析】**采用冒泡排序法，降序排序后，输出第 2 个位置上的数值。

【代码】

```
def bubble_sort(alist):                          #冒泡排序法
    for j in range(len(alist)-1,0,-1):           #外循环
        for i in range(j):                       #内循环
            if alist[i]>alist[i+1]:
                alist[i],alist[i+1]=alist[i+1],alist[i]


li=[]
num=eval(input('请输入整数,必须既有正数,也有负数,以零为结束'))
while num!=0:
    li.append(num)
    num=int(input('请输入整数:'))
print('输入的所有数据如下所示：',li)
bubble_sort(li)
print('第二大整数为：',li[1])
```

【程序运行结果】

```
请输入整数,必须既有正数,也有负数,以零为结束 6
请输入整数:-7
请输入整数:9
请输入整数:4
请输入整数:-4
请输入整数:0
输入的所有数据如下所示：[6, -7, 9, 4, -4]
第二大整数为：-4
```

### 10.8.3 输出最小的 k 个数

**【例 10-8】**输入 n 个整数，找出其中最小的 k 个数。

**【解析】**输入 6、3、7、2、9、1、4、5、11、10、8，输出最小的 3 个数字是 3、1、2。采用堆排序，构建有 k 个值的大顶堆，然后用堆顶与其他值进行比较，如果其他值更小，则替换堆顶元素并且从堆顶位置开始调整堆，采用堆排序输出已排序堆。

【代码】

```
def heapAdjust(A, i, length):
    pa = i
    child = 2 * i + 1
    tmp = A[i]
    while child < length:
```

```
            if child < length-1 and A[child] < A[child+1]:
                child += 1
            if A[pa] >= A[child]:
                break
            else:
                A[pa],A[child] = A[child],A[pa]
                pa = child
                child = 2 * pa + 1
def findKmin(A, k, length):
    for i in range(k//2)[::-1]:
        heapAdjust(A, i, k)
    for i in range(k,length):
        if A[i] < A[0]:
            A[i],A[0] = A[0],A[i]
            heapAdjust(A, 0, k)
    print('The result is :', A[:k])


if __name__ == '__main__':
    A = [6,3,7,2,9,1,4,5,11,10,8]
    print('The list is :', A[::])
    lens = len(A)
    findKmin(A, 3, lens)      #输出前 3 个最小值
```

## 10.9 习题

**一、选择题**

1. 快速排序在（　　）情况下最不利于发挥其特长。

A. 被排序的数据量太大；　　B. 被排序中含有多个相同的值；

C. 被排序的数据已基本有序；　　D. 被排序的数据中有实数。

2. 在下述几种排序方法中，平均时间复杂度最好的是（　　）。

A. 冒泡排序；　B. 直接插入排序；　C. 快速排序；　D. 简单选择排序。

3. 在希尔排序、快速排序、冒泡排序和堆排序中，稳定的排序方法有（　　）。

A. 希尔排序；　B. 冒泡排序；　C. 快速排序；　D. 堆排序。

**二、简答题**

1. 已知序列[503,87,512,61,908,170,897,275,653,462]，写出采用快速排序法对该序列升序排序第一趟的结果。

2. 已知序列[10,18,4,6,12,1,9,16]，请使用堆排序对该序列做升序排序，要求写出每一趟排序后的结果。

3. 给出一组关键字[29,18,25,47,58,12,51,10]，请使用归并排序对该序列做升序排序，要求写出每一趟排序后的结果。

# 第 11 章　异常处理与调试

本章重点介绍程序的错误类型，如何使用 try 语句捕获和处理异常，介绍了 3 种调试手段。最后介绍了 Python 的相关调试工具。

## 11.1　错误类型

计算机编程过程中出现的错误大致分为语法错误、运行时错误和逻辑错误等。

### 11.1.1　语法错误

语法是指语句的形式必须符合规则。在编辑代码时，Python 会对键入的代码直接进行语法检查。例如，print 之后少了括号，就会出现语法错误。

**【例 11-1】** 语法错误举例。

```
>>> print 'Hello World'
SyntaxError: Missing parentheses in call to 'print'
```

### 11.1.2　运行时错误

有些代码在编写时没有错误，但在程序运行过程中发生异常，这类错误称为运行时错误。例如，执行除数为零的除法运算、打开不存在的文件、数据类型不匹配和列表索引越界等。

**【例 11-2】** 运行时错误举例。

```
>>> f=open("a.txt")
Traceback (most recent call last):
  File "<pyshell#1>", line 1, in <module>
    f=open("a.txt")
FileNotFoundError: [Errno 2] No such file or directory: 'a.txt'
```

### 11.1.3　逻辑错误

逻辑错误又称为语义错误，表现形式是程序并不报语法错误，但结果与预期结果不相符。例如，运算符使用不合理、语句的次序不对，以及循环语句的初始值、终值不正确等。

**【例 11-3】** 逻辑错误举例。

```
>>> import math
>>> a=1;b=2;c=1
>>> x1=-b+math.sqrt(b*b-4*a*c)/2*a
>>> x2=-b-math.sqrt(b*b-4*a*c)/2*a
```

```
>>> print(x1,x2)
-2.0 -2.0
```

## 11.2 捕获和处理异常

运行期间检测到的错误被称为异常（Exception）。对于大多数的异常，Python 都不会处理，只是以错误信息的形式呈现。

**【例 11-4】** 异常举例。

```
>>> a
Traceback (most recent call last):
  File "<pyshell#0>", line 1, in <module>
    a
NameError: name 'a' is not defined
```

**【解析】**

- a 为触发异常。
- Traceback 为异常追踪信息。
- NameError 异常类。
- Name ‘a’ is not defined 异常值。

Python 提供 try…except 进行异常处理，用于捕捉错误，执行特定的逻辑，使得程序更加健壮及具有更强的容错性。

### 11.2.1 try…except…else 语句

try…except…else 语句中，try 子句放置可能出现的异常语句，except 子句处理异常。如果 try 范围内捕获了异常，就执行 except 块；否则执行 else 块。

try…except…else 语法格式如下所示。

```
try:
<语句>                #运行别的代码
except<异常类型>:
<语句>                #如果在 try 部分引发了'name'异常,获得附加的数据
except<异常类型> as <数据>:
<语句>
else:
<语句>                #如果没有异常发生
```

**【例 11-5】** try…except…else 举例。

```
a_list = ['China', 'America', 'England', 'France']
print('input the number of list')
while True:
    n = int(input( ))
    try:
        print(a_list[n])
```

```
    except IndexError:
        print('out of  the border,please input again')
    else:
            break;
```

【程序运行结果】

```
input the number of list
8
out of  the border,please input again
3
France
```

### 11.2.2 try…finally 语句

try…finally 语句执行时，如果 try 语句块发生了异常，抛出了这个异常，执行 except 语句块，然后运行 finally 语句块进行资源释放处理。try…finally 语法格式如下所示。

```
try:
    try 块                              #被监控的语句
except Exception[ , reason]:
    except 块                           #处理异常的语句
finally:
       finally 代码
```

【例 11-6】try…except…finally 举例。

```
try:
    print(2/0)
except (ZeroDivisionError,Exception):
    print('发生了一个异常')
finally:
    print('不管是否发生异常都执行')
```

【程序运行结果】

```
发生了一个异常
    不管是否发生异常都执行
```

### 11.2.3 raise 语句

raise 关键字用于显式地触发异常，用法类似于 C#和 Java 中的 throw 关键字。raise 抛出一个通用异常类型，异常类型如表 11-1 所示。

**表 11-1 Python 的异常类型**

| 异常类名 | 描　述 |
| --- | --- |
| NameError | 引用不存在的变量 |
| ZeroDivisionError | 除数为零错误 |
| SyntaxError | 语法错误 |

（续）

| 异常类名 | 描述 |
| --- | --- |
| IndexError | 索引错误 |
| KeyError | 使用不存在的字典关键字 |
| IOError | 输入输出错误 |
| ValueError | 搜索列表中不存在的值 |
| AtrributeError | 调用不存在的方法 |
| TypeError | 未强制转换就混用数据类型 |
| EOFError | 文件结束标志错误 |

raise 语法格式如下所示。

```
raise   异常类名
```

【例 11-7】raise 举例。

```
>>> try:
  raise NameError('HiThere')
except NameError:
            print("An excepiton flew by!")
            raise

An excepiton flew by!
Traceback (most recent call last):
  File "<pyshell#11>", line 2, in <module>
    raise NameError('HiThere')
NameError: HiThere
```

### 11.2.4 自定义异常

【例 11-8】自定义异常举例。

```
class MyException(Exception):
    def __init__(self,msg):
        self.msg=msg
    def __str__(self):
        return self.msg
try:
    raise MyException('类型错误')
except MyException as e:
    print(e)
```

【程序运行结果】

```
类型错误
```

## 11.3 3 种调试手段

高级程序设计语言，如 VB .NET、C++、Java 和 Python 等的 IDE 都具有 3 种调试手段，分别是单步运行、设置断点和监视变量，用于帮助读者分析思考程序，找到语义错误。

**1. 单步运行**

单步运行又名逐语句，使得程序代码一行一行地执行，IDE 一般会用色带标识程序当前的运行位置。只有单击单步运行按钮，程序代码才能前进。

**2. 监视变量**

监视变量使用查看器实现，通过逐语句单步执行，观察变量如何一步一步地改变。

**3. 设置断点**

程序运行到断点处，就停止了，就“断”了，不能再往下执行。断点是挂起程序执行的一个标记。

## 11.4 Python 调试工具

### 11.4.1 IDLE

下面，通过一个例子学习 Python 的 IDLE 的调试方法。

**【例 11-9】** 鸡兔同笼问题：鸡、兔共有 30 只，脚共有 90 只，问鸡、兔各有多少只？

【代码】

```
for x in range(0,31):
    for y in range(0,31):
        if (x + y == 30 and 2 * x + 4 * y == 90):
            print("Chicken is " ,x)
            print("rabbit is " , y)
```

1）设置断点。在要调试的代码行右击→在弹出的快捷菜单中选择 Set Breakpoint 选项，如图 11.1 所示，之后该行变为黄色底色。

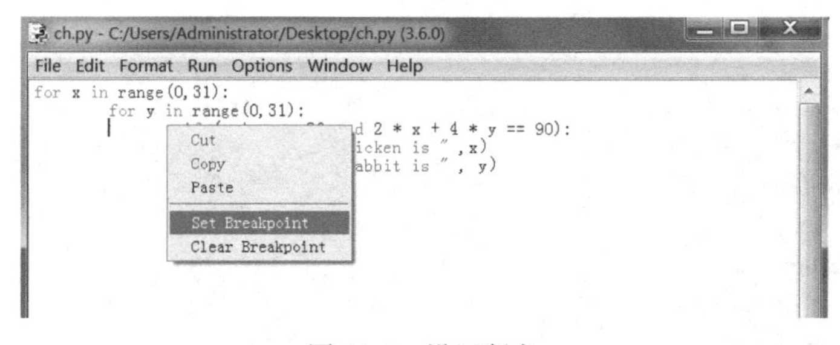


图 11.1 设置断点

2）打开 debugger。选择 Python Shell→Debug 菜单→Debugger 选项，如图 11.2 和图 11.3 所示。

3）在编辑窗口选择 Run 菜单→Run Module 选项，也可按快捷键〈F5〉，如图 11.4 所示。

4）debug 过程。在图 11.5 中，调试程序。具体命令如下所述。

- Go 表示运行完程序。
- Step 表示一步一步运行。

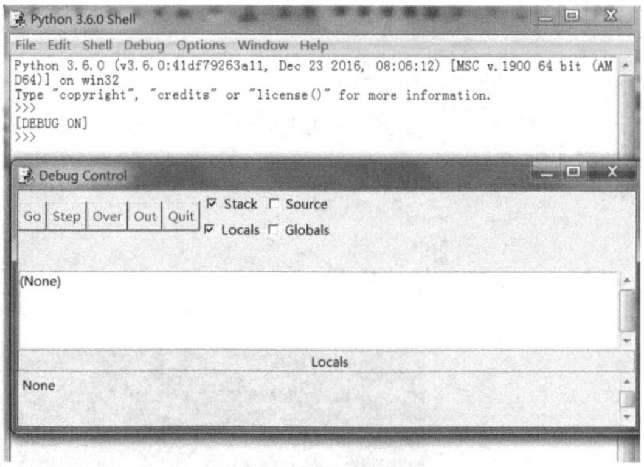

图 11.3　debugger 执行效果

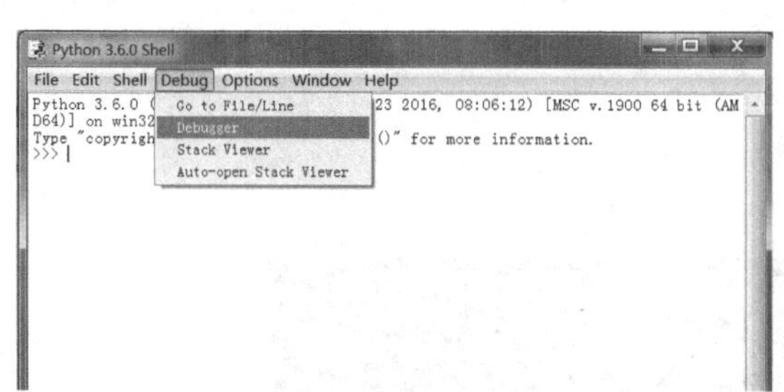


图 11.2　打开 debugger

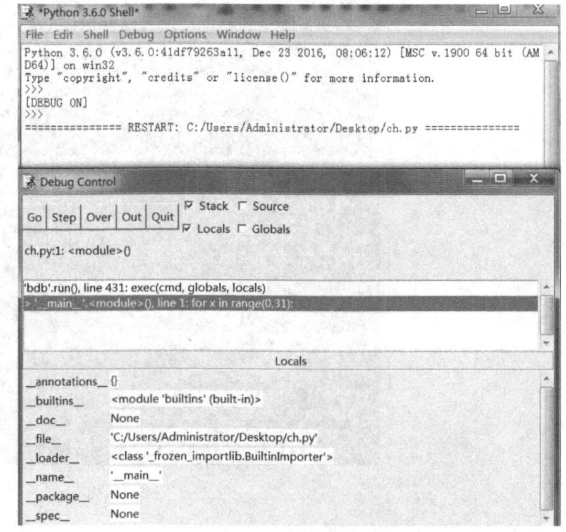


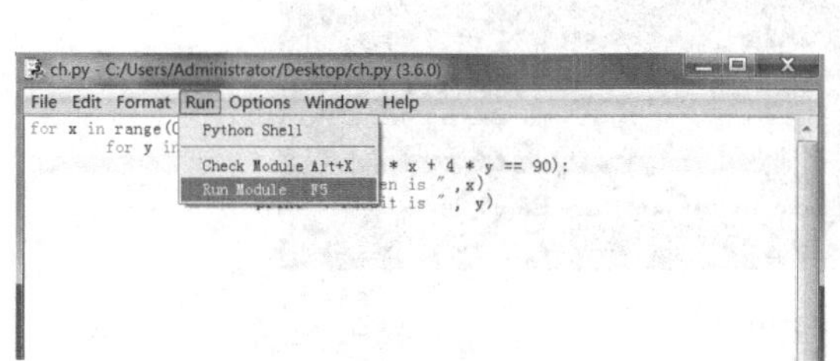


图 11.4　选择 Run Module 选项

图 11.5　选择 Run Module 选项运行效果

- Over 表示跳过函数方法。
- Out 表示跳出本函数。
- Quit 表示退出。

### 11.4.2　IPDB

IPDB 作为开源的 Python 调试器，具有语法高亮、tab 补全等功能，易于使用。

在 Anaconda Prompt 下输入如下命令，安装 IPDB。

```
pip install ipdb
```

运行效果如图 11.6 所示。

**【例 11-10】** IPDB 举例。

在 d:\test_pdb.py 文件中增加 IPDB 模块的 set_trace 方法，如下所示。

```
import ipdb
def sum_nums(n):
```

```
        s=0
        for i in range(n):
            ipdb.set_trace()        #调用 pdb 模块的 set_trace 方法设置一个断点
            s += i
            print(s)
if __name__ == '__main__':
    sum_nums(5)
```

```
(base) C:\Users\Administrator>pip install ipdb
Requirement already satisfied: ipdb in c:\programdata\anaconda3\lib\site-packages
Requirement already satisfied: setuptools in c:\programdata\anaconda3\lib\site-packages (from ipdb)
Requirement already satisfied: ipython>=5.0.0; python_version >= "3.3" in c:\programdata\anaconda3\lib\site-packages (from ipdb)
Requirement already satisfied: jedi>=0.10 in c:\programdata\anaconda3\lib\site-packages (from ipython>=5.0.0; python_version >= "3.3"->ipdb)
Requirement already satisfied: decorator in c:\programdata\anaconda3\lib\site-packages (from ipython>=5.0.0; python_version >= "3.3"->ipdb)
Requirement already satisfied: pickleshare in c:\programdata\anaconda3\lib\site-packages (from ipython>=5.0.0; python_version >= "3.3"->ipdb)
Requirement already satisfied: simplegeneric>0.8 in c:\programdata\anaconda3\lib\site-packages (from ipython>=5.0.0; python_version >= "3.3"->ipdb)
Requirement already satisfied: traitlets>=4.2 in c:\programdata\anaconda3\lib\site-packages (from ipython>=5.0.0; python_version >= "3.3"->ipdb)
Requirement already satisfied: prompt_toolkit<2.0.0,>=1.0.4 in c:\programdata\anaconda3\lib\site-packages (from ipython>=5.0.0; python_version >= "3.3"->ipdb)
Requirement already satisfied: pygments in c:\programdata\anaconda3\lib\site-packages (from ipython>=5.0.0; python_version >= "3.3"->ipdb)
Requirement already satisfied: colorama in c:\programdata\anaconda3\lib\site-packages (from ipython>=5.0.0; python_version >= "3.3"->ipdb)
Requirement already satisfied: parso==0.1.* in c:\programdata\anaconda3\lib\site-packages (from jedi>=0.10->ipython>=5.0.0; python_version >= "3.3"->ipdb)
Requirement already satisfied: ipython_genutils in c:\programdata\anaconda3\lib\site-packages (from traitlets>=4.2->ipython>=5.0.0; python_version >= "3.3"->ipdb)
Requirement already satisfied: six in c:\programdata\anaconda3\lib\site-packages (from traitlets>=4.2->ipython>=5.0.0; python_version >= "3.3"->ipdb)
Requirement already satisfied: wcwidth in c:\programdata\anaconda3\lib\site-packages (from prompt_toolkit<2.0.0,>=1.0.4->ipython>=5.0.0; python_version >= "3.3"->ipdb)
```

图 11.6　安装 IPDB

在 Anaconda Prompt 下输入如下命令。

```
python  d:\test_pdb.py
```

程序会在 s+=i 这条语句停止。展开 IPython 环境，可以进行调试，IPDB 运行效果如图 11.7 所示。

```
(base) C:\Users\Administrator>python d:\test_pdb.py
> d:\test_pdb.py(7)sum_nums()
      6         ipdb.set_trace()
----> 7         s += i
      8         print(s)

ipdb>
```

图 11.7　IPDB 运行效果

### 11.4.3　Spyder

Spyder 调试功能如图 11.8 所示。单击 Spyder 工具栏上的 Debug file 按钮，或使用快捷键〈Ctrl+F5〉，如图 11.9 所示。当出现 ipdb 提示符，说明已经进入了调试模式。在 Variable explorer 中可以查看语句中变量的改变情况。

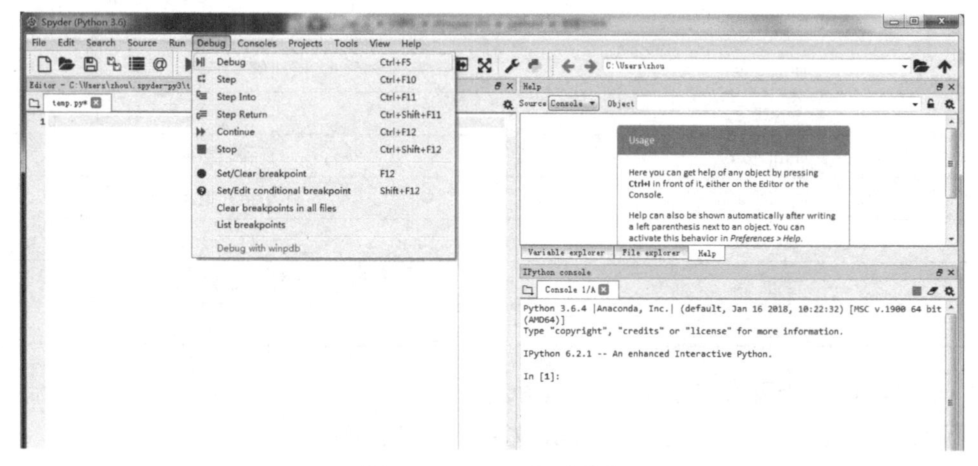


图 11.8　Spyder 调试菜单

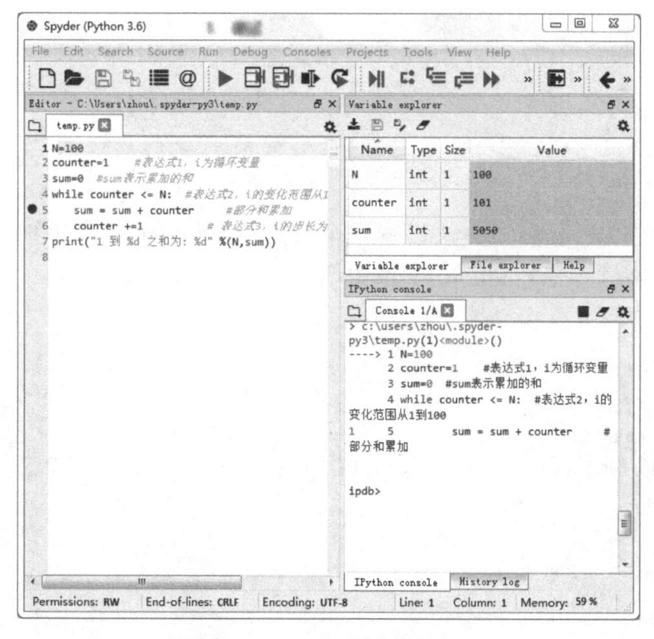


图 11.9　Spyder 调试界面

### 11.4.4　PDB

PDB 是 Python 自带的包，具有交互的源代码调试功能，主要特性包括设置断点、单步调试、进入函数调试、查看当前代码、查看栈片段和动态改变变量的值等。PDB 提供了一些常用的调试命令，详情见表 11.2 所示。

**表 11.2　PDB 调试命令**

| 命　　令 | 解　　释 |
| --- | --- |
| break 或 b | 设置断点 |
| continue 或 c | 继续执行程序 |
| list 或 l | 查看当前行的代码段 |

(续)

| 命　　令 | 解　　释 |
| --- | --- |
| step 或 s | 进入函数 |
| return 或 r | 执行代码直到从当前函数返回 |
| exit 或 q | 中止并退出 |
| next 或 n | 执行下一行 |
| pp | 打印变量的值 |
| help | 帮助 |

下面，通过一个例子学习 PDB 的调试方法。

**【例 11-11】** 在 d:\下建立 test_pdb. py 文件，内容如下所示。

```
def sum_nums(n):
    s=0
    for i in range(n):
        s += i
        print(s)
if __name__ == '__main__':
    sum_nums(5)
```

调用 PDB 模块的 set_trace()方法设置一个断点，当程序运行至此时，将会暂停执行并打开 PDB 调试器。在 d:\ test_pdb. py 文件中增加 PDB 模块的 set_trace()方法，如下所示。

```
import pdb
def sum_nums(n):
    s=0
    for i in range(n):
        pdb.set_trace()            #调用 PDB 模块的 set_trace()方法,设置一个断点
        s += i
        print(s)
if __name__ == '__main__':
    sum_nums(5)
```

在 Anaconda Prompt 下输入如下命令，运行效果如图 11. 10 所示。

```
python  d:\test_pdb.py
```

```
(base) C:\Users\Administrator>python d:\test_pdb.py
> d:\test_pdb.py(7)sum_nums()
-> s += i
(Pdb) n
> d:\test_pdb.py(8)sum_nums()
-> print(s)
(Pdb)
```

图 11. 10　PDB 运行效果

## 11. 4. 5　PyCharm

首先配置 PyCharm 的编码设置。

在 IDE Encoding、Project Encoding 和 Property Files 3 处都使用 UTF-8 编码，如图 11.11 所示。

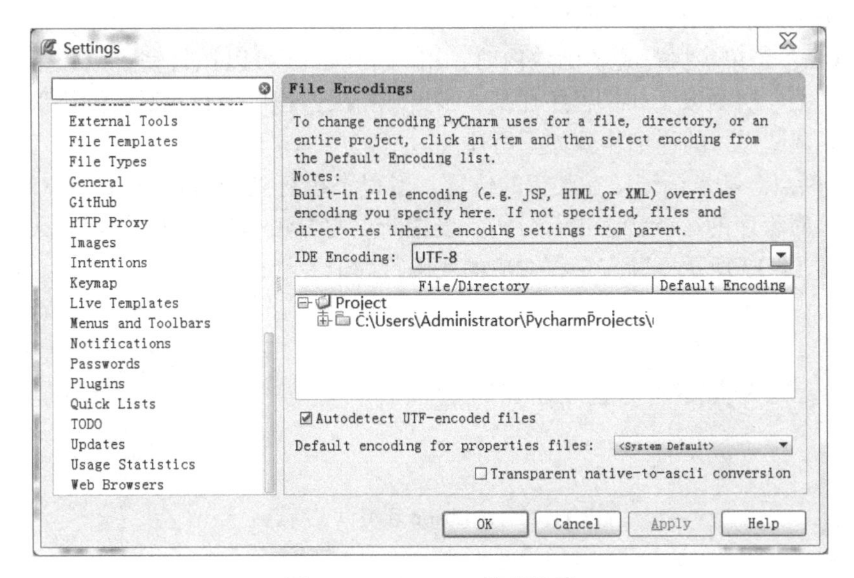


图 11.11　PyCharm 编码设置

同时在文件头添加如下内容。

```
#-*- coding: utf-8 -*
```

PyCharm 提供方便、易用的断点调试功能，步骤如图 11.12 所示。

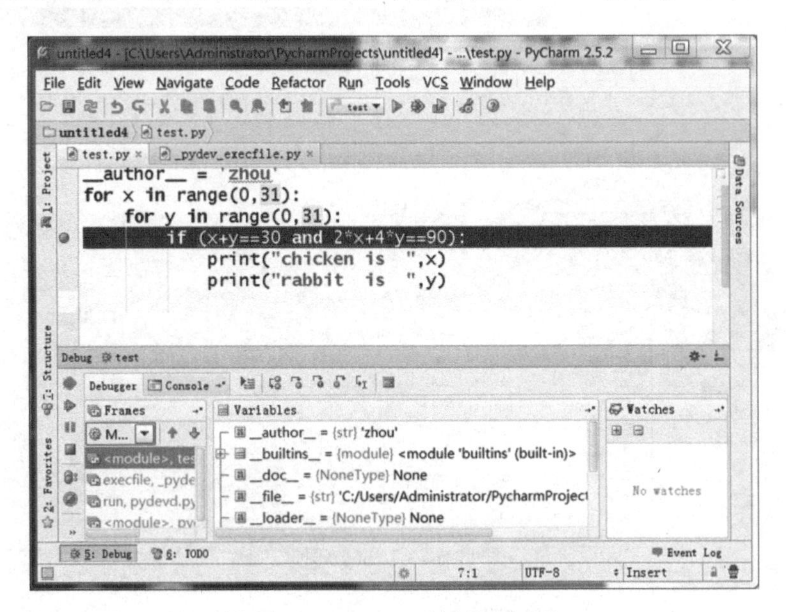


图 11.12　PyCharm 断点调试功能

调试功能的重要的按钮作用如下所述。

- Resume Program：断点调试后，单击该按钮，继续执行程序。

- Step Over：单步执行时，在函数内遇到子函数不会进入子函数内单步执行，而是将子函数整个执行完再停止，也就是把子函数整个作为一步。
- Step Into：单步执行时，遇到子函数就进入并且继续单步执行。
- Step Out：当单步执行到子函数内时，用 Step Out 就可以执行完子函数余下部分，并返回到上一层函数。如果程序在某一步出现错误，程序会自动跳转到错误页面。

PyCharm 调试程序的详细步骤如下所述。

1）设置断点。断点标记了在某行的位置，当程序运行到该行代码时，PyCharm 会将程序暂时挂起，对程序的运行状态进行分析。设置断点的方法非常简单，单击代码左侧的空白灰色槽，如图 11.13 所示，断点会将对应的代码行标记为红色。

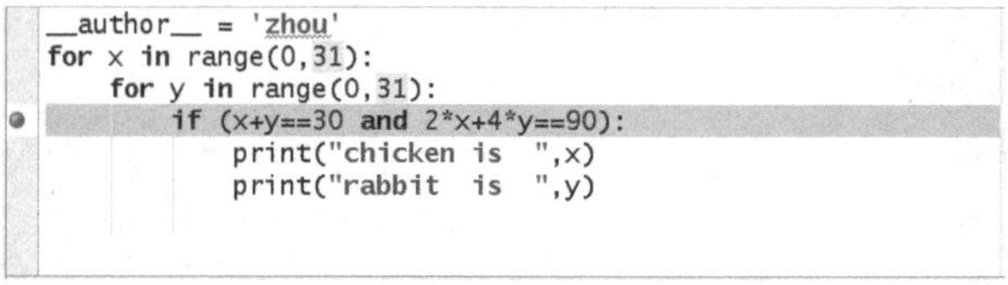

```
__author__ = 'zhou'
for x in range(0,31):
    for y in range(0,31):
        if (x+y==30 and 2*x+4*y==90):
            print("chicken is  ",x)
            print("rabbit  is  ",y)
```

图 11.13　PyCharm 环境设置断点

2）PyCharm 开始运行，并在断点处暂停，断点所在代码行变蓝，意味着 PyCharm 程序进程已经到达断点处，但尚未执行断点所标记的代码，如图 11.14 所示。

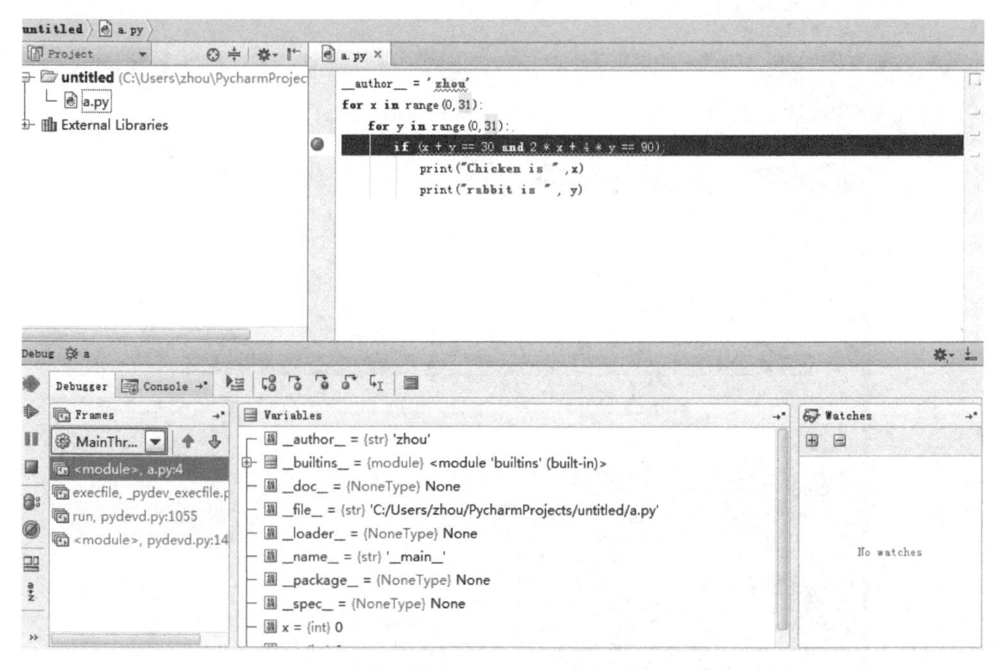


图 11.14　Debug 环境

3）Debugger 窗口分为 3 个可见区域：Frames、Variables 和 Watches。这些窗口列出了当前的框架、运行的进程和程序中变量的状态等。在 Watches 单击“+”按钮添加程序中的变量，本例为 x 和 y，如图 11.15 所示。

4）在菜单上选择 Run→Step Over 选项，如图 11.16 所示。按〈F8〉键，观察 Watches

窗口内 x 和 y 值的变化。

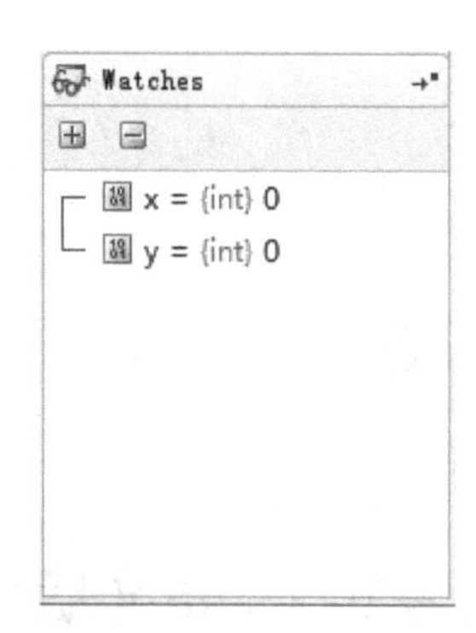

图 11.15　Watches 窗口

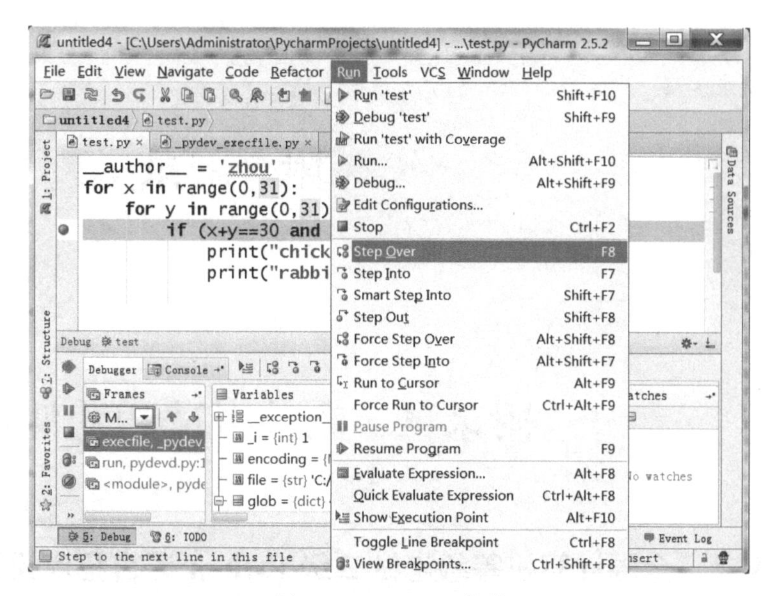

图 11.16　“Run”菜单

## 11.5　习题

1. 程序设计有几种错误？分别是什么？
2. 异常处理有几种？
3. 以下是两数相加的程序。

```
x = int(input("x="))
y = int(input("y="))
print("x+y=",x+y)
```

对该程序采用异常处理，要求接收两个整数，并输出相加的结果。如果输入的不是整数（如字母），程序终止执行并输出异常信息。

4. 编写函数 devide(x, y)，x 为被除数，y 为除数，被零除时，输出“division by zero!”。

# 附　　录

# 附录 A　软件考试和软件竞赛

## A. 1　全国计算机等级考试二级 Python 语言程序设计考试（2018 年版）

### A. 1. 1　基本要求

1. 掌握 Python 语言的基本语法规则。
2. 掌握不少于两个基本的 Python 标准库。
3. 掌握不少于两个 Python 第三方库，掌握获取并安装第三方库的方法。
4. 能够阅读和分析 Python 程序。
5. 熟练使用 IDLE 开发环境，能够将脚本程序转变为可执行程序。
6. 了解 Python 计算生态在以下方面（不限于）的主要第三方库名称：网络爬虫、数据分析、数据可视化、机器学习和 Web 开发等。

### A. 1. 2　考试内容

**一、Python 语言基本语法元素**

1. 程序的基本语法元素：程序的格式框架、缩进、注释、变量、命名、保留字、数据类型、赋值语句和引用。
2. 基本输入输出函数：input()、eval()和 print()。
3. 源程序的书写风格。
4. Python 语言的特点。

**二、基本数据类型**

1. 数字类型：整数类型、浮点数类型和复数类型。
2. 数字类型的运算：数值运算操作符和数值运算函数。
3. 字符串类型及格式化：索引、切片和基本的 format()格式化方法。
4. 字符串类型的操作：字符串操作符、处理函数和处理方法。
5. 类型判断和类型间转换。

**三、程序的控制结构**

1. 程序的3种控制结构。
2. 程序的分支结构：单分支结构、二分支结构和多分支结构。
3. 程序的循环结构：遍历循环、无限循环、break和continue循环控制。
4. 程序的异常处理：try-except。

**四、函数和代码复用**

1. 函数的定义和使用。
2. 函数的参数传递：可选参数传递、参数名称传递和函数的返回值。
3. 变量的作用域：局部变量和全局变量。

**五、组合数据类型**

1. 组合数据类型的基本概念。
2. 列表类型：定义、索引和切片。
3. 列表类型的操作：列表的操作函数和列表的操作方法。
4. 字典类型：定义和索引。
5. 字典类型的操作：字典的操作函数和字典的操作方法。

**六、文件和数据格式化**

1. 文件的使用：文件打开、读写和关闭。
2. 数据组织的维度：一维数据和二维数据。
3. 一维数据的处理：表示、存储和处理。
4. 二维数据的处理：表示、存储和处理。
5. 采用CSV格式对一二维数据文件的读写。

**七、Python计算生态**

1. 标准库：turtle（必选）、random库（必选）和time库（可选）。
2. 基本的Python内置函数。
3. 第三方库的获取和安装。
4. 脚本程序转变为可执行程序的第三方库：PyInstaller库（必选）。
5. 第三方库：jieba库（必选）和wordcloud库（可选）。
6. 更广泛的Python计算生态，只要求了解第三方库的名称，包括但不限于以下领域：网络爬虫、数据分析、文本处理、数据可视化、用户图形界面、机器学习、Web开发和游戏开发等。

### A.1.3 考试方式

上机考试，考试时长120min，满分100分。

1. 题型及分值

单项选择题40分（含公共基础知识部分10分）。

操作题60分（包括基本编程题和综合编程题）。

2. 考试环境

Windows 7操作系统，建议Python 3.4.2至Python 3.5.3版本，IDLE开发环境。

## A.2 ACM 国际大学生程序设计竞赛

国际大学生程序设计竞赛（International Collegiate Programming Contest，ICPC）是由美国计算机协会（ACM）主办的，一项旨在展示大学生创新能力、团队精神、在压力下编写程序以及分析和解决问题能力的年度竞赛。经过近 50 年的发展，ACM-ICPC 已经成为全球最具影响力的大学生编程竞赛。竞赛在全封闭的环境下进行，每队由 3 人组成，并共用 1 台计算机在 5 h 内编程解决 8~10 个题目，题目难度大，对算法的效率要求高。该竞赛对学生的编程能力、协作能力及高压下的心理素质是很好的锻炼。

官方网址为 https://icpc. baylov. edu。

### A.2.1 在线判题系统

在线判题系统（Online Judge，OJ）用来在线检测程序源代码的正确性。OJ 系统最初应用于 ACM-ICPC 国际大学生程序设计竞赛和信息学奥林匹克竞赛（OI）中的自动判题和排名，现广泛应用于世界各地高校学生程序设计的训练、参赛队员的训练和选拔、各种程序设计竞赛，以及数据结构和算法的学习与作业的自动提交判断中，用户可以在线提交多种程序（如 C、C++）源代码，系统对源代码进行编译和执行，并通过预先设计的测试数据来检验程序源代码的正确性。著名的 OJ 有 RQNOJ（http://www. rqnoj. cn/）、北京大学（POJ，http://poj. org/）、浙江大学（ZOJ，http://acm. zju. edu. cn/onlinejudge/）、哈尔滨工业大学（HOJ，http://acm. hnu. cn/）、杭州电子科技大学（http://acm. hdu. edu. cn/）等。

VJ 是 Virtual Judge 系统的简称，类似于多个 OJ 的集合体。OJ 具有自己的题库、判题终端，但是 VJ 没有，VJ 用于把来自不同宿主的题目混编为训练赛，方便快捷。国内有代表性的两个 VJ 分别是 HUST 和 BNU。

### A.2.2 ACM 训练环境

ACM 训练环境的登录网址为 https://vjudge. net/，如图 A.1 所示。

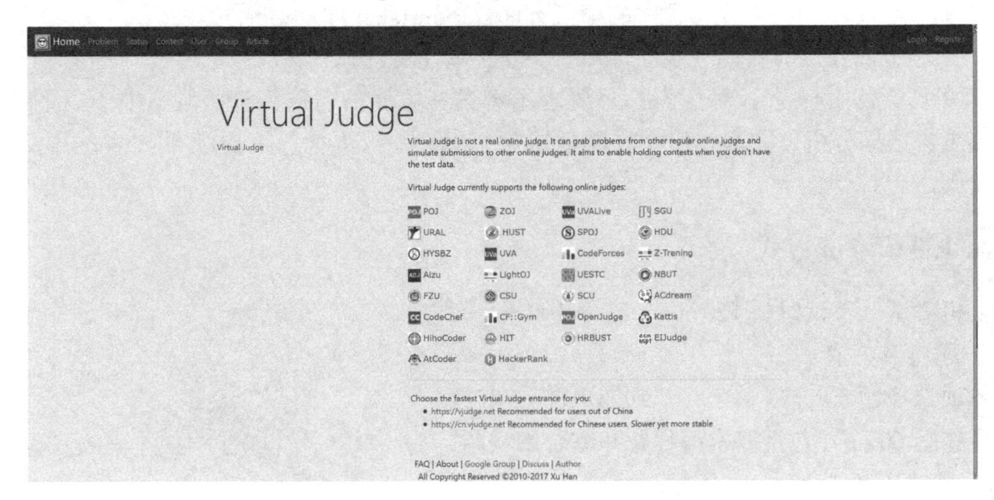


图 A.1 网站界面

单击右下角的 Register 按钮，进行注册，如图 A.2 所示。

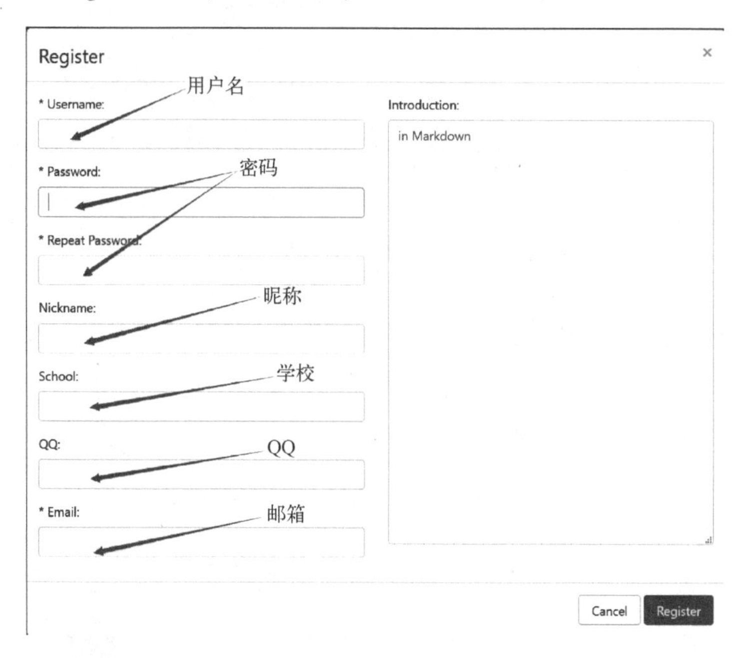


图 A.2　注册界面

训练过程具体步骤如下所述。

1）单击“Problem”菜单进入题库，如图 A.3 所示。

图 A.3　进入题库

2）选择对应 OJ，并输入对应题号进行指定题目搜索，也可通过题目名称搜索，如图 A.4 所示。例如，根据来源“Codeforces755A”进行搜索，则在 OJ 处选择“CodeForces”，在 Prob 处填入“755A”即可，如图 A.5 所示。

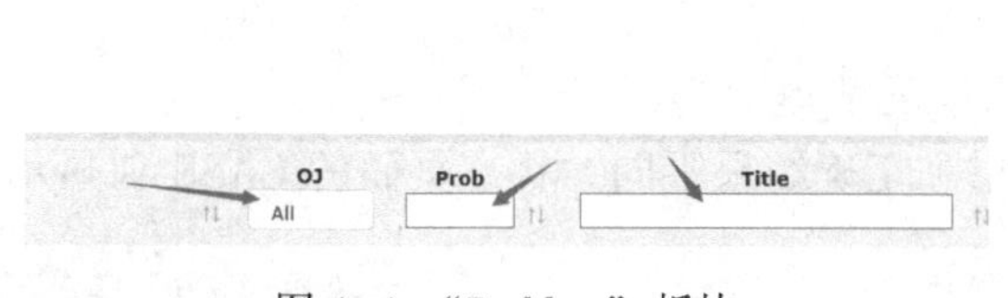


图 A.4　“Problem”板块

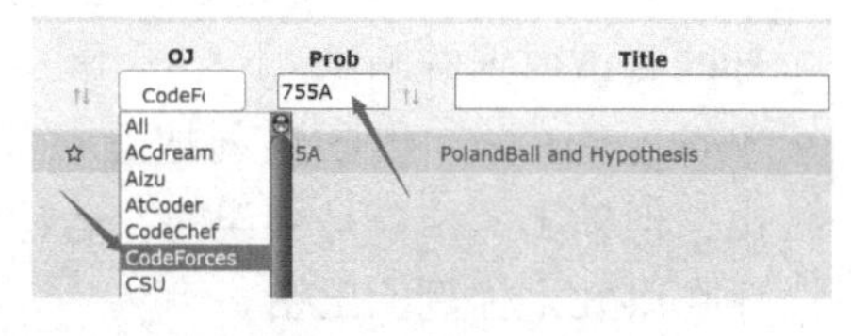


图 A.5　搜索具体例子

3）提交代码，单击图 A.6 中的“Submit”按钮。

4）弹出提交页面后，在 Language 处根据语言选择编译器，在 Solution 处粘贴代码，如图 A.7 所示。

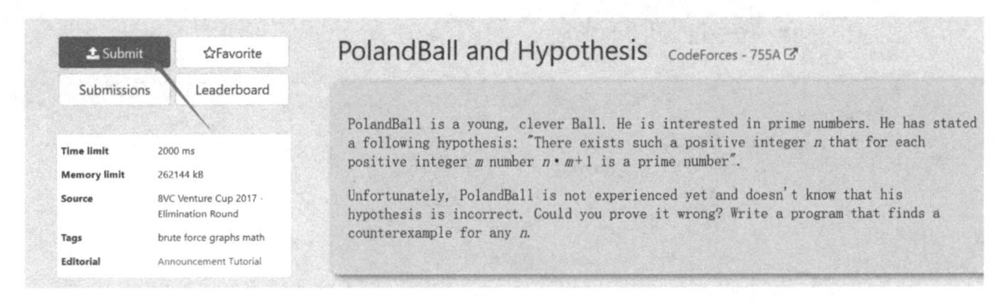


图 A.6 “Submit”板块

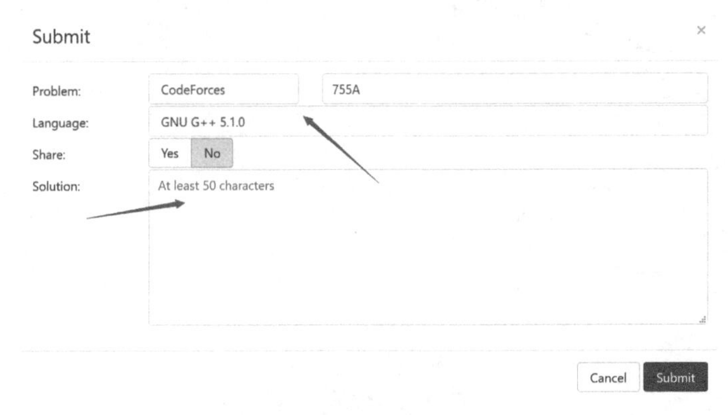


图 A.7 粘贴代码

5）在粘贴代码并提交后，静待评测，稍后结果便会反馈，Status 为评测状态，Time 则是程序用时，Memory 是所用空间大小，Length 是代码长度。如图 A.8 所示。

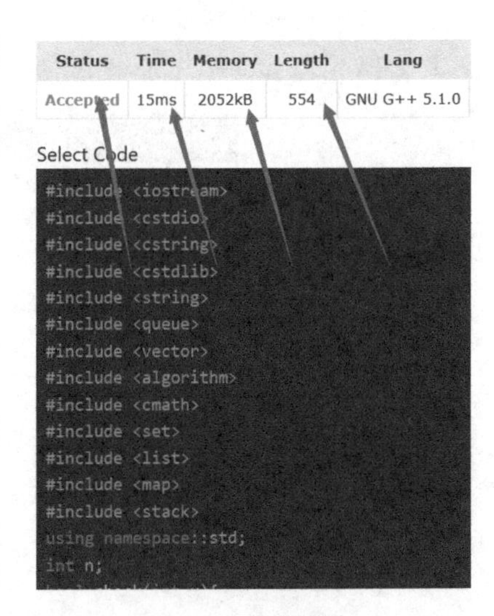


图 A.8 评测状态

评判结果详解如下所述。

- Judging：正在运行程序，进行测试。
- Rejudging：更新了测试数据或评判程序，并且正在进行重测。
- Waiting：程序刚刚提交，正在等待 OJ 评测程序。
- Compiling：正在编译程序。
- Accepted：程序的输出完全满足题意，通过了全部的测试数据的测试。
- Wrong Answer：程序顺利地运行完毕并正常退出，但输出的结果是错误的，运行结果和正确结果不同。状态页面的 CASE 项显示程序在第几个样例上出错。
- Time Limit Exceeded：程序运行的时间超过了该题规定的最大时间。
- Memory Limit Exceeded：程序运行时使用的内存超过了该题规定的最大限制，或程序申请内存失败，被强行终止。
- Function Limit Exceeded：程序运行时使用不允许的调用会得到此错误，如文件操作等相关函数。请特别注意 system("PAUSE") 也会导致此错误。

- Output Limit Exceeded：程序输出了太多内容，超过了 OJ 的限制，请检查程序中是否有可能存在无限循环输出。
- Floating Point Error：Divide by 0，除 0 错误。
- Segmentation Fault：有两种情况可能导致此错误。
  - buffer overflow：缓冲区溢出，访问了非法内存，如申请数组为 a[2]，却访问了 a[10000]，或在 C/C++中访问了空指针等。
  - stack overflow：堆栈溢出，可能在 C/C++程序的函数中申请了过大的空间，或递归层次太多导致堆栈溢出，请记住堆栈的大小为 8192 KB。
- Runtime Error：程序在运行时出错，异常终止。导致这种状态的情况有很多，一般都是一些非法操作，如文件操作、Java 的网络操作等。
- Restricted Function：程序调用了不该调用的函数，如 fork()、execv()和 socket()等。
- Compilation Error：程序没有通过编译。可以单击文字上的链接，查看详细的出错信息，对照此信息，可以找出错原因。一般来说，这种错误主要是由 Linux 环境下相关编译器与本地编译器之间的差异造成的。
- Presentation Error：程序运行的结果正确，但是格式和正确结果不一致，如中间多了回车或空格。请注意，大部分程序的输出都要求最终输出一个换行符。

### A.2.3 ACM 的算法知识点

**初级知识点如下所述。**

**一、基本算法**

1. 枚举(POJ1753、POJ2965)。
2. 贪心(POJ1328、POJ2109、POJ2586)。
3. 递归和分治法。
4. 递推。
5. 构造法(POJ3295)。
6. 模拟法(POJ1068、POJ2632、POJ1573、POJ2993、POJ2996)。

**二、图算法**

1. 图的深度优先遍历和广度优先遍历。
2. 最短路径算法(Dijkstra、Bellman-ford、Floyd、Heap+Dijkstra)(POJ1860、POJ3259、POJ1062、POJ2253、POJ1125、POJ2240)。
3. 最小生成树算法(Prim,Kruskal)(POJ1789、POJ2485、POJ1258、POJ3026)。
4. 拓扑排序(POJ1094)。
5. 二分图的最大匹配（匈牙利算法）(POJ3041、POJ3020)。
6. 最大流的增广路算法（KM 算法）(POJ1459、POJ3436)。

**三、数据结构**

1. 串(POJ1035、POJ3080、POJ1936)。
2. 排序（快排、归并排（与逆序数有关）、堆排）(POJ2388、POJ2299)。
3. 简单并查集的应用。

4. 哈希表和二分查找等高效查找法（数的 Hash、串的 Hash）。

（POJ3349、POJ3274、POJ2151、POJ1840、POJ2002、POJ2503）。

5. 哈夫曼树(POJ3253)。

6. 堆。

7. trie 树（静态建树、动态建树）（POJ2513）。

**四、简单搜索**

1. 深度优先搜索(POJ2488、POJ3083、POJ3009、POJ1321、POJ2251)。

2. 广度优先搜索(POJ3278、POJ1426、POJ3126、POJ3087、POJ3414)。

3. 简单搜索技巧和剪枝(POJ2531、POJ1416、POJ2676、POJ1129)。

**五、动态规划**

1. 背包问题(POJ1837、POJ1276)。

2. 简单 DP 如下所示。

(1) E[j]=opt{D[i]+w(i,j)}（POJ3267、POJ1836、POJ1260、POJ2533）。

(2) E[i,j]=opt{D[i-1,j]+xi,D[i,j-1]+yj,D[i-1][j-1]+zij}（最长公共子序列）(POJ3176、POJ1080、POJ1159)。

(3) C[i,j]=w[i,j]+opt{C[i,k-1]+C[k,j]}（最优二分检索树问题）。

**六、数学**

1. 组合数学(POJ3252、POJ1850、POJ1019、POJ1942)。

(1) 加法原理和乘法原理。

(2) 排列组合。

(3) 递推关系。

2. 数论(POJ2635、POJ3292、POJ1845、POJ2115)。

(1) 素数与整除问题。

(2) 进制位。

(3) 同余模运算。

3. 计算方法。

二分法求解单调函数相关知识(POJ3273、POJ3258、POJ1905、POJ3122)。

**七、计算几何学**

1. 几何公式。

2. 叉积和点积的运用（如线段相交的判定，点到线段的距离等）(POJ2031、POJ1039)。

3. 多边型的简单算法（求面积）和相关判定（点在多边型内、多边型是否相交）(POJ1408、POJ1584)。

4. 凸包(POJ2187、POJ1113)。

**中级知识点如下所述。**

**一、基本算法**

1. C++的标准模版库的应用(POJ3096、POJ3007)。

2. 较为复杂的模拟题的训练(POJ3393、POJ1472、POJ3371、POJ1027、POJ2706)。

**二、图算法**

1. 差分约束系统的建立和求解(POJ1201、POJ2983)。

2. 最小费用最大流(POJ2516、POJ2516、POJ2195)。

3. 双连通分量(POJ2942)。

4. 强连通分支及其缩点(POJ2186)。

5. 图的割边和割点(POJ3352)。

6. 最小割模型、网络流规约(POJ3308)。

**三、数据结构**

1. 线段树(POJ2528、POJ2828、POJ2777、POJ2886、POJ2750)。

2. 静态二叉检索树(POJ2482、POJ2352)。

3. 树状树组(POJ1195、POJ3321)。

4. RMQ(POJ3264、POJ3368)。

5. 并查集的高级应用(POJ1703、POJ2492)。

6. KMP 算法(POJ1961、POJ2406)。

**四、搜索**

1. 最优化剪枝和可行性剪枝。

2. 搜索的技巧和优化(POJ3411、POJ1724)。

3. 记忆化搜索(POJ3373、POJ1691)。

**五、动态规划**

1. 较为复杂的动态规划（如动态规划解特别的施行商问题等）（POJ1191、POJ1054、POJ3280、POJ2029、POJ2948、POJ1925、POJ3034)。

2. 记录状态的动态规划(POJ3254、POJ2411、POJ1185)。

3. 树型动态规划(POJ2057、POJ1947、POJ2486、POJ3140)。

**六、数学**

1. 组合数学。

（1）容斥原理。

（2）抽屉原理。

（3）置换群与 Polya 定理(POJ1286、POJ2409、POJ3270、POJ1026)。

（4）递推关系和母函数。

2. 数学。

（1）高斯消元法(POJ2947、POJ1487、POJ2065、POJ1166、POJ1222)。

（2）概率问题(POJ3071、POJ3440)。

（3）GCD、扩展的欧几里得（中国剩余定理）（POJ3101)。

3. 计算方法。

（1）0/1 分数规划(POJ2976)。

（2）三分法求解单峰（单谷）的极值。

（3）矩阵法(POJ3150、POJ3422、POJ3070)。

（4）迭代逼近(POJ3301)。

4. 随机化算法(POJ3318、POJ2454)。

5. 杂题(POJ1870、POJ3296、POJ3286、POJ1095)。

**七、计算几何学**

1. 坐标离散化。

2. 扫描线算法(POJ1765、POJ1177、POJ1151、POJ3277、POJ2280、POJ3004)。

3. 多边形的内核（半平面交）（POJ3130、POJ3335)。

4. 几何工具的综合应用(POJ1819、POJ1066、POJ2043、POJ3227、POJ2165、POJ3429)。

**高级知识点如下所述。**

**一、基本算法要求**

1. 代码快速写成(POJ2525、POJ1684、POJ1421、POJ1048、POJ2050、POJ3306)。

2. 保证正确性和高效性(POJ3434)。

**二、图算法**

1. 度限制最小生成树和第 K 最短路径(POJ1639)。

2. 最短路径、最小生成树、二分图和最大流问题的相关理论（主要是模型建立和求解)。(POJ3155、POJ2112、POJ1966、POJ3281、POJ1087、POJ2289、POJ3216、POJ2446)。

3. 最优比率生成树(POJ2728)。

4. 最小树形图(POJ3164)。

5. 次小生成树。

6. 无向图、有向图的最小环。

**三、数据结构**

1. trie 图的建立和应用(POJ2778)。

2. LCA 和 RMQ 问题（LCA（最近公共祖先问题）有离线算法（并查集+dfs）和在线算法（RMQ+dfs))(POJ1330)。

3. 双端队列和它的应用（维护一个单调的队列，常常在动态规划中起到优化状态转移的目的)（POJ2823)。

4. 左偏树（可合并堆)。

5. 后缀树（非常有用的数据结构，也是赛区考题的热点)(POJ3415、POJ3294)。

**四、搜索**

1. 较麻烦的搜索题目训练(POJ1069、POJ3322、POJ1475、POJ1924、POJ2049、POJ3426)。

2. 广搜的状态优化：利用 M 进制数存储状态、转化为串用 hash 表判重、按位压缩存储状态、双向广搜、A * 算法(POJ1768、POJ1184、POJ1872、POJ1324、POJ2046、POJ1482)。

3. 深搜的优化：尽量用位运算、一定要加剪枝、函数参数尽可能少、层数不易过大，可以考虑双向搜索或轮换搜索、IDA * 算法(POJ3131、POJ2870、POJ2286)。

**五、动态规划**

1. 需要用数据结构优化的动态规划(POJ2754、POJ3378、POJ3017)。

2. 四边形不等式理论。

3. 较难的状态 DP(POJ3133)。

**六、数学**

1. 组合数学。

(1) MoBius 反演(POJ2888、POJ2154)。

(2) 偏序关系理论。

2. 博弈论。

（1）极大极小过程（POJ3317、POJ1085）。

（2）Nim 问题。

**七、计算几何学**

1. 半平面求交（POJ3384、POJ2540）。

2. 可视图的建立（POJ2966）。

3. 点集最小圆覆盖。

4. 对踵点（POJ2079）。

**八、综合题**

（POJ3109、POJ1478、POJ1462、POJ2729、POJ2048、POJ3336、POJ3315、POJ2148、POJ1263）。

## A.3　CSP 认证

### A.3.1　CSP 认证简介

CCF 计算机软件能力认证（以下简称 CCF CSP 认证）是中国计算机协会计算机职业资格认证系列中最早启动的一项认证。该项认证重点考察软件开发者实际编程能力，由中国计算机学会统一命题、统一评测，委托各地设立的考试机构进行认证考试。该项认证每年大约 3、9、12 月各举办一次。

CSP 认证报名网址为 http://www.cspro.org，如图 A.9 所示。

图 A.9　CSP 认证报名网址

### A.3.2 认证形式

认证考试全部采用上机编程方式，可供报考编程语言为 C/C++、Java 或 Python，考生报名时需选择报考语言，考试时只能使用报名时的语言参加认证。考核为黑盒测试，以通过测试用例判断程序是否能够输出正确结果来进行评分。考试时间为 240 min。考生允许携带不限量纸质资料在认证过程中翻阅，但不得在认证过程中连接互联网或电子存储设备，不得在考试结束后使用电子存储设备复制自己的答案。

### A.3.3 涉及知识点

认证内容主要覆盖大学计算机专业所学习的程序设计、数据结构、算法及相关的数学基础知识。包括但不限于以下内容。

（1）程序设计基础

逻辑与数学运算、分支循环、过程调用（递归）、字符串操作和文件操作等。

（2）数据结构

线性表（数组、队列、栈、链表）、树（堆、排序二叉树）、哈希表、集合与映射和图。

（3）算法与算法设计策略

排序与查找、枚举、贪心策略、分治策略、递推与递归、动态规划、搜索、图论算法、计算几何、字符串匹配、线段树、随机算法和近似算法等。

## A.4 牛客网

牛客网是一个专注于程序员学习和成长的专业平台，集笔面试系统、课程教育、社群交流和招聘内推于一体。其程序题库网址为 https://www.nowcoder.com/activity/oj，如图 A.10 所示。

图 A.10 牛客网

## A.5 力扣

力扣网址为 https://leetcode-cn.com/problemset/algorithms/，如图 A.11 所示。力扣包括探索、题库、圈子和竞赛等版块。

图 A.11　力扣网

# 附录 B　图论相关模块

## B.1　NumPy

### B.1.1　NumPy 简介

NumPy（Numeric Python）是 Python 的开源数值计算扩展包，定义了数值数组、矩阵类型及基本运算的语言扩展，用于矩阵数据、矢量处理等。官方网址是 http://www.numpy.org/。

在 Anaconda Prompt 下使用命令 pip install numpy 安装 NumPy，如图 B.1 所示。

```
(base) C:\Users\Administrator>pip install numpy
Requirement already satisfied: numpy in c:\programdata\anaconda3\lib\site-packag
es
You are using pip version 9.0.3, however version 10.0.0 is available.
You should consider upgrading via the 'python -m pip install --upgrade pip' comm
and.
```

图 B.1　安装 NumPy

Python 提供的 array 模块功能有限，没有各种运算函数，也不适合做数值运算。而 NumPy 提供的同质多维数组 ndarray 功能强大。ndarray 的重要属性如表 B.1 所示。

**表 B.1　ndarray 对象的属性**

| 属性名 | 含义 |
| --- | --- |
| ndarray.ndim | 数组的轴（维度）的数量 |
| ndarray.shape | 数组的维度。为一个整数元组，表示每个维度上的大小。对于一个 n 行 m 列的矩阵来说，shape 就是（n，m）。shape 元组的长度就是秩（或者维度的数量）ndim |
| ndarray.size | 数组的元素的总个数。这等于 shape 元素的乘积 |
| ndarray.dtype | 用来描述数组中元素类型的对象 |
| ndarray.itermsize | 数组的每个元素的字节大小。例如，一个类型为 float64 的元素的数组 itemsize 为 8 |
| ndarray.data | 该缓冲区包含了数组的实际元素 |

### B.1.2　创建数组

创建数组有 array、arange、linspace 和 logspace 4 种方法，如下所述。

方法 1：array 创建数组，将元组或列表作为参数。

【例 B.1】array 举例。

```
import numpy as np                              #引入 NumPy 库
a=np.array([[1,2],[4,5,7]])           #创建数组,将元组或列表作为参数
a2 = np.array(([1,2,3,4,5],[6,7,8,9,10]))       #创建二维的 narray 对象
print(type(a))                                  #a 的类型是数组
print(type(a2))
print(a)
print(a2)
```

【程序运行结果】

```
<class 'numpy.ndarray'>
<class 'numpy.ndarray'>
[list([1, 2]) list([4, 5, 7])]
[[ 1  2  3  4  5]
 [ 6  7  8  9 10]]
```

方法 2：arange 函数创建数组。

**【例 B.2】** arange 举例。

```
import numpy as np
a=np.arange(12)                   #利用 arange 函数创建数组
print(a)
a2=np.arange(1,2,0.1)             #arang 函数和 range 函数相似
print(a2)
```

【程序运行结果】

```
[ 0  1  2  3  4  5  6  7  8  9 10 11]
[1.   1.1 1.2 1.3 1.4 1.5 1.6 1.7 1.8 1.9]
```

方法 3：linspace 用于创建指定数量等间隔的序列，实际生成一个等差数列。

**【例 B.3】** linspace 举例。

```
import numpy as np
a=np.linspace(0,1,12)                #从 0 开始到 1 结束,共 12 个数的等差数列
print(a)
```

【程序运行结果】

```
[0.         0.09090909 0.18181818 0.27272727 0.36363636 0.45454545
 0.54545455 0.63636364 0.72727273 0.81818182 0.90909091 1.        ]
```

方法 4：logspace 用于生成等比数列。

**【例 B.4】** logspace 举例。

```
import numpy as np
a = np.logspace(0,2,5)
#生成首位是 10 的 0 次方,末位是 10 的 2 次方,含 5 个数的等比数列
print(a)
```

【程序运行结果】

```
[ 1.          3.16227766   10.          31.6227766   100.          ]
```

### B.1.3　查看数组

【例 B.5】查看数组举例。

```
import numpy as np                                    #引入 NumPy 库
a=np.array([[1,2],[4,5,7],3])                         #创建数组,将元组或列表作为参数
a2 = np.array(([1,2,3,4,5],[6,7,8,9,10]))             #创建二维的 narray 对象
print(type(a))                                        #a 的类型是数组
print(a)
print(a2)
print(a.dtype)                                        #查看 a 数组中每个元素的类型
print(a2.dtype)                                       #查看 a2 数组中每个元素的类型
print(a.shape)                                        #查看数组的行列,3 行
print(a2.shape)                                       #查看数组的行列,返回行列的元组,2 行 5 列
print(a.shape[0])                                     #查看 a 的行数
print(a2.shape[1])                                    #查看 a2 的列数
print(a.ndim)                                         #获取数组的维数
print(a2.ndim)
print(a2.T)                                           #简单转置矩阵 ndarray
```

【程序运行结果】

```
<class 'numpy.ndarray'>
[list([1, 2]) list([4, 5, 7]) 3]
[[ 1  2  3  4  5]
 [ 6  7  8  9 10]]
object
int32
(3,)
(2, 5)
3
5
1
2
[[ 1  6]
 [ 2  7]
 [ 3  8]
 [ 4  9]
 [ 5 10]]
```

### B.1.4　索引和切片

【例 B.6】索引和切片举例。

```
import numpy as np
a = np.array([[1,2,3,4,5],[6,7,8,9,10]])
print(a)
```

```
print(a[:])                    #选取全部元素
print(a[1])                    #选取行为1的全部元素
print(a[0:1])                  #截取[0,1)的元素
print(a[1,2:5])                #截取第二行第[2,5)的元素[ 8  9 10]
print(a[1,:])                  #截取第二行,返回 [ 6  7  8  9 10]
print(a[1,2])                  #截取行号为一,列号为2的元素8
print(a[1][2])                 #截取行号为一,列号为2的元素8,与上面的等价

#按条件截取
print(a[a>6])                  #截取矩阵a中大于6的数,范围的是一维数组
print(a>6)                     #比较a中每个数和6的大小,输出值False或True
a[a>6] = 0                     #把矩阵a中大于6的数变成0
print(a)
```

【程序运行结果】

```
[[ 1  2  3  4  5]
 [ 6  7  8  9 10]]
[[ 1  2  3  4  5]
 [ 6  7  8  9 10]]
 [ 6  7  8  9 10]
[[1 2 3 4 5]]
 [ 8  9 10]
 [ 6  7  8  9 10]
8
8
[ 7  8  9 10]
[[False False False False False]
 [False  True  True  True  True]]
[[1 2 3 4 5]
 [6 0 0 0 0]]
```

## B.1.5 矩阵运算

**【例 B.7】** 矩阵运算举例。

```
import numpy as np
import numpy.linalg as lg                  #求矩阵的逆需要先导入 numpy.linalg
a1 = np.array([[1,2,3],[4,5,6],[2,4,5]])
a2 = np.array([[1,2,4],[3,4,8],[8,5,6]])
print(a1+a2)                               #相加
print(a1-a2)                               #相减
print(a1/a2)                               #对应元素相除,如果都是整数则取商
print(a1%a2)                               #对应元素相除后取余数
print(a1 ** 2)                             #矩阵每个元素都取n次方
print(a1.dot(a2))                          #点乘满足:第一个矩阵的列数等于第二个矩阵的行数
print(a1.transpose())                      #转置等价于 print(a1.T)
print(lg.inv(a1))                          #用linalg的inv函数来求逆
```

【程序运行结果】

```
[[ 2  4  7]
 [ 7  9 14]
 [10  9 11]]
[[ 0  0 -1]
 [ 1  1 -2]
 [-6 -1 -1]]
[[1.         1.         0.75      ]
 [1.33333333 1.25       0.75      ]
 [0.25       0.8        0.83333333]]
[[0 0 3]
 [1 1 6]
 [2 4 5]]
[[ 1  4  9]
 [16 25 36]
 [ 4 16 25]]
[[31 25 38]
 [67 58 92]
 [54 45 70]]
[[1 4 2]
 [2 5 4]
 [3 6 5]]
[[ 0.33333333  0.66666667 -1.        ]
 [-2.66666667 -0.33333333  2.        ]
 [ 2.          0.         -1.        ]]
```

### B.1.6　5个NumPy函数

下面讲解reshape()、argpartition()、clip()、extract()和setdiff1d()函数。

(1) reshape()

在reshape函数中使用参数-1，NumPy允许根据给定的新形状重塑矩阵，新形状应该和原形状兼容。当将新形状中的一个参数赋值为-1，仅仅表明是一个未知的维度。

**【例B.8】** reshape举例。

```
import numpy as np
a = np.array([[1, 2, 3, 4],[5, 6, 7, 8]])
print(a)
print(a.shape)
a=a.reshape(1,-1)
print(a)
print(a.shape)
a=a.reshape(-1,1)
print(a)
print(a.shape)
a=a.reshape(-1,2)
print(a)
print(a.shape)
```

```
a=a.reshape(4,-1)
print(a)
print(a.shape)
```

【程序运行结果】

```
[[1 2 3 4]
 [5 6 7 8]]
(2, 4)
[[1 2 3 4 5 6 7 8]]
(1, 8)
[[1]
 [2]
 [3]
 [4]
 [5]
 [6]
 [7]
 [8]]
(8, 1)
[[1 2]
 [3 4]
 [5 6]
 [7 8]]
(4, 2)
[[1 2]
 [3 4]
 [5 6]
 [7 8]]
(4, 2)
```

程序运行示意图如图 B.2 所示。

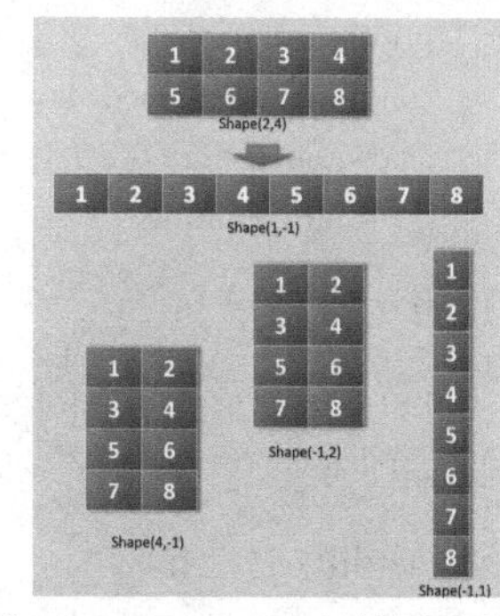


图 B.2 reshape 运行结果示意图

对一个张量进行 reshape 操作时，新的形状必须包含与旧的形状相同数量的元素，这意味着两个形状的维度乘积必须相等。当使用-1 参数时，与-1 相对应的维数将是原始数组的维数除以新形状中已给出维数的乘积，以便维持相同数量的元素。

(2) argpartition()

argpartition()用于在数组中找到 n 个元素。

**【例 B.9】** argpartition 举例。

```
import numpy as  np
arr = np.array([10, 7, 4, 3, 2, 9,78,0])
index = np.argpartition(arr,len(arr)-1)[:5]      #找到 5 个值的索引
arr=np.sort(arr[index])                          #排序
print(arr)
```

【程序运行结果】

```
[0 2 3 4 7]
```

(3) clip( )

clip( )用于对数组中的值进行限制。给定一个区间范围，范围外的值将被截断到区间的边界上。

【例 B.10】 clip 举例。

```
import numpy as  np
array = np.array([10, 7, 4, 3, 2, 2, 5, 9, 0, 4, 6, 0])
print(np.clip(array,2,6))
```

【程序运行结果】

```
[6 6 4 3 2 2 5 6 2 4 6 2]
```

程序运行示意图如图 B.3 所示。

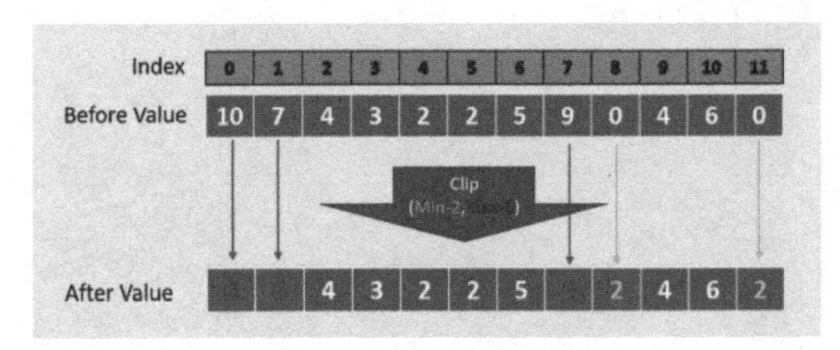


图 B.3　clip 运行结果示意图

(4) extract( )

extract( )用于从数组中提取符合条件的元素。

【例 B.11】 extract 举例。

```
import numpy as  np
arr = np.arange(10)
print(arr)
condition = np.mod(arr, 3)==0      #符合 3 的倍数
arrcondition=np.extract(condition, arr)
print(arrcondition)
```

【程序运行结果】

```
[0 1 2 3 4 5 6 7 8 9]
[0 3 6 9]
```

(5) setdiff1d(a,b)

setdiff1d(a,b)用于求出 A 数组与 B 数组的差集。

【例 B.12】 setdiff1d 举例。

```
import numpy as  np
a = np.array([1, 2, 3, 4, 5, 6, 7, 8, 9])
b = np.array([3,4,7,6,7,8,11,12,14])
c = np.setdiff1d(a,b)
print(c)
```

【程序运行结果】

```
[1 2 5 9]
```

## B.2 Matplotlib

### B.2.1 Matplotlib 简介

Matplotlib 发布于 2007 年，Matplotlib 的函数设计借鉴 MATLAB，其命名以“Mat”开头，“Plot”表示绘图，“Lib”为集合。Matplotlib 用于将 NumPy 统计计算结果可视化。

Matplotlib 官方网址为 http://matplotlib.org/，如图 B.4 所示。

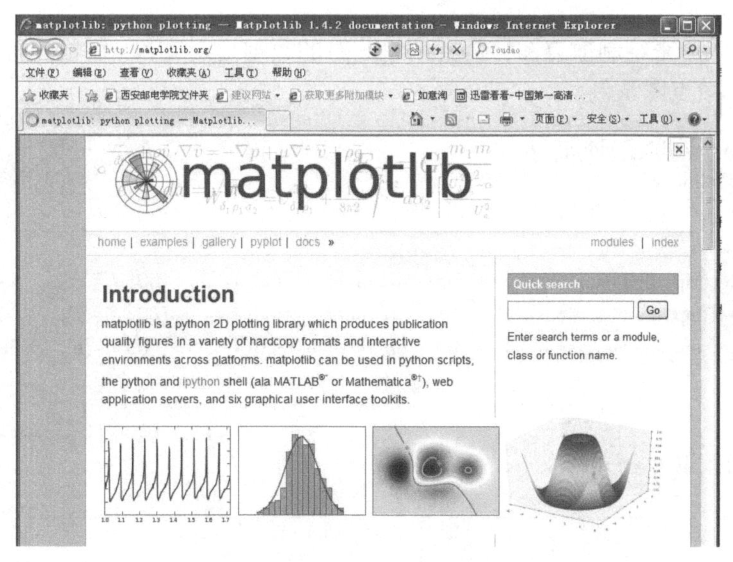


图 B.4　Matplotlib 网站

在 Anaconda Prompt 下使用命令 pip install matplotlib 安装 Matplotlib，如图 B.5 所示。

```
(base) C:\Users\Administrator>pip install matplotlib
Requirement already satisfied: matplotlib in c:\programdata\anaconda3\lib\site-p
ackages
Requirement already satisfied: numpy>=1.7.1 in c:\programdata\anaconda3\lib\site
-packages (from matplotlib)
Requirement already satisfied: six>=1.10 in c:\programdata\anaconda3\lib\site-pa
ckages (from matplotlib)
Requirement already satisfied: python-dateutil>=2.1 in c:\programdata\anaconda3\
lib\site-packages (from matplotlib)
Requirement already satisfied: pytz in c:\programdata\anaconda3\lib\site-package
s (from matplotlib)
Requirement already satisfied: cycler>=0.10 in c:\programdata\anaconda3\lib\site
-packages (from matplotlib)
Requirement already satisfied: pyparsing!=2.0.4,!=2.1.2,!=2.1.6,>=2.0.1 in c:\pr
ogramdata\anaconda3\lib\site-packages (from matplotlib)
You are using pip version 9.0.3, however version 10.0.0 is available.
You should consider upgrading via the 'python -m pip install --upgrade pip' comm
and.
```

图 B.5　Matplotlib 安装

### B.2.2 5 种图形

Matplotlib 可以绘制线图、直方图、饼图、散点图及误差线图等各种图形，下面依次介绍线性图、散点图、饼图、条形图和直方图等 5 种图形。

(1) 线性图

plot( )函数实现画线，plot( )函数的第一个参数是横轴的值，第二个参数是纵轴的值，最后一个参数表示线的颜色。

【例 B.13】线性图举例。

```
import matplotlib.pyplot as plt
plt.plot([1, 2, 3], [3, 6, 9], '-r')
plt.plot([1, 2, 3], [2, 4, 9], ':g')
plt.show()
```

运行结果如图 B.6 所示。

(2) 散点图

scatter( )函数用来绘制散点图，需要两组配对的数据指定 x 和 y 轴的坐标。

【例 B.14】散点图举例。

```
import matplotlib.pyplot as plt
import numpy as np

N = 20
plt.scatter(np.random.rand(N) * 100, np.random.rand(N) * 100, c='r', s=100, alpha=0.5)
plt.scatter(np.random.rand(N) * 100, np.random.rand(N) * 100, c='g', s=200, alpha=0.5)
plt.scatter(np.random.rand(N) * 100, np.random.rand(N) * 100, c='b', s=300, alpha=0.5)

plt.show()
```

运行结果如图 B.7 所示。

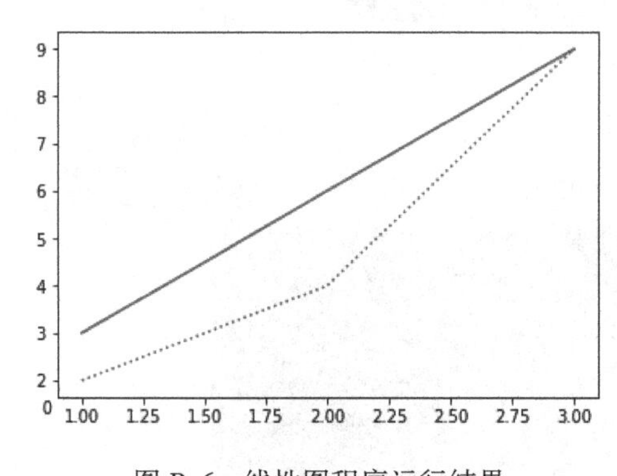


图 B.6 线性图程序运行结果

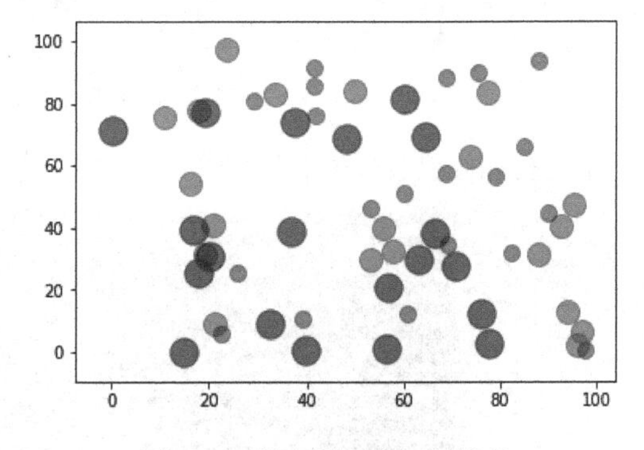


图 B.7 散点图程序运行结果

(3) 饼图

pie( )函数用来绘制饼图，表达集合中各个部分的百分比。

【例 B.15】饼图举例。

```
import matplotlib.pyplot as plt
import numpy as np

labels = ['Mon', 'Tue', 'Wed', 'Thu', 'Fri', 'Sat', 'Sun']
```

```
data = np.random.rand(7) * 100
plt.pie(data, labels=labels, autopct='%1.1f%%')
plt.axis('equal')
plt.legend()

plt.show()
```

运行结果如图 B.8 所示。

(4) 条形图

bar()函数绘制条形图，用来描述一组数据的对比情况。

【例 B.16】条形图举例。

```
import matplotlib.pyplot as plt
import numpy as np
N = 7
x = np.arange(N)
data = np.random.randint(low=0, high=100, size=N)
colors = np.random.rand(N * 3).reshape(N, -1)
labels = ['Mon', 'Tue', 'Wed', 'Thu', 'Fri', 'Sat', 'Sun']
plt.title("Weekday Data")
plt.bar(x, data, alpha=0.8, color=colors, tick_label=labels)
plt.show()
```

运行结果如图 B.9 所示。

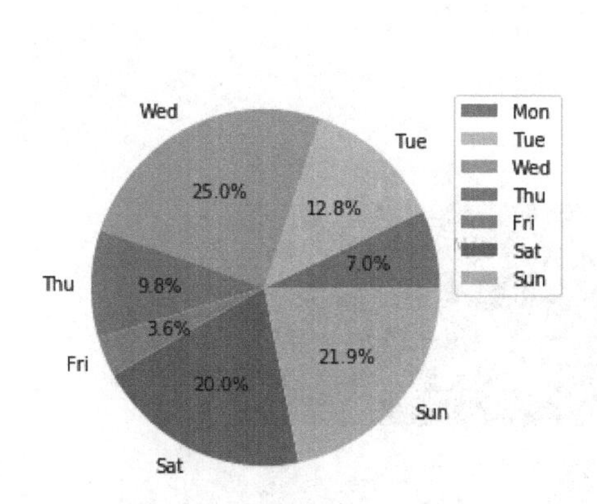


图 B.8 饼图程序运行结果

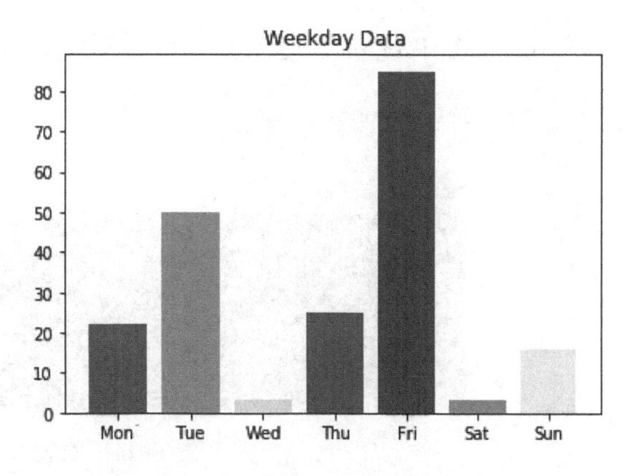


图 B.9 条形图程序运行结果

(5) 直方图

直方图用 hist()函数来绘制。直方图与条形图有些类似，用于描述数据中某个范围内数据出现的频度。

【例 B.17】直方图举例。

```
import matplotlib.pyplot as plt
import numpy as np

data = [np.random.randint(0, n, n) for n in [3000, 4000, 5000]]
```

```
labels = ['3K', '4K', '5K']
bins = [0, 100, 500, 1000, 2000, 3000, 4000, 5000]
plt.hist(data, bins=bins, label=labels)
plt.legend()
plt.show()
```

运行结果如图 B.10 所示。

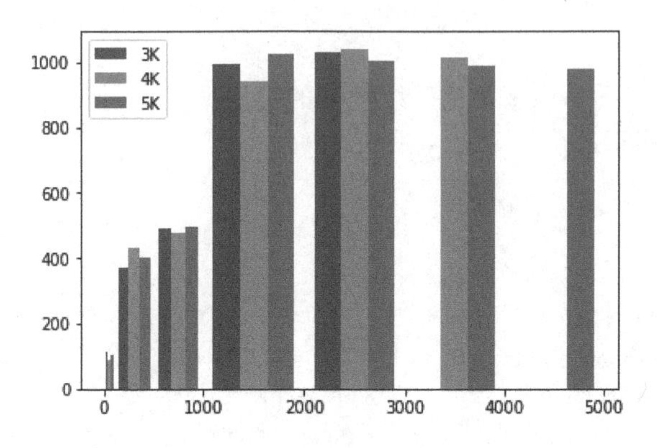


图 B.10　直方图程序运行结果

## B.3　NetworkX

在 Anaconda Prompt 下使用如下命令安装 NetworkX，如图 B.11 所示。

```
pip install networkx
```

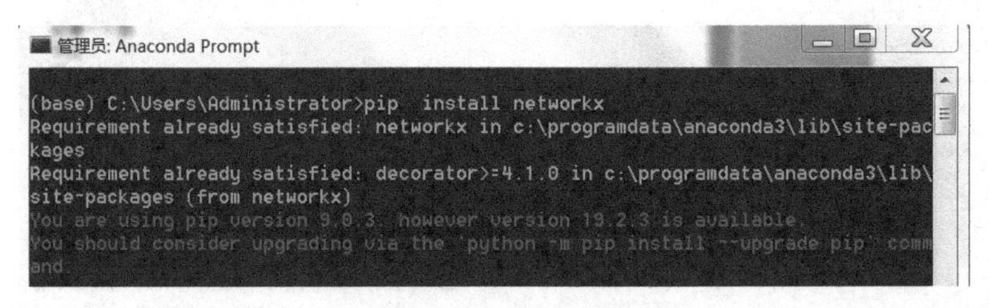


图 B.11　安装 NetworkX 库

在 Spyder 下运行，引入 NetworkX，代码如下所示。

```
import networkx as nx
g = nx.Graph()
```

### B.3.1　图

图的操作有创建无向图、有向图等，具体如下所示。

```
G = nx.Graph()                    #创建无向图
G = nx.DiGraph()                  #创建有向图
```

```
G = nx.MultiGraph()              #创建多重无向图
G = nx.MultiDigraph()            #创建多重有向图
G.clear()                        #清空图
```

## B.3.2 节点

节点的操作有添加节点、访问节点和删除节点等，具体如下所述。

**【例 B.18】** 节点举例。

```
import networkx as nx
import matplotlib.pyplot as plt

G = nx.Graph()                              #建立一个空的无向图 G
G.add_node('a')                             #添加一个节点 1
G.add_nodes_from(['b','c','d','e'])         #加点集合
G.add_cycle(['f','g','h','j'])              #加环
H = nx.path_graph(10)                       #返回由 10 个节点依次连接的无向图,所以有 9 条边
G.add_nodes_from(H)                         #创建一个子图 H 加入 G
G.add_node(H)                               #直接将图作为节点

nx.draw(G, with_labels=True)
plt.show()
print('图中所有的节点', G.nodes())
print('图中节点的个数', G.number_of_nodes())
G.remove_node(1)                            #删除指定节点
G.remove_nodes_from(['b','c','d','e'])      #删除集合中的节点
nx.draw(G, with_labels=True)
plt.show()
print('图中所有的节点', G.nodes())
print('图中节点的个数', G.number_of_nodes())
```

程序运行结果如图 B.12 和图 B.13 所示。

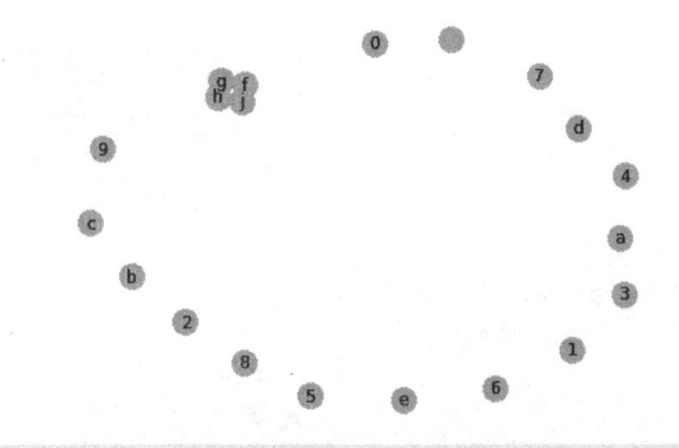


```
图中所有的节点['a', 'b', 'c', 'd', 'e', 'f', 'g', 'h', 'j', 0, 1, 2, 3, 4, 5, 6, 7, 8, 9, <networkx.classes.graph.Graph object at 0x000000000AEB2358>]
图中节点的个数 20
```

图 B.12 程序运行结果 1

图中所有的节点['a', 'f', 'g', 'h', 'j', 0, 2, 3, 4, 5, 6, 7, 8, 9, <networkx. classes. graph. Graph object at 0x000000000AEB2358>]
图中节点的个数 15

图 B. 13　程序运行结果 2

### B. 3. 3　边

边的操作有添加边、访问边和删除边等，具体如下所述。

**【例 B. 19】** 边举例。

```
F = nx. Graph()                              #创建无向图
F. add_edge(11,12)                           #一次添加一条边

e=(13,14)                                    #e 是一个元组
F. add_edge( * e)
F. add_edges_from([(1,2),(1,3)])             #通过添加 list 来添加多条边
F. add_edges_from(H. edges())

nx. draw(F, with_labels=True)
plt. show()
print('图中所有的边', F. edges())
print('图中边的个数', F. number_of_edges())
```

程序运行结果如图 B. 14 所示。

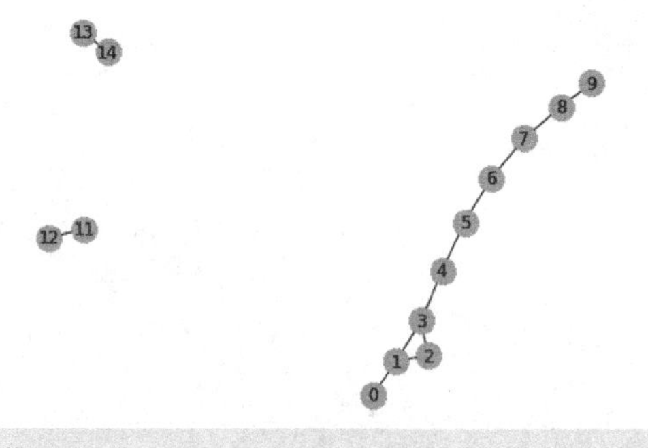


图中所有的边[(11, 12), (13, 14), (1, 2), (1, 3), (1, 0), (2, 3), (3, 4), (4, 5), (5, 6), (6, 7), (7, 8), (8, 9)]
图中边的个数 12

图 B. 14　程序运行结果

【**例 B. 20**】快速遍历每一条边，可以使用邻接迭代器实现。

```
FG = nx.Graph()
FG.add_weighted_edges_from([(1,2,0.125), (1,3,0.75), (2,4,1.2), (3,4,0.275)])
for n,nbrs in FG.adjacency():
    for nbr, eattr in nbrs.items():
        data =eattr['weight']
        print('(%d, %d, %0.3f)' % (n,nbr,data))
nx.draw(F, with_labels=True)
plt.show()
```

【程序运行结果】

```
(1, 2, 0.125)
(1, 3, 0.750)
(2, 1, 0.125)
(2, 4, 1.200)
(3, 1, 0.750)
(3, 4, 0.275)
(4, 2, 1.200)
(4, 3, 0.275)
```

程序运行结果如图 B. 15 所示。

【**例 B. 21**】筛选 weight 小于 0. 5 的边。

```
FG = nx.Graph()
FG.add_weighted_edges_from([(1,2,0.125), (1,3,0.75), (2,4,1.2), (3,4,0.275)])
```

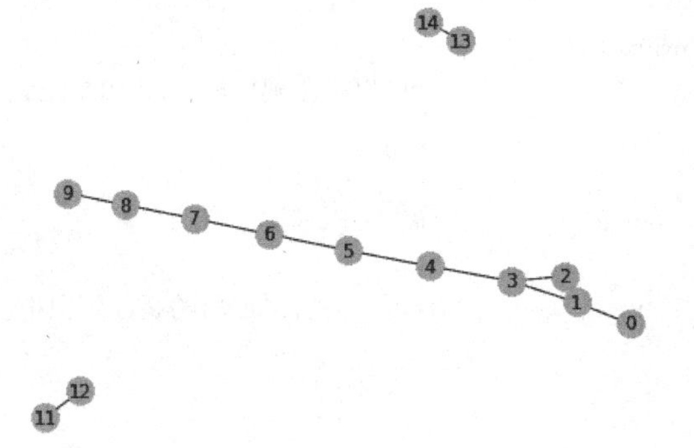


图 B. 15　程序运行结果 1

```
for n,nbrs in FG.adjacency():
    for nbr, eattr in nbrs.items():
        data =eattr['weight']
        if data < 0.5:
            print('(%d, %d, %0.3f)' % (n,nbr,data))
nx.draw(F, with_labels=True)
plt.show()
```

【程序运行结果】

```
(1, 2, 0.125)
(2, 1, 0.125)
(3, 4, 0.275)
(4, 3, 0.275)
```

程序运行结果如图 B.16 所示。

```
#一种方便的访问所有边的方法
for u,v,d in FG.edges(data = 'weight'):
    print((u,v,d))
```

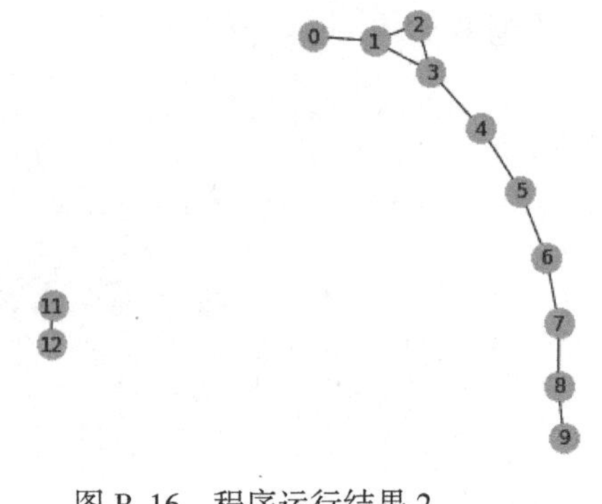


图 B.16　程序运行结果 2

**【例 B.22】** 删除边。

```
F.remove_edge(1,2)
F.remove_edges_from([(11,12), (13,14)])
nx.draw(F, with_labels=True)
plt.show()
```

## B.3.4　相关属性

图的属性（如权重（weight）、标注（labels）和颜色（colors）等）可以附加到图、节点或边上，采用属性字典键值对的方式进行保存。

**【例 B.23】** 图的属性举例。

（1）图的属性设置

```
import networkx as nx
import matplotlib.pyplot as plt
G = nx.Graph(day='Monday')          #可以在创建图时分配图的属性
print(G.graph)

G.graph['day'] = 'Friday'           #也可以修改已有的属性
print(G.graph)
G.graph['name'] = 'time'            #可以随时添加新的属性到图中
print(G.graph)
```

（2）节点的属性

```
G = nx.Graph(day='Monday')
G.add_node(1, index='1th')                  #在添加节点时分配节点属性
print(G.node(data=True))

G.node[1]['index'] = '0th'                  #通过 G.node[][]来添加或修改属性
print(G.node(data=True))

G.add_nodes_from([2,3], index='2/3th') #从集合中添加节点时分配属性
print(G.nodes(data=True))
print(G.node(data=True))
```

(3) 边的属性

```
G = nx.Graph(day='manday')
G.add_edge(1,2,weight=10)                          #在添加边时分配属性
print(G.edges(data=True))

G.add_edges_from([(1,3),(4,5)], len=22)           #从集合中添加边时分配属性
print(G.edges(data='len'))

G.add_edges_from([(3,4,{'hight':10}),(1,4,{'high':'unknow'})])
print(G.edges(data=True))

G[1][2]['weight'] = 100000                         #添加或修改属性
print(G.edges(data=True))
```

NetworkX 提供关于图、节点和边的相关操作函数，如表 B.2~表 B.4 所示。

**表 B.2 图的相关函数**

| 函数名称 | 功能 |
| --- | --- |
| degree(G[, nbunch, weight]) | 返回单个节点或 nbunch 节点的度数视图 |
| degree_histogram(G) | 返回每个度值的频率列表 |
| density(G) | 返回图的密度 |
| info(G[, n]) | 打印图 G 或节点 n 的简短信息摘要 |
| create_empty_copy(G[, with_data]) | 返回图 G 并删除所有的边的副本 |
| is_directed(G) | 如果图是有向的，返回 true |
| add_star(G_to_add_to, nodes_for_star, ** attr) | 在图形 G_to_add_to 上添加一个星形 |
| add_path(G_to_add_to, nodes_for_path, ** attr) | 在图 G_to_add_to 中添加一条路径 |
| add_cycle(G_to_add_to, nodes_for_cycle, ** attr) | 向图形 G_to_add_to 添加一个循环 |

**表 B.3 节点的相关函数**

| 函数名称 | 功能 |
| --- | --- |
| nodes(G) | 在图节点上返回一个迭代器 |
| number_of_nodes(G) | 返回图中节点的数量 |
| all_neighbors(graph, node) | 返回图中节点的所有邻居 |
| non_neighbors(graph, node) | 返回图中没有邻居的节点 |
| common_neighbors(G, u, v) | 返回图中两个节点的公共邻居 |

**表 B.4 边的相关函数**

| 函数名称 | 功能 |
| --- | --- |
| edges(G[, nbunch]) | 返回与 nbunch 中的节点相关的边的视图 |
| number_of_edges(G) | 返回图中边的数目 |
| non_edges(graph) | 返回图中不存在的边 |

## B.4 在线图结构绘制工具

### B.4.1 Graph Editor

Graph Editor 是一个在线图结构绘制工具，输入网址 https://csacademy.com/app/graph_editor/，出现如图 B.17 所示的图结构绘制工具。

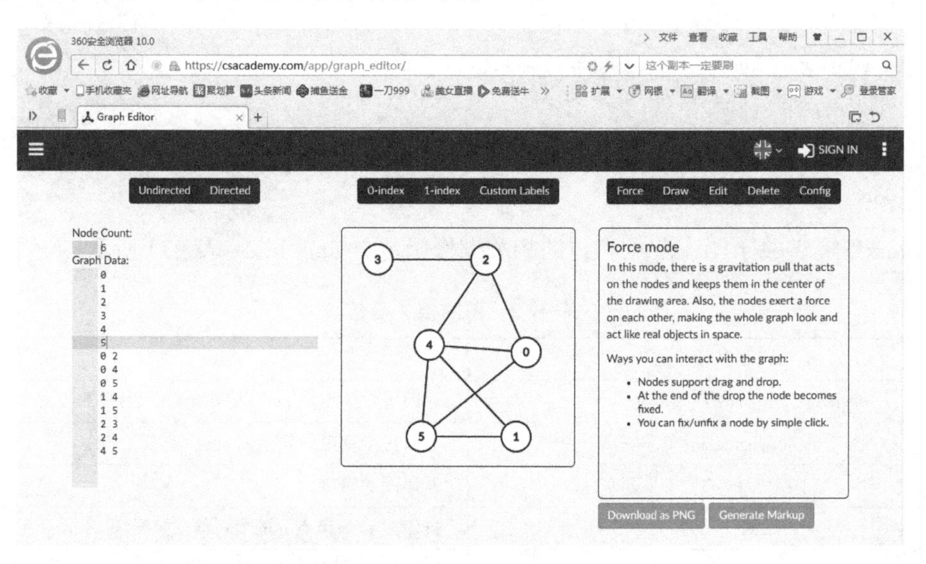


图 B.17 Graph Editor

Graph Editor 用法非常简单。只要输入图的边（可加边权），不必输入点，图会随着边的更新而同步更新。如果要改变图的结构，可以用鼠标拖拽某个节点。

### B.4.2 Graphviz

输入网址 http://www.webgraphviz.com/，出现如图 B.18 所示的图结构绘制工具。

单击 Generate Graph 按钮，生成如图 B.19 所示的效果图。

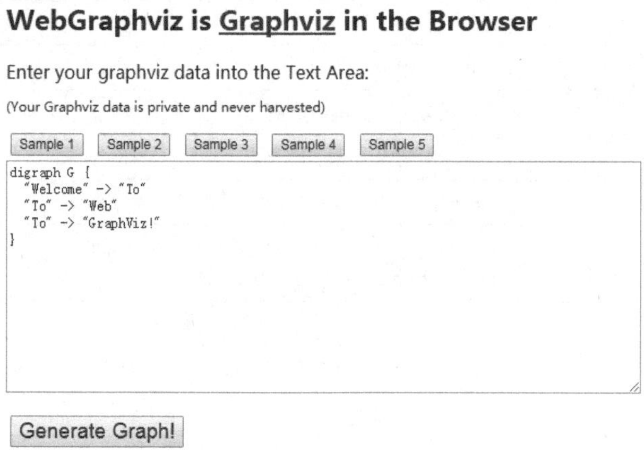

**WebGraphviz is Graphviz in the Browser**

Enter your graphviz data into the Text Area:

(Your Graphviz data is private and never harvested)

Sample 1 Sample 2 Sample 3 Sample 4 Sample 5

```
digraph G {
  "Welcome" -> "To"
  "To" -> "Web"
  "To" -> "GraphViz!"
}
```

Generate Graph!

图 B.18 Graphviz

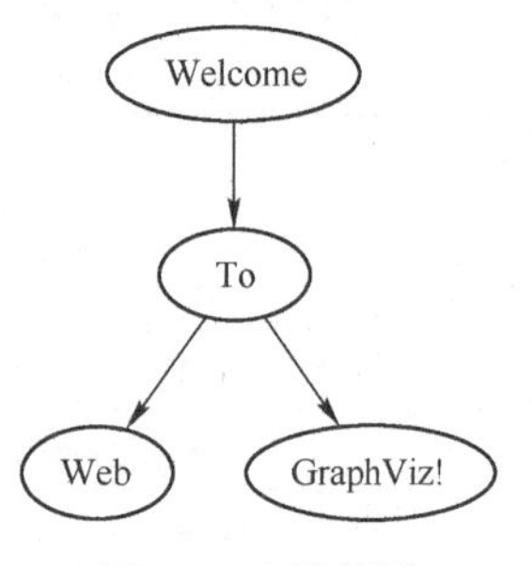


图 B.19 效果图

# 附录C　更多数据类型

## C.1　collections 模块

Python 的 collections 模块提供更多功能的数据类型，如 namedtuple、deque、Counter、OrderedDict 和 ChainMap 等。

### C.1.1　namedtuple

namedtuple 与元组类似，但是功能更为强大。namedtuple 不再通过索引值进行访问，而是通过字典名进行访问。namedtuple 比元组具有更好的可读性，易于代码维护。与字典相比，更加轻量和高效。

**【例 C.1】** namedtuple 举例。

```
from collections import namedtuple
websites = [
    ('Sohu', 'http://www.sohu.com/', u'张朝阳'),
    ('Sina', 'http://www.sina.com.cn/', u'王志东'),
    ('163', 'http://www.163.com/', u'丁磊')
]
Website =namedtuple('Website', ['name', 'url', 'founder'])   #"""Namedtuple 拥有三个元素"""
for website in websites:
    website = Website._make(website)
    print website
```

【程序运行结果】

```
Website(name='Sohu', url='http://www.sohu.com/', founder='张朝阳')
Website(name='Sina', url='http://www.sina.com.cn/', founder='王志东')
Website(name='163', url='http://www.163.com/', founder='丁磊')
```

### C.1.2　deque

deque 是双端队列，可以快速地从双侧追加和弹出对象。deque 模块操作如图 C.1 所示。deque 模块的方法如表 C.1 所示。

**表 C.1　Deque 模块方法**

| 方　法 | 描　述 |
| --- | --- |
| append(x) | 在队列的右边添加一个元素 |
| appendleft(x) | 在队列的左边添加一个元素 |

（续）

| 方　　法 | 描　　述 |
|---|---|
| clear( ) | 从队列中删除所有元素 |
| copy( ) | 返回一个浅拷贝的副本 |
| count( value) | 返回值在队列中出现的次数 |
| extend( [ x. . ] ) | 使用可迭代的元素扩展队列的右侧 |
| extendleft( [ x. . ] ) | 使用可迭代的元素扩展队列的左侧 |
| index( value, [ start, [ stop] ] ) | 返回值的第一个索引，如果值不存在，则引发 ValueError |
| insert( index, object) | 在索引之前插入对象 |
| maxlen | 获取队列的最大长度 |
| pop( ) | 删除并返回最右侧的元素 |
| popleft( ) | 删除并返回最左侧的元素 |
| remove( value) | 删除查找到的第一个值 |
| reverse( ) | 队列中的所有元素进行翻转 |
| rotate( ) | 向右旋转队列 n 步（默认 n = 1），如果 n 为负，向左旋转 |

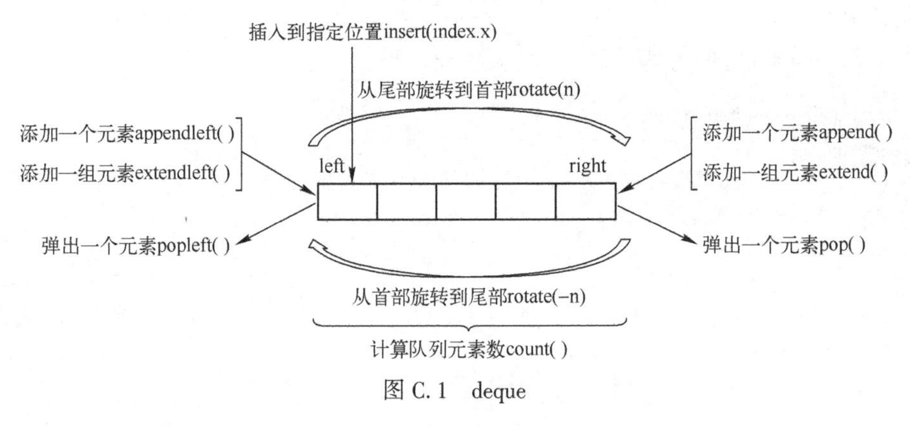


图 C. 1　deque

**【例 C. 2】** deque 举例。

（1）入队操作

```
>>> from collections import deque      #创建一个队列
>>> q = deque([1])
>>> q
deque([1])
#向队列中添加一个元素
>>> q. append(2)
>>> q
deque([1, 2])
#向队列最左边添加一个元素
>>> q. appendleft(3)
>>> q
deque([3, 1, 2])
#同时入队多个元素
```

```
>>> q.extend([4,5,6])
>>> q
deque([3, 1, 2, 4, 5, 6])
#在最左边同时入队多个元素
>>> q.extendleft([7,8,9])
>>> q
deque([9, 8, 7, 3, 1, 2, 4, 5, 6])
```

（2）出队操作

```
#删除队列中最后一个
>>> q.pop()
6
>>> q
deque([9, 8, 7, 3, 1, 2, 4, 5])
#删除队列中最左边的一个元素
>>> q.popleft()
9
>>> q
deque([8, 7, 3, 1, 2, 4, 5])
```

（3）其他的 API

```
#清空队列
>>> q
deque([8, 7, 3, 1, 2, 4, 5])
>>> q.clear()
>>> q
deque([])
#判断队列是否为空
>>> not q
True
#获取队列最大长度
>>> q = deque([1,2], 10)
>>> q.maxlen
10
#查看某个元素出现的次数
>>> q.extend([1,2,1,1])
>>> q.count(1)
4
#查看当前队列长度
>>> len(q)
6
#判断队列是否满了
>>> q.maxlen == len(q)
False
#队列元素反转
>>> q = deque([1,2,3,4,5],5)
>>> q.reverse()
```

```
>>> q
deque([5, 4, 3, 2, 1],maxlen=5)
#查看元素对应的索引
>>> q.index(1)
4
#删除匹配到的第一个元素
>>> q
deque([5, 4, 3, 2, 1],maxlen=5)
>>> q.remove(5)
>>> q
deque([4, 3, 2, 1],maxlen=5)
#元素位置进行旋转
>>> q
deque([4, 3, 2, 1],maxlen=5)
>>> q.rotate(2)
>>> q
deque([2, 1, 4, 3],maxlen=5)
>>> q.rotate(1)
>>> q
deque([3, 2, 1, 4],maxlen=5)
#使用负数
>>> q.rotate(-1)
>>> q
deque([2, 1, 4, 3],maxlen=5)
```

### C.1.3 Counter

Counter 计数器主要用来计数，操作如下所述。

**【例 C.3】** Counter 举例。

```
>>> from collections import Counter
>>> c= Counter(a=4,b=3,c=1,d=-4,e=0)
>>> c
Counter({'a': 4, 'b': 3, 'c': 1, 'e': 0, 'd': -4})
>>> c= Counter("abracadabra")
>>> c
Counter({'a': 5, 'b': 2, 'r': 2, 'c': 1, 'd': 1})
>>> c.most_common(3)      #获取出现频率最高的 3 个字符
[('a', 5), ('b', 2), ('r', 2)]
```

### C.1.4 OrderedDict

字典数据结构是无序的，而 OrderedDict 提供有序的字典对象。

**【例 C.4】** OrderedDict 举例。

```
from collections import OrderedDict
>>> d={'banana':3,'apple':4,'pear':1,'orange':2}
>>>OrderedDict(sorted(d.items(),key=lambda   t:t[0]))
```

```
OrderedDict([('apple', 4), ('banana', 3), ('orange', 2), ('pear', 1)])
>>>OrderedDict(sorted(d.items(),key=lambda  t:t[1]))
OrderedDict([('pear', 1), ('orange', 2), ('banana', 3), ('apple', 4)])
>>>OrderedDict(sorted(d.items(),key=lambda  t:len(t[0])))
OrderedDict([('pear', 1), ('apple', 4), ('banana', 3), ('orange', 2)])
```

### C.1.5　ChainMap

ChainMap 是带有默认值的字典，并可以合并多个 dict，效率较高。

**【例 C.5】** ChainMap 举例。

```
>>> from collections import ChainMap
>>> a={'a': 4, 'b': 3}
>>> b={'c': 1, 'e': 0, 'd': -4}
>>> c=ChainMap(a,b)
>>> c
ChainMap({'a': 4, 'b': 3}, {'c': 1, 'e': 0, 'd': -4})
>>> c.maps
[{'a': 4, 'b': 3}, {'c': 1, 'e': 0, 'd': -4}]
>>> c['a']
4
```

## C.2　heapq 模块

heapq 模块使得堆排序等算法变得相当方便，操作方法如表 C.2 所示。

**表 C.2　heapq 模块方法**

| 方　　法 | 描　　述 |
| --- | --- |
| heapq.heappush(heap,item) | 将 item 推入 heap |
| heapq.heappop(heap) | 将 heap 的最小值弹出 heap，heap 为空时报 IndexError 错误 |
| heapq.heappushpop(heap,item) | 弹出 heap 中最小的元素，推入 item |
| heapq.heapify(x) | 将 list x 转换为 heap |
| heapq.heapreplace(heap,item) | 弹出最小值，推入 item，heap 的 size 不变 |
| heapq.merge( * iterator1,iterator2) | 将多个序列合并，并且排好序，返回一个序列 |

**【例 C.6】** heapq 举例。

(1) heapq.heappush(heap,item)

```
>>> import heapq
>>> items=[1,2,9,7,3]
>>> heapq.heappush(items,10)
>>> items
[1, 2, 9, 7, 3, 10]
```

（2） heapq. heappop( heap)

```
>>> heapq.heappop(items)
1
>>> items
[2, 3, 9, 7, 10]
```

（3） heapq. heappushpop( heap, item)

```
>>> heapq.heappushpop(items,11)
2
>>> items
[3, 7, 9, 11, 10]
```

（4） heapq. heapify( x)

```
>>> nums=[1,10,9,8]
>>> heap=list(nums)
>>> heapq.heapify(heap)
>>> heap
[1, 8, 9, 10]
```

（5） heapq. heapreplace( heap, item)

```
>>> heapq.heapreplace(heap,100)
1
>>> heap
[8, 10, 9, 100]
```

（6） heapq. merge( * iterable)

```
>>> heap
[8, 10, 9, 100]
>>> heap1=[10,67,56,80,79]
>>> h=heapq.merge(heap,heap1)
>>> list(h)
[8, 10, 9, 10, 67, 56, 80, 79, 100]
```

**【例 C.7】** heapq 创建堆。

heapq 提供如下两种方式创建堆。

- 使用 heapq. heappush( )函数把值加入堆中。
- 使用 heap. heapify( list)转换列表为堆结构。

（1） 使用 heapq. heappush( )

```
import heapq
i=0
nums = [2, 3, 5, 1, 54, 23, 132]
heap = []
for num innums:
    heapq.heappush(heap, num)                    #加入堆
print("排序前:")
```

```
print(nums)
print("排序后:")
for i in range(len(nums)):
    print(heapq.heappop(heap),end=" ")          #堆排序结果
```

【程序运行结果】

```
排序前:
[2, 3, 5, 1, 54, 23, 132]
排序后:
1 2 3 5 23 54 132
```

（2）使用 heap. heapify(list)

```
import heapq
nums = [2, 3, 5, 1, 54, 23, 132]
heap=list(nums)
heapq.heapify(heap)
for i in range(len(nums)):
    print(heapq.heappop(heap),end=" ")          #堆排序结果
```

【程序运行结果】

```
1 2 3 5 23 54 132
```

**【例 C.8】** 获取堆最大或最小值。

heapq. nlargest( ) 或 heapq. nsmallest( ) 函数用于获取堆中最大或最小的值，代码如下所示。

```
import heapq
nums = [1, 3, 4, 5, 2]
print(heapq.nlargest(3, nums))
print(heapq.nsmallest(4, nums))
```

【程序运行结果】

```
[5, 4, 3]
[1, 2, 3, 4]
```

## C.3 array 模块

array 与列表相似，但是所有元素必须是同一种类型。array 操作如下所示。

**【例 C.9】** array 举例。

```
import array
>>>arr = array.array('i',[0,1,1,3])
>>>print(arr)
array('i', [0, 1, 1, 3])

#array.typecode :输出用于创建数组的类型代码字符
```

```
>>>print( arr. typecode)
i

#array. itemsize ：输出数组的元素个数
>>>print( arr. itemsize)

#array. append(x) :将一个新值附加到数组的末尾
>>>arr. append(4)
>>>print( arr)
array('i', [0, 1, 1, 3, 4])

#array. count(x)
>>>print( arr. count(1) )
2

#array. extend( iterable):将可迭代对象的原序列附加到数组的末尾,合并两个序列
>>>_list = [5,6,7]
>>>arr. extend( _list)
>>>print( arr)
array('i', [0, 1, 1, 3, 4, 5, 6, 7])

#array. fromlist( list) --将列表中的元素追加到数组后面
    for x in list:
        a. append(x)
>>>arr. fromlist( _list)
>>>print( arr)
array('i', [0, 1, 1, 3, 4, 5, 6, 7, 5, 6, 7])

#array. index(x) --返回数组中 x 的最小下标
>>>print( arr. index(1) )
1

#array. insert( index, value):在 index 索引插入 value 值
>>>arr. insert(1,0)
>>>print( arr)
array('i', [0, 0, 1, 1, 3, 4, 5, 6, 7, 5, 6, 7])

#array. pop(i):删除索引为 i 的项
>>> print( arr. pop(4) )
3
>>>arr
array('i', [0, 0, 1, 1, 4, 5, 6, 7, 5, 6, 7])

#array. remove(x):删除第一次出现的元素 x
>>>arr. remove(5)
>>>arr
array('i', [0, 0, 1, 1, 4, 6, 7, 5, 6, 7])
```

```
#array.reverse():反转数组中的元素值
>>>arr.reverse()
>>>arr
array('i', [7, 6, 5, 7, 6, 4, 1, 1, 0, 0])

#array.tolist():将数组转换为具有相同元素的列表
>>> li =arr.tolist()
>>> li
[7, 6, 5, 7, 6, 4, 1, 1, 0, 0]
```

# 附录D 参考答案

## 第1章 数据结构与算法

1. 程序是什么?

【解答】书中1.1内容。

2. 什么是算法?算法的5个属性是什么?

【解答】书中1.3内容。

3. 如何理解算法的空间复杂度和时间复杂度?

【解答】书中1.4内容。

## 第2章 Python开发环境

1. 简述Python的功能和特点。

【解答】书中2.1内容。

2. 简述Python在Linux和Windows下的安装步骤。

【解答】书中2.2内容。

3. Python开发环境有哪些?

【解答】书中2.3内容。

4. Python代码书写规则有哪些?

【解答】书中2.4内容。

## 第3章 Python数据类型

1. 在列表中输入多个数据作为圆的半径,求出相应的圆的面积。

【解答】

```
radius=input('please input radiuses in list')
radius=radius.split(",")
radius = [int(radius[i]) for i in range(len(radius))]     #for 循环,把每个字符转成 int 值
for r in radius:
    print('the area of the circle with the radius of %d is:'%r,3.14*r*r)
```

【程序运行结果】

```
please input radiuses in list2,3,4
the area of the circle with the radius of 2 is: 12.56
the area of the circle with the radius of 3 is: 28.259999999999998
the area of the circle with the radius of 4 is: 50.24
```

2. 输入一段英文文章，求其长度，并求出包含多少个单词。

【解答】

```
s = input("Please input a string:")
len=len(s)
counter=0
for i in s.split(' '):
    if i:
        counter+=1
print("The length is:%.f"%len)
print("The counter is:%.f"%counter)
```

【程序运行结果】

```
Please input a string:I am a boy
The length is:10
The counter is:4
```

3. 随意输入 10 个学生的姓名和成绩构成的字典，按照成绩高低排序。

【解答】

```
studscore = {}
counter=0
while counter<10:
    key = input('Input name:')
    value = input('Input score:')
    studscore[key] = value
    counter+=1
dict =sorted(studscore.iteritems(),key=lambda d:d[1])
print "order by score"
printdict
```

【程序运行结果】

```
Input name:wang
Input score:90
Input name:zhang
Input score:67
Input name:hai
Input score:45
Input name:zhou
Input score:78
Input name:jin
Input score:89
Input name:pan
Input score:87
Input name:shui
Input score:78
Input name:tai
Input score:67
```

```
Input name:tian
Input score:67
Input name:ff
Input score:56
order by score
[('hai', '45'), ('ff', '56'), ('zhang', '67'), ('tian', '67'), ('tai', '67'), ('zhou', '78'), ('shui', '78'),
('pan', '87'), ('jin', '89'), ('wang', '90')]
```

4. 任意输入一串字符，输出其中不同的字符及各自的个数。例如，输入“abcdefgabc”，输出为 a→2,b→2,c→2,d→1,e→1,f→1,g→1。

【解答】

```
s=input("Please input   string: ")
ms = set(s)
for item in ms:
    print(item,'->',s.count(item))
```

【程序运行结果】

```
Please input   string:abcdcbxdcbaxbcc
d -> 2
a -> 2
c -> 5
x -> 2
b -> 4
```

5. 设计一个字典，用户输入内容作为键，查找输出字典中对应的值，如果用户输入的键不存在，则输出“该键不存在!”。

【解答】

```
dict = {'one':"mama",'two':"papa"}
key = input("请你输入键值")
string_keys =dict.keys()
if(key in string_keys):
    print(dict[key])
else:
print("该键不存在!")
```

【程序运行结果】

```
请你输入键值 one
mama
请你输入键值 hello
该键不存在!
```

6. 已知列表 a_list=[11,22,33,44,55,66,77,88,99]，将所有大于 60 的值保存至字典的第 1 个 key 的值中，将所有小于 60 的值保存至字典的第 2 个 key 的值中，即{ k1：大于 60 的所有值,k2：小于 60 的所有值}。

【解答】

```
a_list = [11,22,33,44,55,66,77,88,99,90]
l1=[]
l2=[]
dict = {"k1":l1,"k2":l2}
for i in a_list:
    if(i>60):
        l1.append(i)
    else:
        l2.append(i)
print(dict)
```

【程序运行结果】

```
{'k1': [66, 77, 88, 99, 90], 'k2': [11, 22, 33, 44, 55]}
```

7. 给定一个字符串和一个列表，返回该字符串在该列表里面第二次出现的位置的下标，若无则返回-1。

【解答】

方法1：利用列表对象的index方法。

```
print(list_.index(key, list_.index(key) + 1))
```

方法2：

```
def findIndex(key, list_):          #利用循环
    count = 0
    for i in range(0, len(list_)):
        if list_[i] == key:
            count += 1;
        if count == 2:
            print(i)
        return
    print(-1)
names = ["Lihua","Rain","Jack","Xiuxiu","Peiqi","Black", "xiuxiu", "Peiqi"]
findIndex(&apos;Peiqi&apos;;, names)
```

## 第4章 Python三大结构

1. 从键盘输入若干整数，求所有输入的正数的和，遇到负数便结束该操作。

【解答】

```
sum=0
num=int(input('Please input a number,a negative means the end:'))
while num>0:
    sum=sum+num
    num=int(input('Please input a number,a negative means the end:'))
print('The sum of num is :',sum)
```

【程序运行结果】

```
Please input a number,a negative means the end:67
Please input a number,a negative means the end:89
Please input a number,a negative means the end:90
Please input a number,a negative means the end:78
Please input a number,a negative means the end:98
Please input a number,a negative means the end:56
Please input a number,a negative means the end:-8
The sum of num is : 478
```

2. 从键盘上输入 n 的值，计算 s=1+1/2!+…+1/n!。

【解答】

```
num=int(input('Please input a number:'))
sum=1.0
sumall=0.0
n=1
while n<=num:
    sum=sum * n
    sumall=sumall+1/sum
    n=n+1
print('The addition is:',sumall)
```

【程序运行结果】

```
Please input a number:2
The addition is: 1.5
```

3. 求 200 以内能够被 13 整除的最大的整数，并输出。

【解答】

```
for i in range(200,0,-1):
    if i%13==0:
        break
print('The biggest one that can be divided by 13 in 200 is:',i)
```

【程序运行结果】

```
The biggest one that can be divided by 13 in 200 is: 195
```

4. 采用 while 语句实现判断输入的数字是否是素数。

【解析】素数又称为质数，是一个大于或等于 2 且不能被 1 和其本身以外的整数整除的整数。即不能被 2、3、…、N-1 整除。根据一个命题的逆否命题等于其本身的定律，2、3、…、N-1 中只要有一个数能被 N 整除，N 就不是素数；反之，如果 2、3、…、N-1 中没有一个数能被 N 整除，N 就是素数。

```
num=int(input('Input a number'))
i=num//2
whilei>1:
    if num%i==0:
        print(num,' is not prime')
```

```
            break
        i=i-1
else:
    print(num,' is prime')
```

【程序运行结果】

```
Input a number7
7  is prime
Input a number9
9  is not prime
```

5. 编写一个程序：从键盘输入某个时间的分钟数，将其转化为用小时和分钟表示。

【解答】

```
num=int(input("Please input a number"))
hour= num // 60
min = num % 60
print("hour is %.f" %hour)
print("min is %.f" %min)
```

【程序运行结果】

```
Please input a number366
hour is 6
min is 6
```

6. 在购买某物品时，若标明的价钱为 x，y 为对应的金额，其数学表达式如下：

$$y=\begin{cases}x, x<1000\\0.9x, 1000\leqslant x<2000\\0.8x, 2000\leqslant x<3000\\0.7x, x>3000\end{cases}$$

编程实现以上表达式。

【解答】

```
x=int(input("Please input a number"))
if x<1000:
    y=x
elif x<2000:
    y=0.9 * x
elif x<3000:
    y=0.8 * x
else:
    y=0.7 * x
print(y)
```

【程序运行结果】

```
Please input a number1000
900.0
```

7. 编写一个程序：判断用户输入的字符是数字、字母还是其他字符。

【解答】

```
import string
c = input('Input a key:')
if c.isalpha():
    print('letter')
elif c.isdigit():
    print('number')
else:
    print('other')
```

```
a=input()
if '0'<=a<='9':
    print("数字字符")
elif  'a'<=a<='z' or 'A'<=a<='Z' :
    print("字母字符")
else:
    print("其他字符")
```

8. 求 200 以内能被 17 整除的所有正整数。

【解答】

```
print('''Less than 200 numbers is divisible by 17:''')
for i in range(1, 201, 1):
    if i%17!= 0:
            continue
    print(i," ",end="")
```

【程序运行结果】

```
Less than 200 numbers is divisible by 17:
17  34  51  68  85  102  119  136  153  170  187
```

9. 企业根据利润提成发放奖金问题。利润低于或等于 10 万元时，奖金可提 10%；利润高于 10 万元，低于 20 万元时，低于 10 万元的部分按 10%提成，高于 10 万元的部分，可提成 7.5%；20~40 万之间时，高于 20 万元的部分，可提成 5%；40~60 万之间时，高于 40 万元的部分，可提成 3%；60~100 万之间时，高于 60 万元的部分，可提成 1.5%；高于 100 万元时，超过 100 万元的部分按 1%提成。从键盘输入当月利润，求应发放奖金总数。

【解答】

```
x=int(input())/10000
if x<0:
    print(0)
else:
    if x<10:
        y=x*0.1
elif x<20:
    y=10*0.1+(x-10)*0.075
elif x<40:
    y=10*0.1+10*0.075+(x-20)*0.05
elif x<60:
    y=10*0.1+10*0.075+20*0.05+(x-40)*0.03
elif x<100:
    y=10*0.1+10*0.075+20*0.05+(60-40)*0.03+(x-60)*0.015
else:
```

```
    y=10*0.1+10*0.075+20*0.05+(60-40)*0.03+(100-60)*0.015+(x-100)*0.01
print("%.1f"%(y*10000))
```

10. 从键盘输入5个英文单词，输出其中以元音字母开头的单词。

【解答】

```
str="AEIOUaeiou"
word_list=[]
for i in range(0,5):
    s=input()
    word_list.append(s)
for i in range(0,5):
    for ch in str:
        if ch==word_list[i][0]:
            print(word_list[i])
```

11. 判断季节：输入月份，判断这个月是哪个季节。

【解答】3~5月为春季，6~8月为夏季，9~11月为秋季，12、1、2月为冬季。

【代码】

```
month = int(input('month:'))
spring = [3,4,5]
summer = [6,7,8]
autom = [9,10,11]
winter = [12,1,2]
if month in spring:
    print('%s 月是春天' %(month))
elif month in summer:
    print('%s 月是夏天' %(month))
elif month in autom:
    print('%s 月是秋天' %(month))
elif month in winter:
    print('%s 月是冬天' % (month))
else:
print('请输入正确的月份')
```

## 第5章　函数

1. 什么是lambda函数？它有什么作用？

【解答】书中5.4内容。

2. 设计函数，判断年份是否为闰年。

【解答】

```
def leapyear(a):
    if a%400==0 or (a%4==0 and a%100!=0):
        print('%d is a leap    year!'%a)
    else:
```

```
            print('%d is not a leap year!'%a)
    #调用函数
    year=input('Please input a year number:')
    leapyear(year)
```

【程序运行结果】

```
Please input a year number:2016
2016a leap    year!
```

3. 设计递归函数，将输入的5个字符，以相反顺序打印出来。

【解答】

```
def fac(n):
    if n==6:
        return
    s = str(input())
    fac(n+1)
    print(s)
#递归调用
fac(1)
```

```
def pai(n):
    next=0
    if n<=1:
        next=input("input a number")
        print(next," ",end="")
    else:
        next=input("input a number")
        pai(n-1)
        print(next," ",end="")
#递归调用
pai(5)
```

【程序运行结果】

```
Please input a number4
Please input a number5
Please input a number6
Please input a number3
Please input a number7
7  3  6  5  4
```

4. 设计递归函数，打印100以内的奇数。

【解答】

```
def oddSum(n):
    if n <= 100:
        print(n)
        n += 2
        returnoddSum (n)
#递归调用
oddSum (1)
```

```
def dg(n):
    if n == 0:
        return
    else:
        if n % 2 != 0:
            print(n)
        dg(n-1)
dg(100)
```

5. 设计递归函数，求两个数的最大公约数。

【解答】

```
def gcd(m,n):
```

```
    if m % n==0:
        return  n
    else:
        return gcd(n, m%n)
#递归调用
num=gcd (3,5)
print(num)
```

6. 求出100~10000以内的回文素数。

【解答】

```
def isprime(num):
    flag=1;i=2
    while i <num:
        if num % i==0:
            flag=0
            break
        i=i+1
    if flag==1:
        return True,
def huiwen(n):
    n=str(n)
    b=n[::-1]
    if(n==b):
        return 1
    return 0
for i in range(100,10000):
    if(isprime(i) and huiwen(i)):
        print("%d"%i," ",end="")
```

【程序运行结果】

```
101   131   151   181   191   313   353   373   383   727   757   787   797   919   929
```

7. 计算题。

```
def f(x,l=[]):
    for i in range(x):
        l. append(i*i)
print(l)
```

【解答】

(A) [0, 1]　　(B) [3, 2, 1, 0, 1, 4]　　(C) [0, 1, 4]

8. 给定整数列表nums和目标值target，请在列表中找出和为目标值的两个整数，并返回其下标。

输入输出样例

输入样例

```
2 7 11 15
9
```

输出样例

```
[0,1]
```

【解答】

```
def solution(nums,target):
    if len(nums)<2:
        return
    for i in range (0,len(nums)-1):
        for j in range(i+1,len(nums)):
            if nums[i]+nums[j]==target:
                print(i,j)
nums=[2,7,8,11]
target=10
solution(nums,target)
```

## 第6章 线性表

### 一、填空题

1. 线性、一端、一端、另一端。

2. O(n)。

3. 长度相等、对应元素相等。

4. 数据元素。

5. 顺序；链式。

6. n-i。

7. 有限个字符的序列。

8. 可以随机访问任一元素。

### 二、简答题

1. 试比较线性表的顺序存储结构与链式存储结构的特点。

【解析】顺序存储结构的主要特点：节点中只有自身信息域，因此存储密度大，存储空间的利用率高，可以通过计算直接确定任意元素的位置；插入、删除操作会引起大量节点的移动。链式存储结构的主要特点：节点中除自身信息域外，还有表示链接信息的指针域，因此比顺序存储结构的存储密度小，存储空间的利用率低；逻辑上相邻的节点物理上不必相邻；插入、删除操作灵活方便，不必移动节点，只要修改节点中的指针即可

2. 假设C是一个循环队列，初始状态为rear=front=1，如图D.1所示，要求画出做完下列每一组操作后队列的头尾指针的状态变化情况。

1）d、e、b、g、h 入队。

2）d、e 出队。

3）i、j、k、l、m 入队。

4）b 出队。

5）n、o、p、q、r 入队。

【解答】

1）d、e、b、g、h 入队，运行结果如图D.2所示。

2）d、e 出队，运行结果如图 D.3 所示。

3）i、j、k、l、m 入队，运行结果如图 D.4 所示。

4）b 出队，运行结果如图 D.5 所示。

5）n、o、p、q、r 入队，运行结果如图 D.6 所示，发生了溢出。

程序运行结果如下。

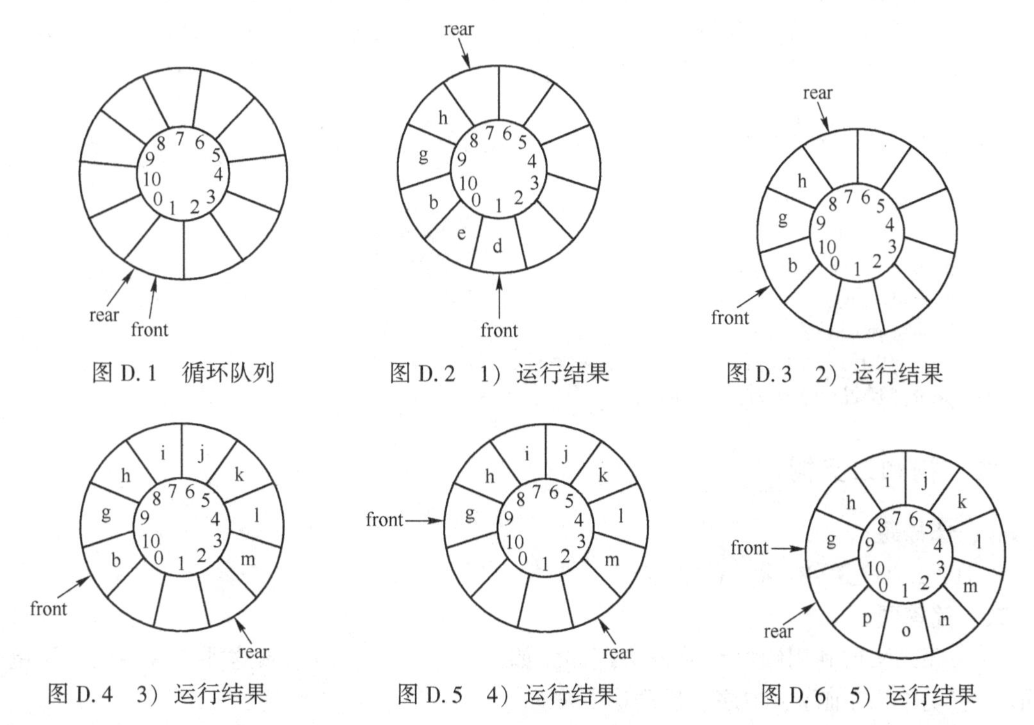


图 D.1　循环队列　　图 D.2　1）运行结果　　图 D.3　2）运行结果

图 D.4　3）运行结果　　图 D.5　4）运行结果　　图 D.6　5）运行结果

## 三、编程题

1. 给定一个字符串 s。请返回含有连续两个 s 作为子串的最短字符串。请注意两个 s 可能会有重叠部分。

输入如下。

输入一个字符串 s。s 含有 1 到 50 个字符（其中包括 1 和 50），s 中每个字符都是一个小写字母（从 a 到 z）。

输出如下。

返回含有连续两个 s 作为子串的最短字符串。

举例如下。

s = "aba"，返回"ababa"。

【解析】

```
def getShortestStr(string):
    if len(string) == 0:
        return None
    if len(string) == 1:
        return string * 2
    repeatLength = 0
```

```
        for front in range(1, len(string)):
            if string[:front] == string[len(string) - front:]:
                repeatLength = front
    return string + string[repeatLength:]
```

2. 从键盘输入一批数据，对这些数据进行逆置，最后将逆置后的结果输出。

【解析】将输入的数据存放在列表中，将列表的所有元素镜像对调，即第一个与最后一个对调，第二个与倒数第二个对调，以此类推。

```
b_list=input("请输入数据:")
a_list=[]
for i in b_list.split(','):
    a_list.append(i)
print("逆置前数据为:",a_list)
n=len(a_list)
for i in range(n//2):
    a_list[i],a_list[n-i-1]=a_list[n-i-1],a_list[i]
print("逆置后数据为:",a_list)
```

## 第 7 章　树和二叉树

### 一、选择题

1. D　2. D　3. B　4. A　5. C

### 二、简答题

1. 一棵二叉树利用顺序存储方法存储，如图 D.7 所示，请给出这棵二叉树的二叉链表表示，并写出它的前序、中序、后序遍历序列。

| 1 | 2 | 3 | 4 | 5 | 6 | 7 | 8 | 9 | 10 | 11 | 12 | 13 | 14 | 15 |
|---|---|---|---|---|---|---|---|---|---|---|---|---|---|---|
| a | b | c | d | e | g |  |  |  | f |  |  | h |  |  |

图 D.7　二叉树顺序存储

【解答】运行结果如图 D.8 所示。

前序：abdefcgh。

中序：dbfeaghc。

后序：dfebhgca。

2. 写出图 D.9 树的后根遍历，并把该树转换成二叉树。

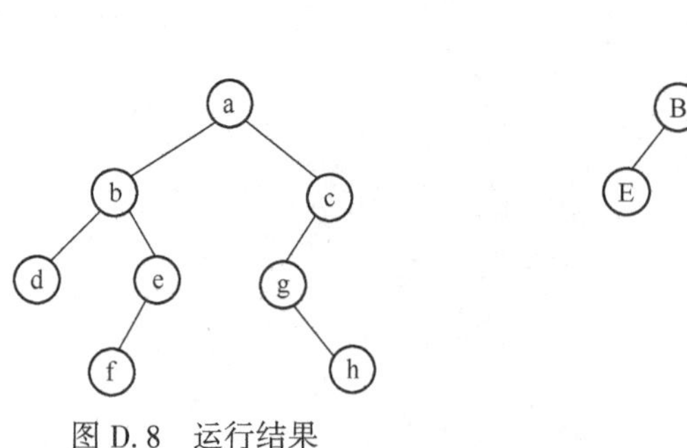

图 D.8　运行结果

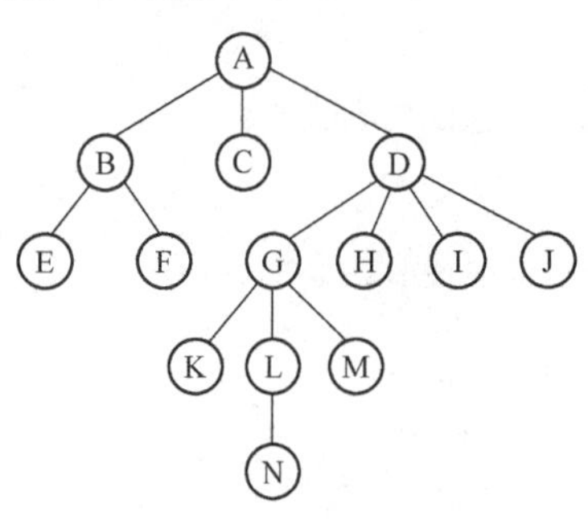

图 D.9　树

【解答】

1）后根遍历序列为：E F B C K N L M G H I J K D A。

2）转换后的二叉树如图 D. 10 所示。

3. 设二叉树的存储结构如表 D. 1 所示。

**表 D. 1　二叉树的存储结构**

| | 1 | 2 | 3 | 4 | 5 | 6 | 7 | 8 | 9 | 10 |
|---|---|---|---|---|---|---|---|---|---|---|
| left | 0 | 0 | 2 | 3 | 7 | 5 | 8 | 0 | 10 | 1 |
| data | J | H | F | D | B | A | C | E | G | I |
| right | 0 | 0 | 0 | 9 | 4 | 0 | 0 | 0 | 0 | 0 |

其中 root 为根节点指针，left、right 分别为节点左、右孩子指针域，data 为节点的数据域。请完成下列各题。

1）画出二叉树 root 的逻辑结构。

2）写出按先序、中序和后序遍历二叉树所得到的节点序列。

【解答】

1）二叉树的逻辑结构如图 D. 11 所示。

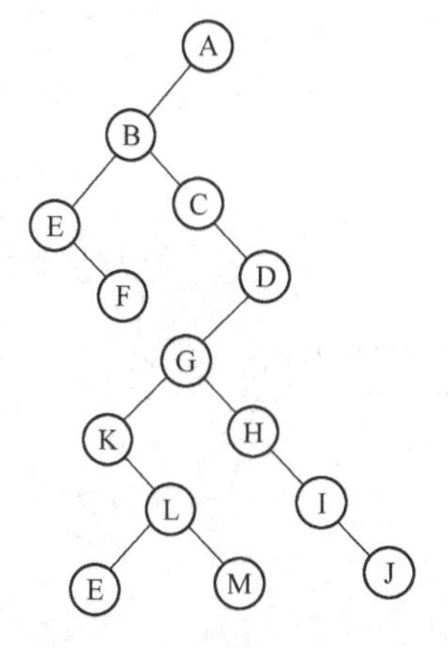


图 D. 10　转化后的二叉树

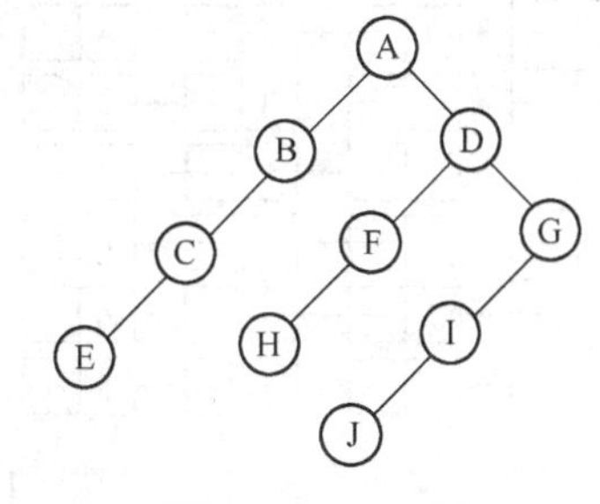


图 D. 11　二叉树

2）先序：ABCEDFHGIJ。

中序：ECBAHFDJIG。

后序：ECBHFJIGDA。

4. 给定数集 w={2,3,4,7,8,9}，试构造关于 w 的一棵哈夫曼树，并求出其加权路径长度 WPL。

【解答】运行结果如图 D. 12 所示。

WPL=(2+3)·4+4·3+(7+8+9)·2=80。

5. 已知二叉树的中序和后序遍历序列如下，试构造该二叉树。

中序：A C B D H G E F。

后序：A B C D E F G H。

【解答】二叉树如图 D. 13 所示。

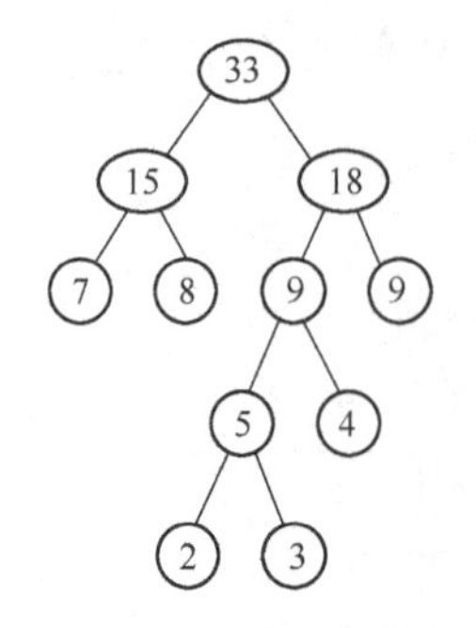


图 D. 12　程序运行结果

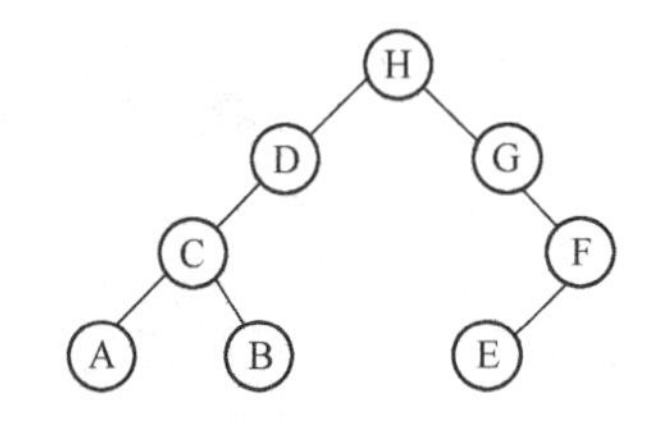


图 D. 13　二叉树

## 第 8 章　图

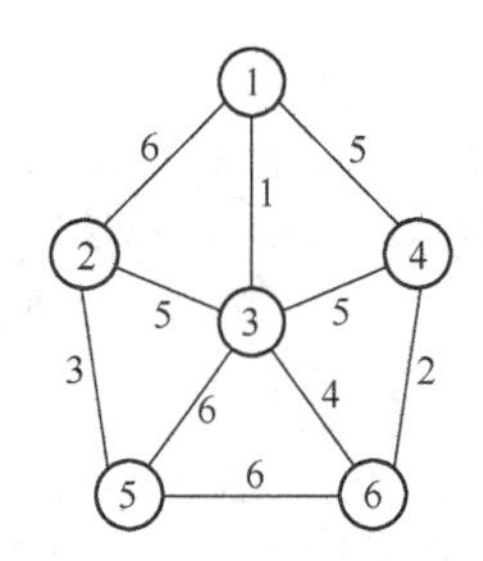


图 D. 14　图

### 一、填空题

1. 第 i 列非零元素个数　2. n−1　3. 1　4. 先序遍历

### 二、简答题

1. 请给出图 D. 14 的邻接表，并利用 Kruskal 算法手工构造该图的最小成生树。

【解答】

运行结果如图 D. 15 所示。

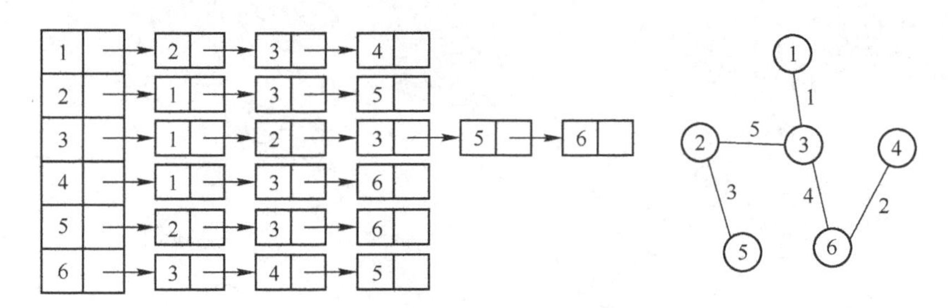


图 D. 15　运行结果

2. 如图 D. 16 所示的有向图，写出使用 Dijkstra 算法求顶点 2 到其他各个顶点的最短路径时，算法的动态执行情况，并计算最短路径。

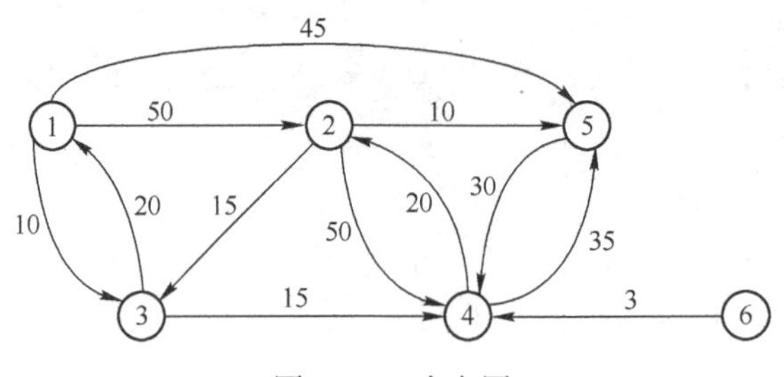


图 D. 16　有向图

【解答】

| S | dist 1 | dist 2 | dist 3 | dist 4 | dist 5 | dist 6 | path 1 | path 2 | path 3 | path 4 | path 5 | path 6 |
|---|---|---|---|---|---|---|---|---|---|---|---|---|
| {2} | ∞ | 0 | 15 | 50 | 10 | ∞ | | | 23 | 24 | 25 | |
| {2,5} | ∞ | 0 | 15 | 40 | 10 | ∞ | | | 23 | 254 | 25 | |
| {2,5,3} | 35 | 0 | 15 | 30 | 10 | ∞ | 231 | | 23 | 234 | 25 | |
| {2,5,3,4} | 35 | 0 | 15 | 30 | 10 | ∞ | 231 | | 23 | 234 | 25 | |
| {2,5,3,4,1} | 35 | 0 | 15 | 30 | 10 | ∞ | 231 | | 23 | 234 | 25 | |

3. 如图 D.17 所示的有向图，要求如下。

1）写出该图的一个拓扑有序序列，要求优先输出序号小的顶点。

2）使用 Dijkstra 算法求顶点 1 到其他各个顶点的最短路径，写出算法执行过程中各步的状态。

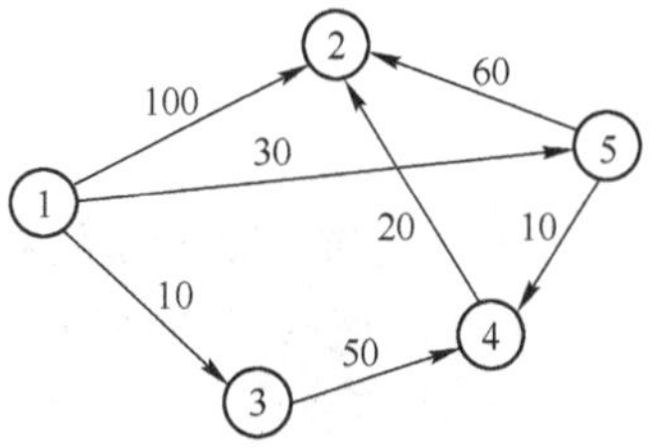

图 D.17　有向图

【解答】

1）拓扑有序序列：1 3 5 4 2。

2）算法执行过程中各步的状态如下：

| 目标顶点 | 2 | 3 | 4 | 5 | 求出最短路径 |
|---|---|---|---|---|---|
| 1 | {1,2}<br>100 | {1,3}<br>10 | ∞ | {1,5}<br>30 | {1,3}<br>10 |
| 2 | {1,2}<br>100 | | {1,3,4}<br>60 | {1,5}<br>30 | {1,5}<br>30 |
| 3 | {1,5,2}<br>90 | | {1,5,4}<br>40 | | {1,5,4}<br>40 |
| 4 | {1,5,4,2}<br>60 | | | | {1,5,4,2}<br>60 |

## 第 9 章　查找

1. 二分查找算法的存储结构有什么特点？

【解答】二分查找算法的存储结构必须是顺序存储结构，而且需要按关键字排序。

2. 顺序查找法适合什么样存储结构的线性表？

【解答】顺序存储或链式存储。

3. 设有一个长度为 100 的已排好序的表，用二分查找法进行查找，若查找不成功，至少比较多少次？

【解答】至少比较 7 次。

4. 对于关键字集合{87,25,310,08,27,132,68,95,187,123,70,63,47}，使用哈希函数 H(key)= key Mod 11 将其中的元素依次散列到哈希表中 HT[11]中，并采用链地址法解决冲突，画出最终的哈希表。

【解答】

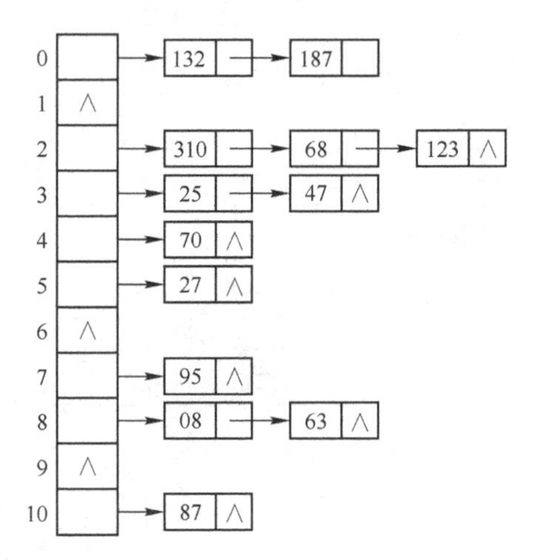


5. 若对具有 n 个元素的有序表和无序表分别进行顺序查找，试在下述两种情况下分别讨论两者在等概率时的平均查找长度。

1）查找不成功，即表中无关键字等于给定值 K 的记录。

2）查找成功，即表中有关键字等于给定值 K 的记录。

【解答】

1）查找不成功时，需进行 n+1 次比较才能确定查找失败。因此平均查找长度为 n+1，这时有序表和无序表一样。

2）查找成功时，平均查找长度为(n+1)/2，有序表和无序表也是一样的。因为顺序查找与表的初始序列状态无关。

6. 设有序表为(a,b,c,d,e,f,g,h,i,j,k,p,q)，请分别画出对给定值 b 和 g 进行二分查找的过程。

【解答】

1）查找 b 的过程如下。

第一次比较：[a　b　c　d　e　f　(g)　h　i　j　k　p　q]。

第二次比较：[a　b (c) d　e　f]　g　h　i　j　k　p　q。

第三次比较：[a (b) ]c　d　e　f　g　h　i　j　k　p　q。

经过三次比较，查找成功。

2）查找 g 的过程如下。

第一次比较：[a　b　c　d　e　f　(g)　h　i　j　k　p　q]。一次比较成功。

说明：方括号表示当前查找区间，圆括号表示当前比较的关键字。

7. 设哈希表地址为 HT[0..10]，关键字的集合为 key={24,38,23,70,56,53,43,64,36}，哈希函数使用除留余数法，求哈希表。

【解答】

| Key | 24 | 38 | 23 | 70 | 56 | 53 | 43 | 64 | 36 |
|---|---|---|---|---|---|---|---|---|---|
| K% 11 | 2 | 5 | 1 | 4 | 1 | 9 | 10 | 9 | 3 |

8. 关键字集合为{47,7,29,11,16,92,22,8,3}，表长为 11。选取哈希函数：Hash(key) = key mod 11，用线性探测法处理冲突，构造哈希表，并求其查找成功时的平均查找长度。

【解答】由给定的哈希函数得到的初始哈希地址如下。

| 关键字 | 47 | 7 | 29 | 11 | 16 | 92 | 22 | 8 | 3 |
|---|---|---|---|---|---|---|---|---|---|
| 地址 | 3 | 7 | 7 | 0 | 5 | 4 | 0 | 8 | 3 |

分析可知，关键字为 47 和 7 直接存入地址。对于关键字 29，Hash(29)= 7 的地址发生冲突，根据探测序列，H1=(Hash(29)+1)%11=8，地址为空，存入。以此类推，构造哈希表如下所示。

| 0 | 1 | 2 | 3 | 4 | 5 | 6 | 7 | 8 | 9 | 10 |
|---|---|---|---|---|---|---|---|---|---|---|
| 11 | 22 |  | 47 | 92 | 16 | 3 | 7 | 29 | 8 |  |

对关键字为 47 、7、11、16、92 的查找只需 1 次比较，对关键字为 29、8、22 的查找需两次比较，对关键字为 3 的查找需比较 4 次。故平均查找长度为：ASL=(1・5+2・3+4・1)/9 =15/9。

## 第 10 章　排序

### 一、选择题

1. C　　2. C　　3. B

### 二、简答题

1. 已知序列[503,87,512,61,908,170,897,275,653,462]，写出采用快速排序法对该序列升序排序第一趟的结果。

【解答】

503，87，512，61，908，170，897，275，653，462
↑ low（503）　↑ high（462）

462，87，512，61，908，170，897，275，653，462
↑ low（512）　↑ high（462）

462，87，512，61，908，170，897，512，653，462
↑ low（512）　↑ high（512）

462，87，512，61，908，170，897，512，653，462
↑ low（512）　↑ high（170）

462，87，170，61，908，170，897，512，653，462
↑ low（908）　↑ high（170）

[462，87，170，61，170，]170，[897，512，653，462]
[462，87，170，61，170，]503，[897，512，653，462]

2. 已知序列[10,18,4,6,12,1,9,16]，请使用堆排序对该序列做升序排序，要求写出每一趟排序后的结果。

【解答】

第 1 次调整为堆：18，16，9，10，12，1，4，6 =>(6，16，9，10，12，1，4)，18。

第 2 次调整为堆：(16，12，9，10，6，1，4)，18 =>(4，12，9，10，6，1)，16，18。

第 3 次调整为堆：(12, 10, 9, 4, 6, 1)16, 18 =>(1, 10, 9, 4, 6,), 12, 16, 18。

第 4 次调整为堆：(10, 6, 9, 4, 1), 12, 16, 18 =>(1, 6, 9, 4), 10, 12, 16, 18。

第 5 次调整为堆：(9, 6, 1, 4),10, 12, 16, 18 =>(4, 6, 1), 9, 10, 12, 16, 18。

第 6 次调整为堆：(6, 4, 1), 9, 10, 12, 16, 18 =>(1, 4), 6, 9, 10, 12, 16, 18。

第 7 次调整为堆：(4, 1), 6, 9, 10, 12, 16, 18 => (1), 4, 6, 9, 10, 12, 16, 18。

排序结束：1, 4, 6, 9, 10, 12, 16, 18。

3. 给出一组关键字[29,18,25,47,58,12,51,10]，请使用归并排序对该序列做升序排序，要求写出每一趟排序后的结果。

【解答】

第一趟：18,29,25,47,12,58,10,51。

第二趟：18,25,29,47,10,12,51,58。

第三趟：10,12,18,25,29,47,51,58。

## 第 11 章　调试

1. 程序设计有几种错误？分别是什么？

【解答】书中 11.1 内容。

2. 异常处理有几种？

【解答】书中 11.2 内容。

3. 以下是两数相加的程序。

```
x = int(input("x="))
y = int(input("y="))
print("x+y=",x+y)
```

对该程序采用异常处理，要求接收两个整数，并输出相加的结果。但如果输入的不是整数（如字母），程序就会终止执行并输出异常信息。

【解答】

```
try:
        x = int(input("x="))
        y = int(input("y="))
except(ValueError,Exception):
        print('类型错误')
else:
        print("x+y=",x+y)
```

4. 编写函数 devide(x, y)，x 为被除数，y 为除数，被零除时，输出“division by zero!”。

【解答】

```
try:
        x,y = eval(input("x,y"))
        print(x/y)
except (ZeroDivisionError,Exception):
        print('division by zero! ')
```

# 参考文献

[1] 周元哲，刘伟，邓万宇．程序基本算法习题解析［M］．北京：清华大学出版社，2018.
[2] 周元哲．Python 程序设计基础［M］．北京：清华大学出版社，2015.
[3] 周元哲．Python 3 程序设计基础［M］．北京：机械工业出版社，2019.
[4] 李文新，郭炜，余华山．程序设计导引及在线实践［M］．北京：清华大学出版社，2007.
[5] 程杰．大话数据结构［M］．北京：清华大学出版社，2011.
[6] 裘宗燕．从问题到程序：程序设计与 C 语言引论［M］．北京：机械工业出版社，2011.
[7] 郭继展，郭勇，苏辉．程序算法与技巧精选［M］．北京：机械工业出版社，2008.
[8] LOUDON K 算法精解：C 语言描述［M］．肖翔，陈舸，译．北京：机械工业出版社，2012.
[9] July．编程之法：面试和算法心得［M］．北京：人民邮电出版社，2015.
[10] 王晓东．计算机算法设计与分析［M］．4 版．北京：电子工业出版社，2012.
[11] 王红梅，胡明．算法设计与分析［M］．2 版．北京：清华大学出版社，2013.
[12] 张光河．数据结构：Python 语言描述［M］．北京：人民邮电出版社，2018.
[13] 陈越，何钦铭，等．数据结构［M］．2 版．北京：高等教育出版社，2016.
[14] BHARGAVA A. 算法图解［M］．袁国忠，译．北京：人民邮电出版社，2017.
[15] PUNCH W F，ENBODY R. Python 入门经典：以解决计算问题为导向的 Python 编程实战［M］．张敏，等译．北京：机械工业出版社，2012.
[16] 漫谈递归：递归的思想［EB/OL］．［2012-10-04］．http：//www.nowamagic.net/librarys/veda/detail/2314.
[17] 牛客网［EB/OL］．http：//www.nowcoder.com/.
[18] Python 资源大全中文版［EB/OL］．https：//github.com/jobbole/awesome-python-cn.